高等职业教育系列教材

# 自动控制原理与应用项目化教程

主　编　于建明

副主编　王　超　侍寿永

参　编　刘晓艳　居海清　夏玉红　段培易

主　审　徐建俊

机械工业出版社

本书在认真学习研究相关教材长处及学科新内容的基础上，讲解了自动控制原理与应用。全书以项目为载体，整合自动控制原理、自动控制系统相关理论与实践知识，从简单到复杂，从单一到综合，循序渐进，在传授理论知识的同时，将理论与实践进行有机结合，教、学、做一体。本书主要分为 5 个项目。在单个项目中，采用任务驱动形式，分别介绍了知识链接、实践操作、知识拓展，在每个环节中辅以引导问题和作业，方便教师教学与学生自学；并将 MATLAB 软件与项目内容进行有机融合，实测数据与仿真数据进行类比分析，提高学生感性认识，增强学习效果。在内容选取上，结合控制系统必备的理论与实践知识，开发易于操作的项目，并将自动控制原理相关知识合理分配到每个项目中，在学习必要的理论知识的同时，有针对性地进行实践实训。与同类教材相比，具有项目选取合理、高职高专学生针对性强、仿真使用合理有效、易于操作和实施等特点。

本书可作为高职高专自动化类、电子信息类专业的教材，也可作为电气技术人员的参考书和培训教材。

本书配有电子课件和微课视频，需要的教师可登录机械工业出版社教材服务网 www.cmpedu.com 免费注册后下载，或联系编辑索取（微信：15910938545，电话：010-88379739）。

**图书在版编目（CIP）数据**

自动控制原理与应用项目化教程 / 于建明主编. —北京：机械工业出版社，2015.10（2023.1 重印）

高等职业教育系列教材

ISBN 978-7-111-51836-5

Ⅰ. ①自… Ⅱ. ①于… Ⅲ. ①自动控制理论-高等职业教育-教材 Ⅳ. ①TP13

中国版本图书馆 CIP 数据核字（2015）第 245915 号

机械工业出版社（北京市百万庄大街 22 号　邮政编码 100037）

责任编辑：曹帅鹏　　责任校对：张艳霞

责任印制：李　昂

北京捷迅佳彩印刷有限公司印刷

2023 年 1 月第 1 版 • 第 5 次印刷

184mm×260mm • 11.5 印张 • 278 千字

标准书号：ISBN 978-7-111-51836-5

定价：39.00 元

电话服务

客服电话：010-88361066
　　　　　010-88379833
　　　　　010-68326294

网络服务

机 工 官 网：www.cmpbook.com
机 工 官 博：weibo.com/cmp1952
金 书 网：www.golden-book.com
机工教育服务网：www.cmpedu.com

# 高等职业教育系列教材机电类专业
# 编委会成员名单

# 出 版 说 明

《国务院关于加快发展现代职业教育的决定》指出：到 2020 年，形成适应发展需求、产教深度融合、中职高职衔接、职业教育与普通教育相互沟通，体现终身教育理念，具有中国特色、世界水平的现代职业教育体系，推进人才培养模式创新，坚持校企合作、工学结合，强化教学、学习、实训相融合的教育教学活动，推行项目教学、案例教学、工作过程导向教学等教学模式，引导社会力量参与教学过程，共同开发课程和教材等教育资源。机械工业出版社组织国内 80 余所职业院校（其中大部分是示范性院校和骨干院校）的骨干教师共同规划、编写并出版的“高等职业教育系列教材”，已历经十余年的积淀和发展，今后将更加紧密结合国家职业教育文件精神，致力于建设符合现代职业教育教学需求的教材体系，打造充分适应现代职业教育教学模式的、体现工学结合特点的新型精品化教材。

在本系列教材策划和编写的过程中，主编院校通过编委会平台充分调研相关院校的专业课程体系，认真讨论课程教学大纲，积极听取相关专家意见，并融合教学中的实践经验，吸收职业教育改革成果，寻求企业合作，针对不同的课程性质采取差异化的编写策略。其中，核心基础课程的教材在保持扎实的理论基础的同时，增加实训和习题以及相关的多媒体配套资源；实践性课程的教材则强调理论与实训紧密结合，采用理实一体的编写模式；实用技术型课程的教材则在其中引入了最新的知识、技术、工艺和方法，同时重视企业参与，吸纳来自企业的真实案例。此外，根据实际教学的需要对部分内容进行了整合和优化。

归纳起来，本系列教材具有以下特点：

1）围绕培养学生的职业技能这条主线来设计教材的结构、内容和形式。

2）合理安排基础知识和实践知识的比例。基础知识以“必需、够用”为度，强调专业技术应用能力的训练，适当增加实训环节。

3）符合高职学生的学习特点和认知规律。对基本理论和方法的论述容易理解、清晰简洁，多用图表来表达信息；增加相关技术在生产中的应用实例，引导学生主动学习。

4）教材内容紧随技术和经济的发展而更新，及时将新知识、新技术、新工艺和新案例等引入教材。同时注重吸收最新的教学理念，并积极支持新专业的教材建设。

5）注重立体化教材建设。通过主教材、电子教案、配套素材光盘、实训指导和习题及解答等教学资源的有机结合，提高教学服务水平，为高素质技能型人才的培养创造良好的条件。

由于我国高等职业教育改革和发展的速度很快，加之我们的水平和经验有限，因此在教材的编写和出版过程中难免出现疏漏。我们恳请使用这套教材的师生及时向我们反馈质量信息，以利于我们今后不断提高教材的出版质量，为广大师生提供更多、更适用的教材。

机械工业出版社

# 前　言

本书根据高等职业教育“理论够用，重在实践”的原则，参照国家高级技术工人和技师职业技能鉴定考核标准编写，是高等职业院校电气自动化技术专业及其他相关专业的教学用书。

“自动控制原理与应用”课程是电气自动化技术、机电一体化技术、数控维修等专业的核心课程之一。在教材编写过程中，力求做到深入浅出、图文并茂、表达清晰，力求按专业实践的规律和初学者的认识规律编写本书，为未来的高级维修电工和技师架设一座调试和维修调速系统的“桥梁”。本书以项目化教学递进，激励学生勤于思考，掌握分析问题的方法，提高分析、解决实际问题的能力。

全书共 5 个项目，主要包含两个方面的内容：一方面是自动控制原理，另一方面是自动控制原理在直流调速系统、交变调速系统中的应用。本书内容具有以下 4 个特点：

1. 考虑职业教育的特点和学生的基础知识，以实践训练为核心，整合理论知识，确保必需、够用。前三个基础项目，引入工程上常用的经典控制原理，并按层次递进。后两个综合项目，通过实例介绍控制系统分析、调试方法，内容适应自动化技术的发展对生产第一线的技术人员提出的新要求。

2. 引入仿真，增强经典控制系统的分析能力。本书用较大的篇幅引入纯英文的 MATLAB 软件，分析、调试控制系统，形象、生动，同时也提升了学生的专业英语水平。

3. 案例教学，结合实物制作、调速系统实例来介绍自动控制原理，注重培养读者运用自动控制理论分析、调试、设计调速系统的能力。

4. 在控制系统部分增加了系统的维护和调试实例，丰富了学习的内容。

本书由淮安信息职业技术学院自动控制原理与应用教学团队编写。具体分工为：于建明、侍寿永编写项目 1、项目 2，居海清、夏玉红编写项目 3，王超编写项目 4，刘晓艳编写项目 5。全书由于建明统稿，重庆鑫大河电气设备有限公司淮安分公司段培易工程师提供了全程技术指导。徐建俊教授担任主审，以高度负责的态度审阅全书，并提出了许多宝贵意见，在此表示衷心感谢。

本书在编写过程中，参考了许多同行的图书和论文资料，在此向作者表示衷心的感谢。

限于编者水平，书中难免存在不妥和错误之处，恳请读者批评指正。

编　者

# 目　　录

# 项目 1　比例控制器设计与制作

## 1.1　工作任务

1．工作任务类型

学习型任务：设计、制作比例控制器，并与仿真数据进行类比分析。

2．教学目标

（1）能力目标：能理解比例环节的工作原理，能用示波器测绘输出波形，进一步掌握常用仪器仪表的使用方法；

（2）知识目标：能熟练掌握比例控制器实际构成电路，能熟练使用示波器，能正确选择电路参数，能初步使用仿真软件搭建模型、分析波形；

（3）素质目标：能培养仔细做事、独立思考的职业素养，能培养正确表述自己思想的能力，能培养安全、正确操作仪器的习惯。

3．教学组织设计

（1）学生角色：制作、调试员；

（2）教学情境：企业研发部、生产部、设备维护部；

（3）教学材料：学习参考材料、常用电子仪器及工具。

4．教学过程

（1）任务导入；

（2）任务必备知识：比例环节、MATLAB 软件；

（3）技能训练：比例控制器实物制作，与仿真波形类比；

（4）成果交流：小组成果展示、交流；

（5）教师点评：各组优点、改进处、作业。

## 1.2　知识链接 1——比例环节

引导问题：

1．自动控制的含义。

2．比例环节输入量与输出量关系。

3．控制系统扰动量的影响。

### 1.2.1　自动控制与自动控制系统

1．自动控制概念

自动控制理论是研究各种自动控制过程共同规律的技术学科。1948 年美国科学家维纳（Wiener）在对控制工程技术总结的基础上，出版了划时代的著作《控制论》，对控制理论作了系统的阐述。控制理论对生产力的发展、尖端技术的研究与尖端武器的研制以及社会管理系统等都具有重要的指导作用，并迅速渗透到许多科学领域，产生众多的边缘学科。

自动控制技术的应用不仅实现了生产过程的自动化，极大地提高了劳动生产率和产品质量，改善了劳动条件，而且在人类征服自然、探索新能源、发展空间技术等方面起着极为重要的作用。可以说，自动控制已成为推动经济发展、促进社会进步所必不可少的一门技术，掌握有关自动控制的知识显得越来越重要。

**2．自动控制系统**

所谓系统，就是通过执行规定功能实现预定目标的一些相互关联单元的组合体。在工程领域中，系统可以是电气、机械、气动和液动或它们的结合。不同的系统所要完成的任务也不同。有的要求某物理量（如温度、压力、转速等）保持恒定；有的则要求按一定规律变化。我们将这些需要控制的物理量定义为系统的被控量或输出量。作用于系统的激励信号定义为系统的控制量或参考输入量。

图 1-1 是晶闸管供电直流电动机系统图，由放大器、触发器、晶闸管可控整流器组成调速系统对直流电动机转速进行调节。图中直流电压经电位器 RP 分压后得到与电动机转速对应的给定电压 $U_s$，经放大器 A 放大后得到控制信号 $U_c$，再经触发整流装置得到电动机电压 $U_d$，电动机的转速 $n$ 随电动机的端电压 $U_d$ 的变化而变化。本系统的预定目标是根据给定的电压调节电动机的转速，电动机的转速是被控量，给定电压 $U_s$ 是控制量。电动机是接受控制的装置，常称为被控对象、被控装置或被控系统。对被控对象进行控制的所有元件称为施控装置。施控装置的输出量为 $U_d$，即被控对象的输入量，称为操纵量。直接改变操纵量的元件称为执行装置或末级施控装置。

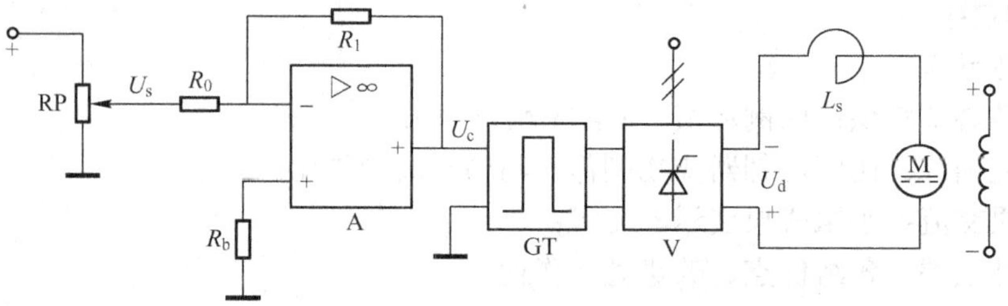


图 1-1　晶闸管供电直流电动机系统图

所谓自动控制，是指在没有人参与的情况下，通过控制装置（或控制器）使生产设备和工艺过程按预定的规律运行，达到要求的指标。自动控制系统性能的优劣，将直接影响到产品的产量、质量、成本、劳动条件和预期目标的完成。自动控制系统是为实现某一控制目标所需要的所有装置的有机组合体。例如家用电冰箱能保持恒温；高楼水箱能保持恒压供水；电网电压和频率自动保持不变；火炮根据雷达指挥仪传来的信息，能够自动改变方位角和俯仰角，随时跟踪目标，瞄准弹着点；人造卫星能够按预定的轨道运行并返回地面；数控机床能够按预先排定的工艺程序自动进刀切削，加工出预期几何形状的零件；焊接机器人能自动跟踪预期轨线移动，焊出高质量的产品。所有这些自动控制系统，尽管结构和功能各不相同，但有共同的规律，即它们被控制的物理量保持恒定，或者按照一定的规律变化。

在自动控制系统中妨碍控制量对被控量进行正常控制的所有因素称为扰动量。例如图 1-1 中触发器放大倍数的变化，外接交流电源的电压波动，电动机负载的变化等，这些都可看成是扰动量，扰动量和控制量都是自动控制系统的输入量。扰动量按其来源可分为内部扰动和外部扰动。内部扰动是指来自系统内部的扰动，如系统元件参数的变化。来自系统外部的扰动称为外扰动，如电动机负载的变化、电网电压的波动、环境温度的变化等。在控制系统中如何使被控制量按照预定的变化规律变化不受扰动的影响，这是控制系统所要解决的最基本的问题。

组成控制系统的元件，由于应用场合、技术要求等不同，故多种多样。但根据它们的动特性或传递函数的异同进行分类，可归纳为少数几种类型，称它们为典型环节。一个系统可能就是一个或几个环节的乘积，有时为了方便也可将几个元件构成一个环节。逐个研究和掌握这些典型环节的特性，是进一步综合研究整个系统特性的基础。常用的典型环节有比例环节、惯性环节、微分环节、积分环节、振荡环节和延迟环节等。

**3. 自动控制系统分类**

自动控制系统的分类方法较多，常见的有几种：

（1）按照输入量的变化规律分类

1）恒值控制系统。若系统输入量为一定值，要求系统的输出量也保持恒定，此类系统称为恒值控制系统。这类控制系统的任务是保证在扰动作用下被控量始终保持在给定值上，在生产过程中的恒转速控制、恒温控制、恒压控制、恒流量控制、恒液位高度控制等大量的控制系统都属于这一类系统。

对于恒值控制系统，着重研究各种扰动对输出量的影响，以及如何抑制扰动对输出量的影响，使输出量保持在预期值上。

2）随动控制系统。若系统的输入量是变化规律未知的时间的函数（通常是随机的），要求输出量能够准确、迅速跟随输入量的变化，此类系统称为随动控制系统。如火炮控制系统、雷达自动跟踪系统、刀架跟踪系统、轮舵控制系统等。

对于随动控制系统，由于系统的输入量是随时变化的，研究的重点是系统输出量跟随输入量的准确性和快速性。

3）程序控制系统。若系统的输入量不为常值，但其变化规律是预先知道和确定的，要求输出量与给定量的变化规律相同，此类系统称为程序控制系统。例如，热处理炉温度控制系统的升温、保温、降温过程都是按照预先设定的规律进行控制的，所以该系统属于程序控制系统。此外数控机床的工作台移动系统、自动生产线等都属程序控制系统。程序控制系统可以是开环系统，也可以是闭环系统。

（2）按照系统传递信号特点分类

1）连续控制系统。从系统中传递的信号来看，若系统中各环节的信号都是时间 $t$ 的连续函数即模拟量，此类系统称为连续控制系统。连续系统的性能一般是用微分方程来描述的。信号的时间函数允许有间断点，或者在某一时间范围内为连续函数。

2）离散控制系统。若系统中有一处或多处信号为时间的离散信号，如脉冲信号或数码信号，此类系统称为离散控制系统或采样数据系统。它的特点是系统中有的信号是断续量，例如脉冲序列、采样数据量和数字量等。这类信号在特定的时刻才取值，而在相邻时刻的间隔中信号是不确定的。通常，采用数字计算机控制的系统都是离散控制系统。离散控制系统的特性可用差分方程来描述。

（3）按照系统的元件特性分类　若一个元件的输入与输出特性是线性的，则称该元件为线性元件。严格讲，在实际的物理系统中是不存在线性系统的，但是当非线性不显著或工作范围不大时，为了研究方便，通常都视为线性的。当元件的输入与输出特性中存在典型非线性如饱和、死区、摩擦、间隙等，则称该元件为非线性元件。

1）线性控制系统。若组成系统的所有元件都是线性的，此类系统称为线性控制系统。系统的性能可以用线性微分方程来描述。线性系统的一个重要性质就是可以使用叠加原理，即几个扰动或控制量同时作用于系统时，其总的输出等于各个输入量单独作用时的输出之和。

2）非线性控制系统。若系统中有一个非线性元件，此类系统称为非线性系统。系统的性能往往要采用非线性方程来描述。叠加原理对非线性系统无效。

（4）按系统中的参数对时间的变化情况分类

1）定常系统。从系统的微分方程来看，若微分方程的所有系数不随时间变化，此类系统称为定常系统。此类系统是本书讨论对象。定常系统又称时不变系统，它的输出量与输入量间的关系用常微分方程来描述。

2）时变系统。若微分方程中有的参数是时间 $t$ 的函数，它随时间变化而改变，此类系统称为时变系统。例如宇宙飞船控制系统。

除了以上的分类方法外，还有其他一些方法，例如按系统主要组成元件的类型来分，又可分为电气控制系统、机械控制系统、液压控制系统、气动控制系统等。

### 1.2.2　比例环节组成与工作原理

下面结合本项目所学内容和实践训练要求，介绍比例环节的传递函数及其在单位阶跃输入下的动态响应。

**1．数学模型的概念**

为了对自动控制系统进行分析和设计，了解组成系统各环节的工作原理和基本性能是非常重要的，但要更深入地研究系统的动态性能，揭示系统的结构、参数与动态性能的关系，要做的首要工作就是建立系统的数学模型。建立系统的数学模型是研究与分析系统的出发点，也是经典控制论中常用的时域分析法、频率响应法和根轨迹法赖以分析的基础。

描述系统的输入、输出及其内部各物理量之间相互关系的数学表达式，称为系统的数学模型。根据不同的分析方法，可以建立不同的数学模型。例如时域数学模型是微分方程，复频域数学模型是传递函数、功能框和框图，频域数学模型是频率特性和伯德图。

对于任一线性定常系统，无论是机械、电气、液压系统，还是热力系统等其他系统，其输入和扰动往往都与时间有关，因而可以用微分方程进行描述。为了有利于系统的深入研究、分析和校正，可将系统微分方程转化为复频域或频域数学模型，即系统的数学模型之间一般都可以相互转换。

建立系统数学模型有两种方法：解析法和实验法。解析法是根据系统和元件所遵循的有关规律来推导出数学表达式，从而建立数学模型。如建立电网络的数学模型要根据欧姆定律、基尔霍夫定律；建立电动机的数学模型除了要用到上述定律，还要用到机械系统的运动方程等。用解析法建立数学模型时，应该正确处理好模型的准确性和简化性的关系，不能盲目强调准确性而使模型过于复杂，应在准确性允许的情况下，尽可能使模型简化。

对一些较复杂的系统，往往需要通过实验方法去建立数学模型，即根据实验数据进行整理，并用适当的数学模型去逼近。本书仅研究用解析法建立线性定常系统的数学模型。

**2．比例环节的数学模型**

比例环节又称放大环节。它的输出量与输入量成正比。其微分方程为$c(t)=Kr(t)$，式中，$c(t)$为输出；$r(t)$为输入；$K$是环节的放大系数或增益，是一常数。对微分方程两边取拉普拉斯变换，可得其传递函数为

$$G(s)=\frac{C(s)}{R(s)}=K$$

当$r(t)=1(t)$时，$R(s)=\frac{1}{s}$，此时有$C(s)=\frac{K}{s}$，查拉普拉斯变换表得$c(t)=K$。

图 1-2 为比例环节的功能框图和阶跃响应。

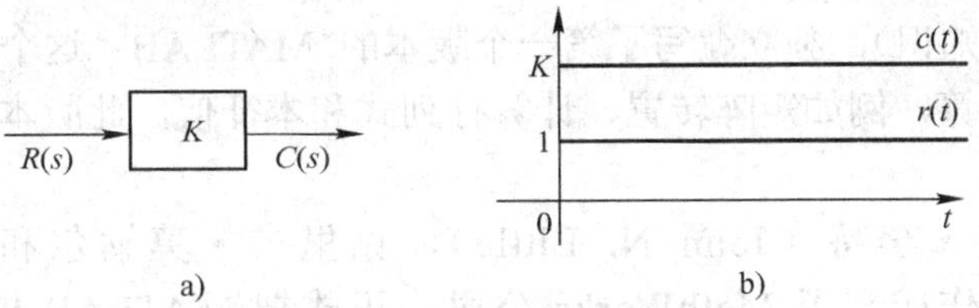


图 1-2　比例环节功能框及阶跃响应

a) 功能框图　b) 阶跃响应

比例环节是自动控制系统中遇到最多的一种，例如电位器、由运算放大器构成的比例调节器、齿轮减速器、作为测量元件的测速发电机的输出电压和输入转速的传递函数等，图 1-3 是一些常见的比例环节。

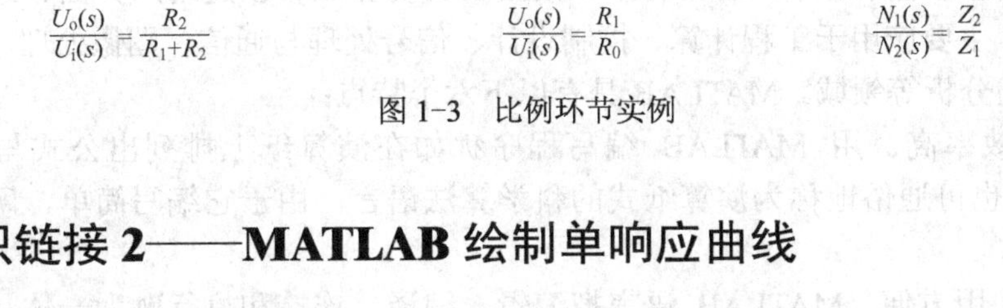


图 1-3　比例环节实例

# 1.3　知识链接 2——MATLAB 绘制单响应曲线

引导问题：

1. 专业英语词汇 Transfer Fun、Zero-pole、Step、Sine Wave、Scope 的含义。
2. 仿真波形满屏显示的操作步骤。
3. 比例环节仿真结果的含义。

### 1.3.1 MATLAB 工作环境介绍

**1. MATLAB 软件简介**

MATLAB（矩阵实验室）是 MATrix LABoratory 的缩写，是一款由美国 The MathWorks 公司出品的商业数学软件。MATLAB 是一种用于算法开发、数据可视化、数据分析以及数值计算的高级技术计算语言和交互式环境。除了矩阵运算、绘制函数/数据图像等常用功能外，MATLAB 还可以用来创建用户界面及调用其他语言（包括 C，C++，Java，Python 和 Fortran）编写的程序。

尽管 MATLAB 主要用于数值运算，但利用为数众多的附加工具箱（Toolbox）它也适合不同领域的应用，例如控制系统设计与分析、图像处理、信号处理与通信、金融建模和分析等。另外还有一个配套软件包 SIMULINK，提供了一个可视化开发环境，常用于系统模拟、动态/嵌入式系统开发等。

20 世纪 70 年代末到 80 年代初，时任美国新墨西哥大学教授克里夫·莫勒尔（Cleve Moler）为了让学生更方便地使用 LINPACK 及 EISPACK（需要通过 Fortran 编程来实现，但当时学生们并无相关知识），独立编写了第一个版本的 MATLAB。这个版本的 MATLAB 只能进行简单的矩阵运算，例如矩阵转置、计算行列式和本征值，此版本软件分发出大约两三百份。

1984 年，杰克·李特（John N. Little）、克里夫·莫勒尔和斯蒂夫·班格尔特（Steve Bangert）合作成立了 MathWorks 公司，正式把 MATLAB 推向市场。MATLAB 最初是由莫勒尔用 Fortran 编写的，李特和班格尔特花了约一年半的时间用 C 重新编写了 MATLAB 并增加了一些新功能，同时，李特还开发了第一个系统控制工具箱，其中一些代码到现在仍然在使用。C 语言版的面向 MS-DOS 系统的 MATLAB 1.0 在拉斯维加斯举行的 IEEE 决策与控制会议（IEEE Conference on Decision and Control）上正式推出，它的第一份订单只售出了 10 份，而现在，根据 MathWorks 自己的数据，目前世界上 100 多个国家和地区超过一百万工程师和科学家在使用 MATLAB 和 SIMULINK。

1992 年，学生版 MATLAB 推出；1993 年，Microsoft Windows 版 MATLAB 面世；1995 年，推出 Linux 版。

MATLAB 和 Mathematica、Maple 并称为三大数学软件。它在数值计算方面首屈一指。MATLAB 可以进行矩阵运算、绘制函数和数据、实现算法、创建用户界面、连接其他编程语言的程序等，主要应用于工程计算、控制设计、信号处理与通信、图像处理、信号检测、金融建模设计与分析等领域。MATLAB 具有以下六个特点：

（1）编程效率高。用 MATLAB 编写程序犹如在演算纸上排列出公式与求解问题，MATLAB 语言也可通俗地称为演算纸式的科学算法语言。由于它编写简单，所以编程效率高，易学易懂。

（2）用户使用方便。MATLAB 语言把编辑、编译、连接和执行融为一体，其调试程序手段丰富，调试速度快，学习时间少。它能在同一画面上进行灵活操作，快速排除输入程序中的书写错误、语法错误甚至语义错误，从而加快了用户编写、修改和调试程序的速度。可以说在编程和调试过程中它是一种比 VB 还要简单的语言。

（3）扩充能力强。高版本的 MATLAB 语言有丰富的库函数，在进行复杂的数学运算时可以直接调用，而且 MATLAB 的库函数同用户文件的形式一样，所以用户文件也可作为 MATLAB 的库函数来调用。因而，用户可以根据自己的需要方便地建立和扩充新的库函数，以便提高 MATLAB 使用效率和扩充它的功能。

（4）语句简单，内涵丰富。MATLAB 语言中最基本最重要的成分是函数，其一般形式为(a，6，c…)= fun（d，e，f，…），即一个函数由函数名，输入变量 d，e，f，…和输出变量 a，b，c… 组成，同一函数名 F，不同数目的输入变量（包括无输入变量）及不同数目的输出变量，代表着不同的含义。这不仅使 MATLAB 的库函数功能更丰富，而且大大减少了需要的磁盘空间，使得 MATLAB 编写的 M 文件简单、短小而高效。

（5）高效方便的矩阵和数组运算。MATLAB 语言像 Basic、Fortran 和 C 语言一样规定了矩阵的一系列运算符，它不需定义数组的维数，还给出了矩阵函数、特殊矩阵专门的库函数，使之在求解诸如信号处理、建模、系统识别、控制、优化等领域的问题时，大为简捷、高效、方便，这是其他高级语言所不能比拟的。

（6）方便的绘图功能。MATLAB 的绘图是十分方便的，它有一系列绘图函数（命令），使用时只需调用不同的绘图函数（命令），在图上标出图题、XY 轴标注，表格绘制也只需调用相应的命令，简单易行。另外，在调用绘图函数时调整自变量可绘出不同颜色的点、线、复线或多重线。

**2．MATLAB 软件操作界面**

（1）启动 MATLAB　启动 MATLAB 的方法很多，最常用的方法是直接双击桌面上的快捷方式图标，若桌面上没有快捷方式图标，可由开始菜单启动。即“开始”→“程序”→“MATLAB 6.5”。启动后，显示的窗口如图 1-4 所示。

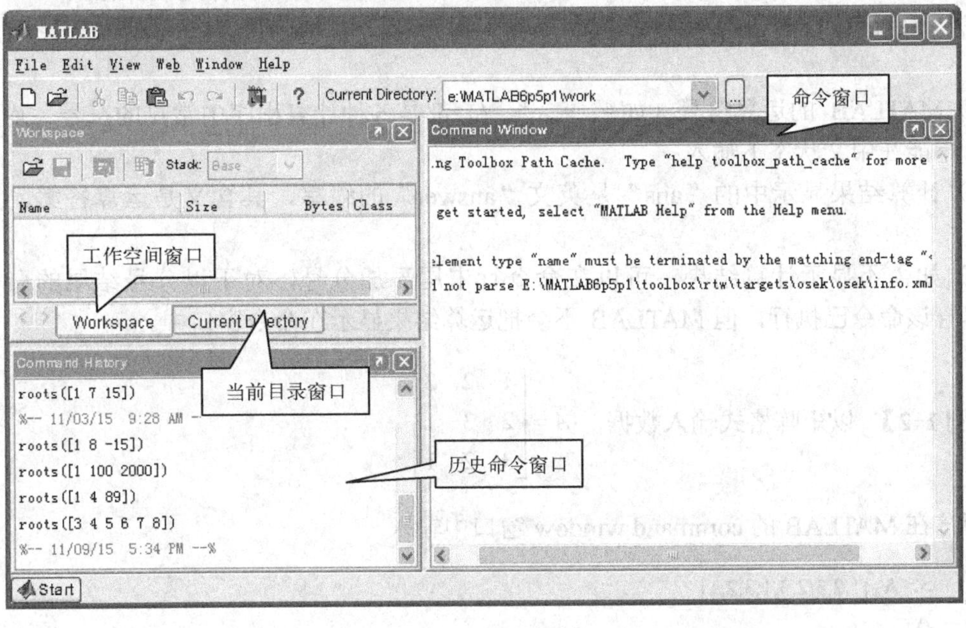


图 1-4　MATLAB 默认的桌面平台

（2）命令窗口　命令窗口是用户与 MATLAB 交互的窗口，窗口中的符号“>>”表示 MATLAB 已准备好，可以输入命令，实现计算或绘制图形。

（3）命令历史窗口　显示所有命令的历史记录，并标明使用时间。双击任一条命令行，即可在命令窗口中执行该行命令，并显示其执行的结果。单击任一命令行，再按“Enter”键，与双击命令行的结果一样。

（4）工作空间窗口　工作空间指运行 MATLAB 程序或命令生成的所有变量构成的空间，它由显示目前内存中 MATLAB 变量名（Name）、变量的数值（Value）和变量的类型（Class）三个部分组成。

（5）当前目录窗口　显示当前目录下的所有文件。双击其中任一文件，可在程序编辑器中看到该文件的内容。

**3．MATLAB 基本操作命令**

（1）运算功能　MATLAB 的基本特性之一就是其演草纸式的数学运算功能，用户可以在命令窗口中随心所欲地进行各种数学运算。

**【例 1-1】** 求算术运算 $[9(10-1)+19]/2^2$ 。

**解**：在 MATLAB 的 command window 窗口中输入

```
>> (9*(10-1)+19)/2^2
ans =
25
```

说明：

1）在全部输入一个命令行内容后，必须按下回车键，该命令才会被执行。但注意，无需在命令行的末尾处执行此命令，在一个命令行中的任意处均可执行此项操作；

2）命令行行首的符号“>>”是命令输入提示符，由 MATLAB 自动产生，用户不必输入；

3）MATLAB 的运算符号（如+、−、*、/）都是各种计算程序中常见的符号，均为西文字符，不能在中文状态下输入；

4）计算结果显示中的“ans”是英文“answer”的缩写，其含义是运算答案，为默认变量；

5）如需不显示计算结果，可以在命令行末尾添加分号，对于以分号结尾的命令行语句，尽管该命令已执行，但 MATLAB 不会把运算结果显示在命令窗口中。

**【例 1-2】** 以矩阵格式输入数据，$A=\begin{bmatrix}1 & 2 & 3\\ 2 & 3 & 1\\ 3 & 2 & 1\end{bmatrix}$。

**解**：在 MATLAB 的 command window 窗口中输入

```
>> A=[1,2,3;2,3,1;3,2,1]
A =
     1     2     3
```

```
        2      3      1
        3      2      1
```

**【例 1-3】** 以冒号定义增量为 1 的行变量。

**解：** 在 MATLAB 的 command window 窗口中输入

```
>> a=2:8
a =
        2      3      4      5      6      7      8
>> a=1:0.1:2
a =
  Columns 1 through 6
   1.0000    1.1000    1.2000    1.3000    1.4000    1.5000
Columns 7 through 11
1.6000    1.7000    1.8000    1.9000    2.0000
```

（2）绘图功能　强大的绘图功能是 MATLAB 的特点之一，MATLAB 提供了一系列的绘图函数，用户不需要过多地考虑绘图的细节，只需要给出一些基本参数就能得到所需图形，这类函数称为高层绘图函数。此外，MATLAB 还提供了直接对图形句柄进行操作的低层绘图操作。这类操作将图形的每个图形元素（如坐标轴、曲线、文字等）看作一个独立的对象，系统给每个对象分配一个句柄，可以通过句柄对该图形元素进行操作，而不影响其他部分。

在 MATLAB 中，最基本而且应用最为广泛的绘图函数为 plot，利用它可以在二维平面上绘制出不同的曲线。plot 函数用于绘制二维平面上的线性坐标曲线图，要提供一组 x 坐标和对应的 y 坐标，可以绘制分别以 x 和 y 为横、纵坐标的二维曲线。

plot 函数的应用格式 plot(x,y)。其中 x,y 为长度相同的向量，存储 x 坐标和 y 坐标。

**【例 1-4】** 函数 $y(x)=\sin x\cos x$，绘制 $y(x)$ 曲线。

**解：** 在 MATLAB 的 command window 窗口中输入

```
>> x=0:0.01*pi:pi;
>> y=sin(x).*cos(x);
>> plot(x,y)
```

程序执行后，打开一个图形窗口，在其中绘制出如图 1-5 所示的曲线。

**【例 1-5】** 绘制三维柱面。

**解：** 在 MATLAB 的 command window 窗口中输入

```
>> [x,y]=meshgrid(-8:0.5:8);
>> r=sqrt(x.^2+y.^2)+eps;
>> z=sin(r)./r;
>> mesh(x,y,z)
```

程序执行后，打开一个图形窗口，在其中绘制出如图 1-6 所示的图形。

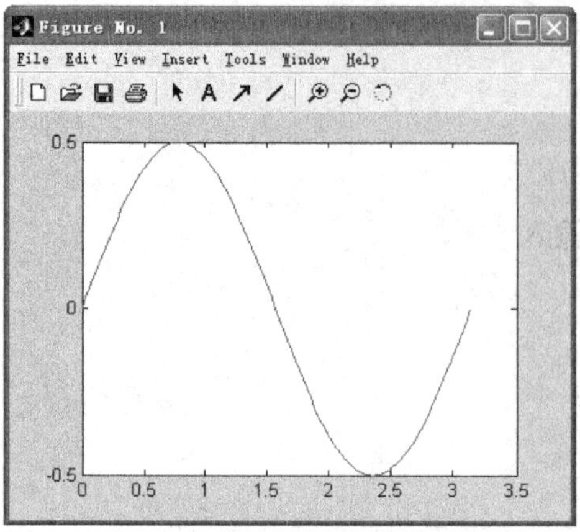


图 1-5　$y(x)=\sin x\cos x$ 的曲线

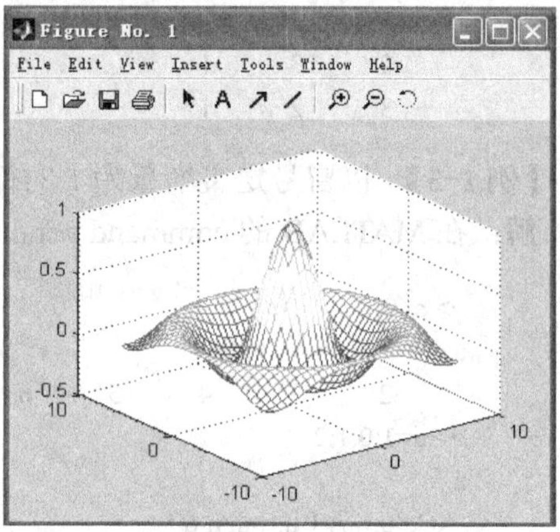


图 1-6　三维柱面

### 1.3.2　SIMULINK 仿真界面

SIMULINK 是 The Mathworks 公司为 MATLAB 设计的结构图编程与系统仿真的专用软件包，可以对动态系统进行建模、仿真与分析。SIMULINK 提供了友好的图形用户界面，模型由模块组成的框图来表示，用户只要单击和拖动鼠标就能完成系统建模，如同用笔和纸来画一样容易。SIMULINK 仿真环境下用户程序的外观就是控制系统的结构图，操作就是依据结构图进行系统仿真。利用 SIMULINK 提供的输入信号（信源模块）对结构图所描述的系统施加激励，成为图形化、模块化方式的控制系统仿真，是控制系统计算机辅助分析与设计工具的一大突破性的进步。

**1．进入 SIMULINK**

启动 MATLAB 后。在 MATLAB 窗口中单击 SIMULINK 启动按钮，或在命令窗口中输入命令 SIMULINK，就会进入 SIMULINK 模块库浏览窗口，如图 1-7 所示。单击窗口左上方的“File”菜单，在下拉菜单“New”中选择“Model”，此时 SIMULINK 打开一个名为“untitled”的模型窗口，如图 1-8 所示。用户可在此模型窗口中创建模型并进行仿真运行。

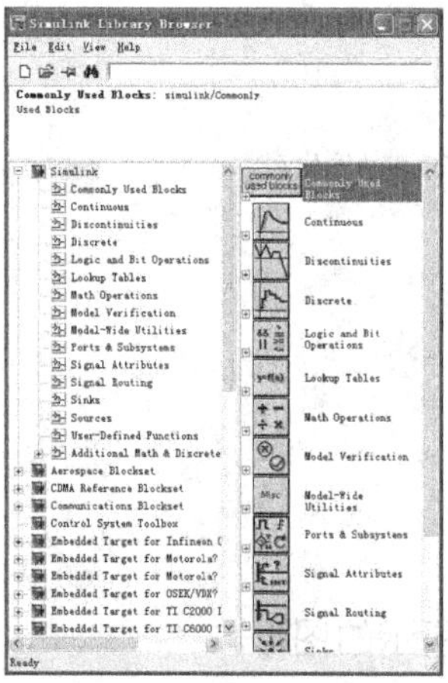

图 1-7　模块库窗口

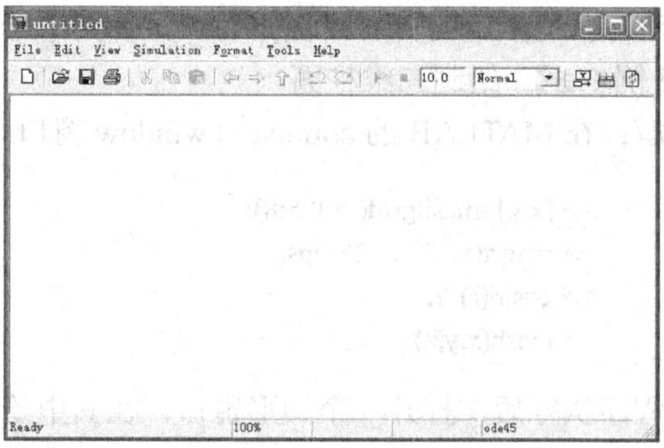


图 1-8　模型窗口

**2．常用模块介绍**

SIMULINK 提供许多基本模块库和专业模块子集。本课程主要分析连续控制系统，这里仅介绍其中的连续系统模块库（Continuous）、系统输入模块库（Sources）和系统输出模块库（Sinks）。

（1）连续系统模块库（Continuous） 在连续系统模块库中，常用的模块有：对输入信号进行微分（Derivative），对输入信号进行积分（Integrator），建立一个传递函数模型（Transfer Fun），以零、极点（Zero-pole）形式建立传递函数等。

根据需要可单击并拖动所需模块至模型窗口。双击选定的模块，在弹出的窗口中输入所需的参数，即可完成修改参数的任务。

（2）系统输入模块库（Sources） 在系统输入模块库中，常用的模块有：调频信号（Chirp Signal）、脉冲信号（Pulse Generator）、阶跃信号（Step）、斜坡信号（Ramp）、正弦波信号（Sine Wave）、常数（Constant）等。

（3）系统输出模块库（Sinks） 在系统输出模块库中，常用的模块有：数字显示（Display）、示波器（Scope）、将仿真结果输出到 MATLAB 工作空间（To Workspace）、使用 MATLAB 图形显示器（XY Graph）等。

此外还可在常用模块库中选择需要的模块。例如：求输入信号的代数和（Sum）、增益（Gain）、向量综合（Mux）等。

### 1.3.3 比例环节仿真曲线绘制

比例环节的传递函数为$G(s)=K$。

打开 MATLAB 软件，进入 SIMULINK 仿真窗口，在 SIMULINK 模块库浏览器窗口中选择模块：“Step”模块在“Sources”目录下，“Gain”模块在“Math Operations” 目录下，“Scope”模块在“Sinks” 目录下。将选中的模块按住鼠标左键，拖到仿真窗口即可，如图 1-9 所示。

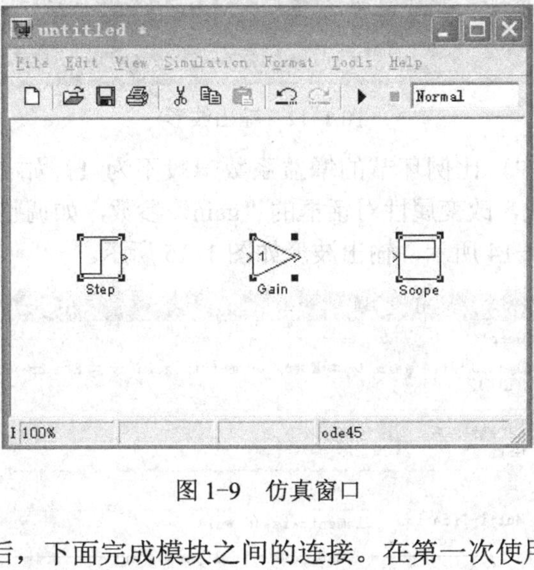


图 1-9 仿真窗口

在完成模块的导入后，下面完成模块之间的连接。在第一次使用时会弹出如图 1-10 所示的窗口，单击 close 即可。

完成后，建立一个比例环节的仿真分析模型，如图 1-11 所示。单击“start SIMULINK”，观察输出波形，如图 1-12 所示。如需满屏展示，则单击右键，选择“auto scale”即可。

图 1-10　自动连接提示窗口

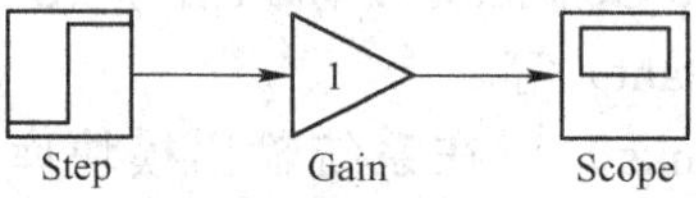


图 1-11　连接好的仿真模型

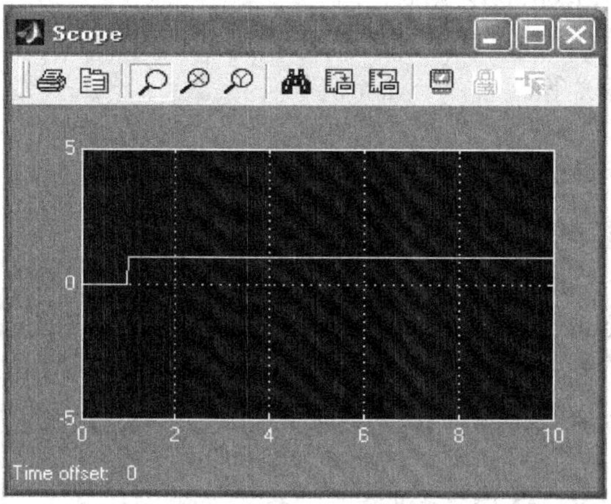


图 1-12　输出波形

在实际的控制系统中，比例环节的增益系数一般不为 1，如需改变比例环节的增益系数，可双击比例环节模块，改变属性对话框的“gain”参数，如调整为 4。如图 1-13 所示。调整后的仿真模型如图 1-14 所示，输出波形如图 1-15 所示。

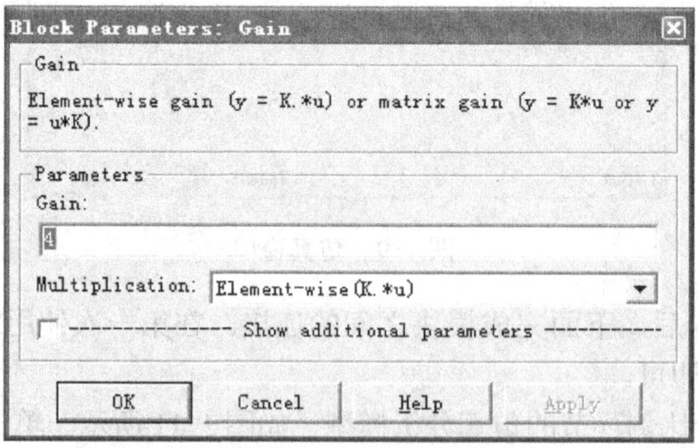


图 1-13　比例环节属性对话框

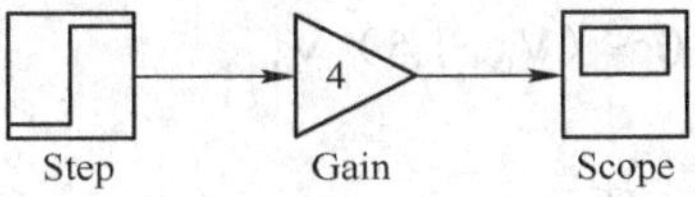


图 1-14　改变增益系数后的仿真模型

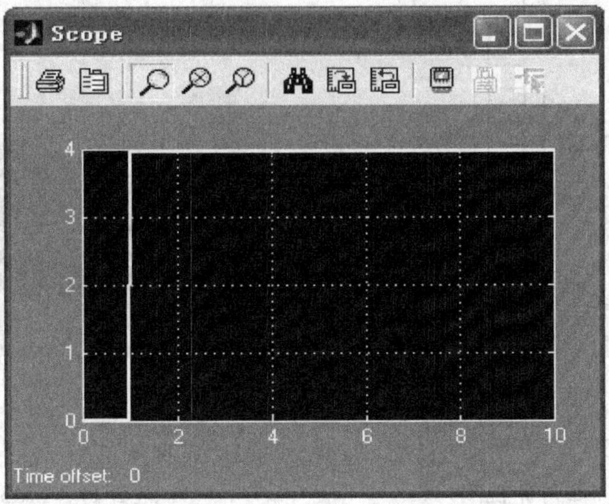


图 1-15　改变增益系数后的输出波形

**结论：比例环节的特性为输出信号对输入信号的正比例响应，根据 *K* 的大小可以实现输出信号的大小调节。**

# 1.4　实践操作——比例控制器的设计与制作

引导问题：

1. 芯片引脚排列规律。
2. 芯片工作电压范围。
3. 焊接工艺要求。

## 1.4.1　LM324 芯片引脚功能

LM324 是由四个独立的运算放大器组成的电路。它设计在较宽的电压范围内单电源工作，但亦可在双电源条件下工作，驱动功耗低，可与 TTL 逻辑电路相容。本电路在家用电器上和工业自动化及光、机、电一体化领域中有广泛的应用。

其特点如下：

（1）具有宽的单电源或双电源工作电压范围；单电源 3～30V，双电源-1.5～1.5V、-15～15V；

（2）内含相位校正回路，外围元件少；

（3）消耗电流小：$I_{cc}$=0.6mA（典型值, $R_L=\infty$）；

（4）输入失调电压低：±2mV（典型值）；

（5）电压输出范围宽：0～（$V_{cc}$-1.5）V；

（6）共模输入电压范围宽：0～（$V_{cc}$-1.5）V；

（7）封装形式：DIP14。

LM324 芯片俯视图如图 1-16 所示。

LM324 芯片外观图如图 1-17 所示。

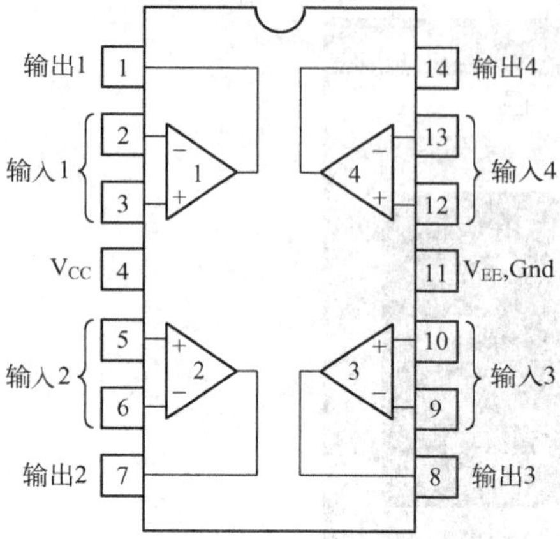


图 1-16　LM324 芯片俯视图

图 1-17　LM324 芯片外观图

### 1.4.2　焊接工艺要求

**1．焊接前的准备工作，清除元件表面的氧化层**

元件经过长期存放，会在元件表面形成氧化层，不但使元件难以焊接，而且影响焊接质量，因此当元件表面存在氧化层时，应首先清除元件表面的氧化层。注意用力不能过猛，以免使元件引脚受伤或折断。

清除元件表面氧化层的方法如图 1-18 所示，左手捏住电阻或其他元件的本体，右手用锯条轻刮元件引脚的表面，左手慢慢地转动，直到表面氧化层全部去除。为了使电池夹易于焊接，要用尖嘴钳前端的齿口部分将电池夹的焊接点锉毛，去除氧化层。

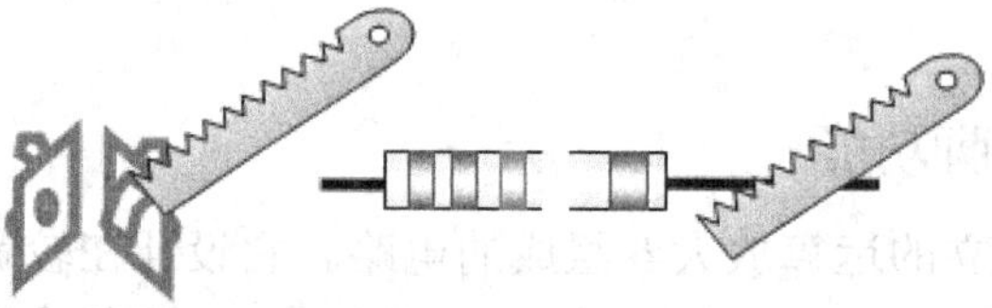

图 1-18　清除元件表面的氧化层

**2．元件引脚的弯制成形**

左手用镊子紧靠电阻的本体，夹紧元件的引脚，如图 1-19 所示，使引脚的弯折处距离元件本体有 2mm 以上的间隙。左手夹紧镊子，右手食指将引脚弯成直角。注意：不能用左手捏住元件本体，右手紧贴元件本体进行弯制，如果这样，引脚的根部在弯制过程中容易受力而损坏，元件弯制后的形状如图 1-20 所示，引脚之间的距离根据线路板孔距而定，引脚修剪后的长度大约为 8mm，如果孔距较小，元件较大，应将引脚往回弯折成形（见图 1-20c、d）。电容的引脚可以弯成直角，将电容水平安装（见图 1-20e），或弯成梯形，将电容垂直安装（见图 1-20h）。

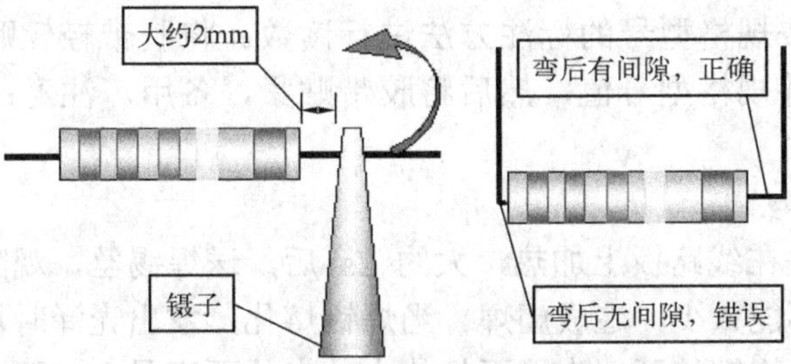

图 1-19　元件引脚的弯制成形

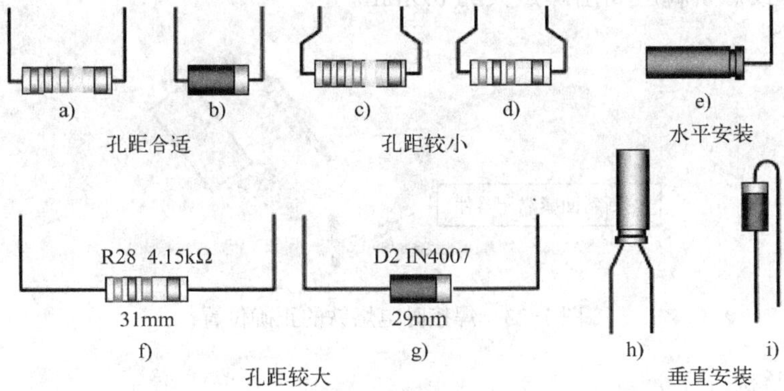

图 1-20　元件弯制后的形状

二极管可以水平安装，当孔距很小时应垂直安装（见图 1-20i），为了将二极管的引脚弯成美观的圆形，应用螺钉旋具辅助弯制（见图 1-21）。将螺钉旋具紧靠二极管引脚的根部，十字交叉，左手捏紧交叉点，右手食指将引脚向下弯，直到两引脚平行。有的元器件安装孔距较大，应根据线路板上对应的孔距弯曲成形（见图 1-22）。

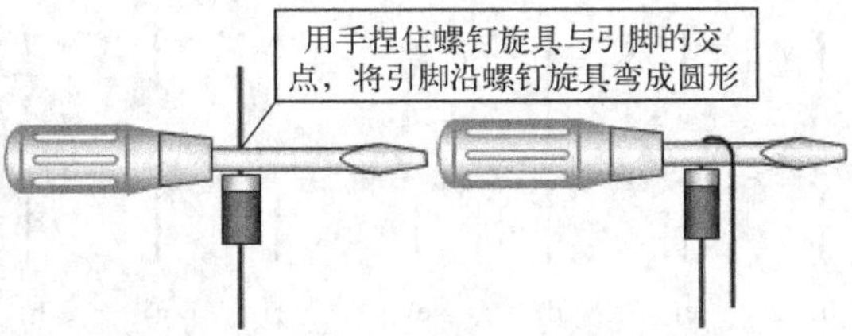

图 1-21　用螺钉旋具弯制

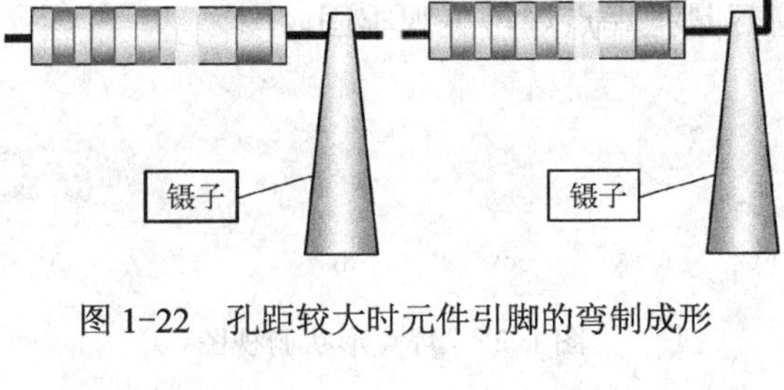

图 1-22　孔距较大时元件引脚的弯制成形

元器件做好后应按规格型号的标注方法进行读数。将胶带轻轻贴在纸上，把元器件插入，贴牢，写上元器件规格型号值，然后将胶带贴紧，备用。注意：不要把元器件引脚剪太短。

**3．焊接的正确姿势**

焊接时先将电烙铁在线路板上加热，大约 2s 后，送焊锡丝，观察焊锡量的多少，不能太多，造成堆焊；也不能太少，造成虚焊。当焊锡熔化，发出光泽时焊接温度最佳，应立即将焊锡丝移开，再将电烙铁移开。为了再加热中使加热面积最大，要将烙铁头的斜面靠在元件引脚上（见图 1-23），烙铁头的顶尖抵在线路板的焊盘上。焊点高度一般在 2mm 左右，直径应与焊盘一致，引脚应高出焊点大约 0.5mm。

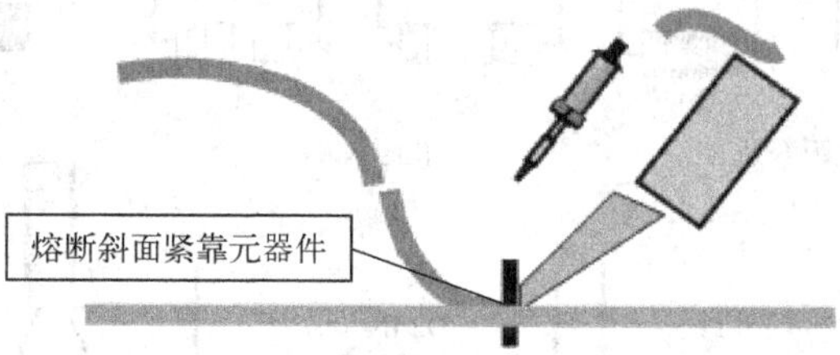


图 1-23　焊接时电烙铁的正确位置

**4．焊点的形状**

焊点的形状见图 1-24。焊点 a 一般焊接比较牢固；焊点 b 为理想状态，一般不易焊出这样的形状；焊点 c 焊锡较多，当焊盘较小时，可能会出现这种情况，但是往往有虚焊的可能；焊点 d、e 焊锡太少；焊点 f 提烙铁时方向不合适，造成焊点形状不规则；焊点 g 烙铁温度不够，焊点呈碎渣状，这种情况多数为虚焊；焊点 h 焊盘与焊点之间有缝隙，为虚焊或接触不良；焊点 i 引脚放置歪斜。形状不正确的焊点，元件多数没有焊接牢固，一般为虚焊点，应重焊。

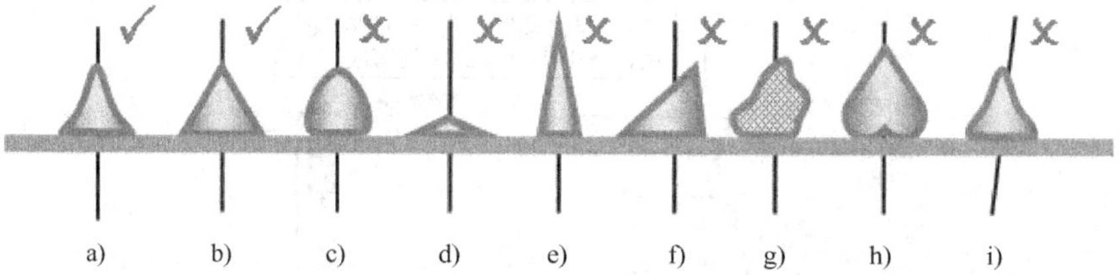


图 1-24　焊点的形状

焊点形状的俯视图见图 1-25。焊点 a、b 形状圆整，有光泽，焊接正确；焊点 c、d 温度不够，或抬烙铁时发生抖动，焊点呈碎渣状；焊点 e、f 焊锡太多，将不该连接的地方焊成短路。焊接时一定要注意尽量把焊点焊得美观牢固。

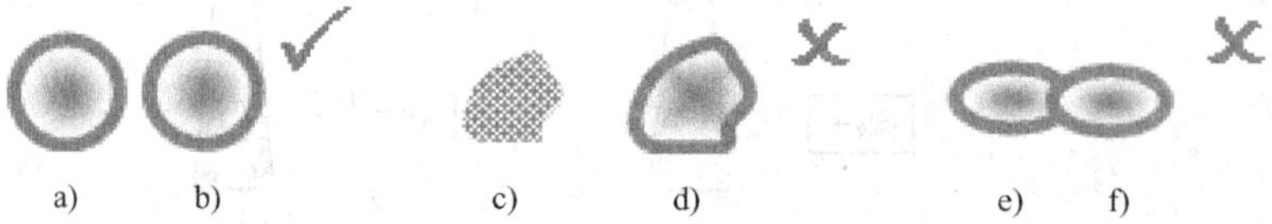


图 1-25　焊点形状俯视图

### 1.4.3　参数设计

**1．根据要求，将设计的参数填入表格**

分别设定比例控制器为 $K$=20、10、1、0.1，根据上述设定，选择适当的电阻参数填入表 1-1。

**表 1-1　参数设置**

| | | | | |
|---|---|---|---|---|
| 组长 | | | | |
| 组员 | | | | |
| 序号 | $R_0$ | $R_1$ | $R_2$ | 放大倍数 |
| 1 | | | | |
| 2 | | | | |
| 3 | | | | |
| 4 | | | | |
| 5 | | | | |

**2．绘制标有参数的比例控制器电路图**

电路图　　　　　　　　电路参数

### 1.4.4　制作与调试

**1．焊接电路、实施检查**

按照计划设定的参数，符合焊接工艺，绘制标有参数的比例控制器接线图。

接线图　　　　　　　　　　　　　　　　电路参数

**2．输出响应分析**

完成比例环节的电路焊接工作，并用示波器观测、绘制输入输出波形关系。

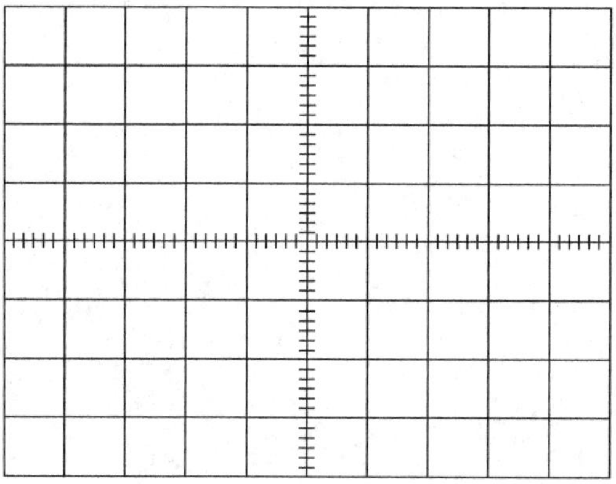

波形绘制

## 1.4.5　实测参数与仿真数据比较分析

**1．比较分析**

与前面学习的 MATLAB 仿真波形进行比较分析，总结相同与不同处及各自特点。

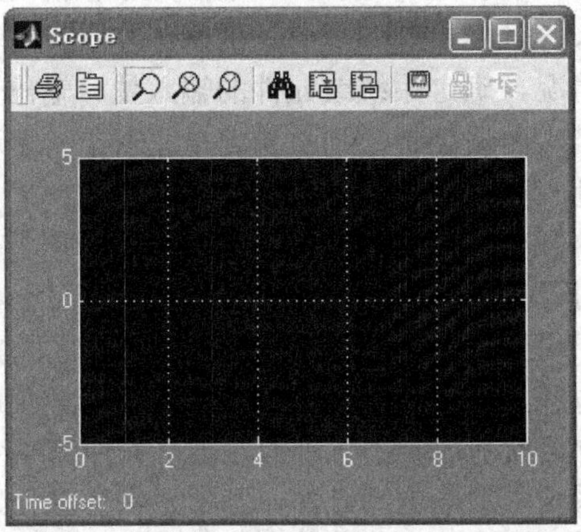


相同点：

不同点：

**2．评估展示**

小组成果展示，人员由教师指定或小组推荐。

包括：设定参数的比例控制器电路图；示波器观测的输入输出波形、特性。实测数据与仿真数据区别与联系。

**3．课外作业**

（1）设计一个可调系数的比例环节，并完成制作、调试工作。

（2）实测数据与仿真波形进行分析比较，总结相同、不同之处。

## 1.5 知识拓展1——微分方程与传递函数

引导问题：

1. 微分方程推导步骤。
2. 传递函数的概念。
3. 传递函数的特性。

### 1.5.1 微分方程

微分方程是描述自动控制系统（或元件）动态特性最直接和最基本的方法。根据它可得到描述系统（或元件）动态特性的其他形式的数学模型。列写微分方程的目的在于确定系统的输出量与参考输入量或扰动输入量之间的函数关系。一个完整的控制系统通常是由若干个环节或元件按一定方式连接而成，对每个具体的环节或元件按照其所遵循的规律列出微分方程，然后将这些微分方程联立求解，得到系统（或元件）的微分方程。列写微分方程的一般步骤如下：

（1）根据实际工作情况，确定系统或元件的输入量、输出量。系统的参考输入量或扰动输入量都是系统的输入量，而被控制量则是输出量。对于一个环节或元件而言，应按系统信号传递情况来确定输入量、输出量。

（2）从系统的输入端开始，按照信号的传递顺序，根据各变量所遵循的规律，列写各个环节的动态微分方程。列写时根据工作条件忽略一些次要因素。

（3）消除中间变量，得到描述系统的输出量和输入量之间关系的微分方程。

（4）整理所得微分方程，一般将微分方程写成标准形式，即与输出量有关的各项放在微分方程左侧，与输入量有关的各项放在方程的右侧，方程两端变量的导数项按降幂排列。

下面举例说明控制系统中常用电气元件、力学元件等微分方程的列写步骤和方法。

**【例 1-6】** 图 1-26 所示为 RLC 串联电路。设输出电压为$u_o(t)$，输入电压为$u_i(t)$，试列写其微分方程。

**解：**

（1）根据基尔霍夫电压定律，可写出下列方程：

$$\begin{cases} i(t)R + L\dfrac{\mathrm{d}i(t)}{\mathrm{d}t} + u_o(t) = u_i(t) \\ i(t) = C\dfrac{\mathrm{d}u_o(t)}{\mathrm{d}t} \end{cases}$$

（2）联立方程，消去中间变量得到：

$$RC\frac{\mathrm{d}u_o(t)}{\mathrm{d}t} + LC\frac{\mathrm{d}^2u_o(t)}{\mathrm{d}t^2} + u_o(t) = u_i(t)$$

可见 RLC 无源网络的动态数学模型是一个二阶常系数线性微分方程。

**【例 1-7】** 图 1-27 所示为他励直流电动机。试写出以电枢电压$U_a(t)$为输入量，以电动机转速 $n$ 为输出量的微分方程。

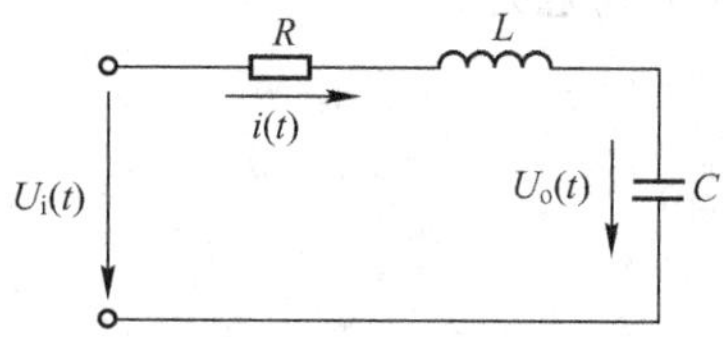


图 1-26　RLC 串联电路

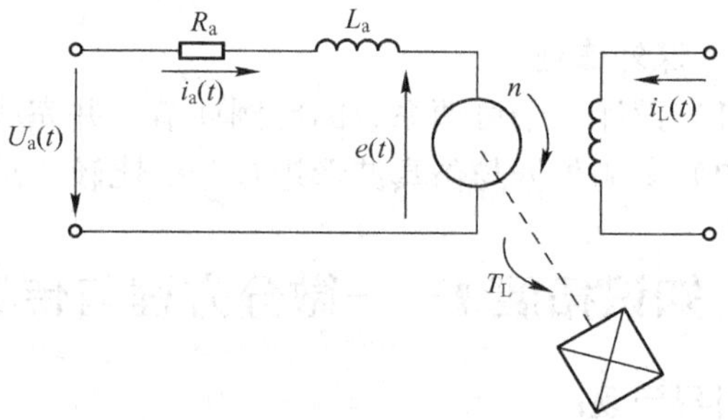


图 1-27　他励直流电动机示意图

**解：**

（1）由电动机学知识可得直流电动机各物理量间的基本关系式如下：

$$\begin{cases} R_a i_a(t) + L_a\dfrac{\mathrm{d}i_a(t)}{\mathrm{d}t} + e(t) = u_a(t) \\ T_e(t) = C_T\phi i_a(t) \\ T_e(t) - T_L(t) = \dfrac{GD^2}{375}\dfrac{\mathrm{d}n(t)}{\mathrm{d}t} \end{cases}$$

（2）消去中间变量，并整理得：

$$T_m T_a \frac{d^2 n}{dt} + T_m \frac{dn}{dt} + n(t) = \frac{1}{C_e \phi} u_a(t) - \frac{375 T_m}{GD^2} T_L(t) - \frac{375 T_m T_a}{GD^2} \frac{dT_L(t)}{dt}$$

式中令 $T_m = \dfrac{GD^2 R_a}{375 C_e C_T \phi^2}$，称为机电时间常数；令 $T_a = \dfrac{L_a}{R_a}$，称为电磁时间常数。

可见直流他励的动态数学模型也是一个二阶常系数线性微分方程，这刚好与直流电动机有两个储能元件（漏磁电感和机械惯量）相对应。

### 1.5.2 传递函数

当控制系统的微分方程列出后，只要给出输入量的初值，便可对微分方程求解，并可以很直观地在时域内对系统进行定量分析。但是当系统的阶数较高时，求解时域解就非常困难。此时，借助拉普拉斯变换将其转换为复频域的模型进行处理，为分析控制系统的性能带来了很大的方便。传递函数是经典控制理论中对线性系统进行分析、研究与综合的重要数学模型形式。它通过输入与输出之间信息的传递关系，来描述系统本身的动态特性。

传递函数是指当系统中的电感、电容处于零初值时，也即零初始条件，系统（或环节）的输出量的拉普拉斯变换与输入量的拉普拉斯变换之比，一般用 $G(s)$来表示。

$$G(s) = \frac{L[c(t)]}{L[r(t)]} = \frac{C(s)}{R(s)}$$

由上式可得 $C(s) = G(s)R(s)$。由上式可见，输入信号经系统（或环节）传递后成为输出信号，也就是输入信号的象函数 $R(s)$ 乘以 $G(s)$ 后，即得输出信号的象函数 $C(s)$，故称 $G(s)$ 为传递函数。所表达的这种信息传递关系可以用图 1-28 所示的功能框表示出来，框内是传递函数。

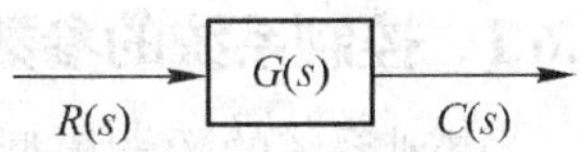

图 1-28 传递函数的表示

传递函数概念的适用范围限于线性常微分方程系统。当然，在这类系统的分析和设计中，传递函数方法的应用是很广泛的。下面是有关传递函数的一些重要说明（下列各项说明中涉及的均为线性常微分方程描述的系统）：

（1）系统的传递函数是一种数学模型，它表示联系输出变量与输入变量的微分方程的一种运算方法；

（2）传递函数是系统本身的一种属性，它与输入量或驱动函数的大小和性质无关；

（3）传递函数包含联系输入量与输出量所必需的单位，但是它不提供有关系统物理结构的任何信息（许多物理上完全不同的系统，可以具有相同的传递函数，称之为相似系统）；

（4）如果系统的传递函数已知，则可以针对不同形式的输入量研究系统的输出或响应，以便掌握系统的性质；

（5）如果不知道系统的传递函数，则可通过引入已知输入量并研究系统输出量的实验方法，确定系统的传递函数。系统的传递函数一旦被确定，就能对系统的动态特性进行充分描述，它不同于对系统的物理描述；

（6）用传递函数表示的常用连续系统有两种比较常用的数学模型。

传递函数的特性为：

（1）传递函数是一种数学模型，与系统的微分方程对应。

（2）是系统本身的一种属性，与输入量的大小和性质无关。

（3）只适用于线性定常系统。

（4）传递函数是单变量系统描述，外部描述。

（5）传递函数是在零初始条件下定义的，不能反映在非零初始条件下系统的运动情况。

（6）一般为复变量 $s$ 的有理分式，即 $n \geqslant m$。且所有的系数均为实数。

（7）如果传递函数已知，则可针对不同形式的输入量研究系统的输出或响应。

（8）如果传递函数未知，则可通过引入已知输入量并研究系统输出量的实验方法，确定系统的传递函数。

（9）传递函数与脉冲响应函数一一对应，脉冲响应函数是指系统在单位脉冲输入量作用下的输出。

## 1.6 知识拓展 2——数学模型的 MATLAB 表示

引导问题：

1. num，den 的含义。
2. 书写系数时，如遇到次幂间断，如何处理？
3. 用 MATLAB 建立数学模型 $G(s)=\dfrac{2s^2+3}{s^3+4s+23}$。

### 1.6.1 控制系统的参数模型

控制系统的数学模型在系统分析和设计中是相当重要的，在线性系统理论中常用的数学模型有微分方程、传递函数、状态空间表达式等，而这些模型之间又有着某些内在的等效关系。MATLAB 主要使用传递函数和状态空间表达式来描述线性时不变系统（Linear Time Invariant，简记为 LTI）。

线性定常系统的传递函数 $G(s)$一般可以表示为：

$$G(s)=\frac{B(s)}{A(s)}=\frac{b_m s^m+b_{m-1}s^{m-1}+\cdots+b_1 s+b_0}{a_n s^n+a_{n-1}s^{n-1}+\cdots+a_1 s+a_0}, n\geqslant m$$

其中 $A(s)=a_n s^n+a_{n-1}s^{n-1}+\cdots+a_1 s+a_0$，$B(s)=b_m s^m+b_{m-1}s^{m-1}+\cdots+b_1 s+b_0$。

在 MATLAB 中，使用函数 tf(num,den) 建立或转换控制系统的传递函数模型。其中，num 函数表示传递函数的分子，den 函数表示传递函数的分母。由于用 $b_j$（j=0,1,2,3⋯,m）和 $a_i$（i=0,1,2,3⋯,n）可以唯一表示一个确定的系统，因此在 MATLAB 中，可以用 num=[$b_m$, $b_{m-1}$,⋯,$b_1$,$b_0$]，den=[$a_n$,$a_{n-1}$,⋯,$a_1$,$a_0$]来表示传递函数 $G(s)$的多项式模型。

书写规则为：按照 $s$ 的次幂，从高到低的顺序，依次书写系数。功能为生成线性定常连续/离散系统的传递函数模型，或者将状态空间模型或零极点增益模型转换成传递函数模型。

### 1.6.2 实例讲解

**【例 1-8】** 控制系统的开环传递函数为 $G(s)=\dfrac{s^2+3s+2}{s^3+5s^2+7s+3}$，用 MATLAB 建立数学模型。

**解：** 在 MATLAB 的 command window 窗口中输入

```
>> num=[1 3 2];
>> den=[1 5 7 3];
>> g=tf(num,den)

Transfer function:
    s^2 + 3 s + 2
---------------------------
s^3 + 5 s^2 + 7 s + 3
```

建立传递函数模型并指定输出变量名称和输入变量名称

```
>> g=tf(num,den,' inputname', '输入端', 'outputname','输出端')

Transfer function from input "输入端" to output "输出端":
    s^2 + 3 s + 2
---------------------------
s^3 + 5 s^2 + 7 s + 3
```

**【例 1-9】** 控制系统的开环传递函数为$G(s)=\dfrac{8(s+1)}{s^2(s+2)(s^2+6s+11)}$，用 MATLAB 建立数学模型。

**解：** 在 MATLAB 的 command window 窗口中输入

```
>> num=conv(8,[1 1]);
>> den=conv([1 0 0],conv([1 2],[1 6 11]));
>> g=tf(num,den)

Transfer function:
              8 s + 8
------------------------------------
s^5 + 8 s^4 + 23 s^3 + 22 s^2
```

说明：conv( )用于计算多项式乘积，结果为多项式系统的降幂排列，此函数可嵌套使用。

**【例 1-10】** 设多输入多输出系统的传递函数为$G(s)=\begin{bmatrix}\dfrac{s+1}{s^2+2s+2}\\ \dfrac{1}{s+1}\end{bmatrix}$。应用 MATLAB 建立其数学模型。

**解：** 在 MATLAB 的 command window 窗口中输入

```
>> num={[1 1];1};
>> den={[1 2 2];[1 1]};
>> g=tf(num,den)

Transfer function from input to output...
            s + 1
 #1:  ------------------
      s^2 + 2 s + 2
```

```
         1
#2:  -------
       s + 1
```

在 MATLAB 中，使用函数 frd()建立控制系统的频率响应数据模型。其主要功能为：建立频率响应数据模型或者将其他线性定常系统模型转换成频率响应数据模型。格式为 sys=frd(response,frequency)。response 为存储频率响应数据的多维元胞，frequency 为频率向量，默认单位为 rad/s（弧度/秒）。

**【例 1-11】** 设系统的频率特性为 $G(jw)=0.05w\bullet e^{j2w}$，计算当频率在 $10^{-1}$～$10^{2}$ rad/s 之间取值时的频率响应数据模型。

**解：** 在 MATLAB 的 command window 窗口中输入

```
>> freq=1:2:100;
>> resp=0.05*(freq).*exp(i*2*freq);
>> sys=frd(resp,freq)

From input 1 to:

  Frequency (rad/s)          output 1
  -----------------------------------------------
         1              -0.020807+0.045465i
         3               0.144026-0.041912i
         5              -0.209768-0.136005i
                  （中间省略）
        93              -3.712923-2.799411i
        95               0.314958+4.739547i
        97               3.452210-3.406574i
        99              -4.934302-0.393914i
 Continuous-time   frequency   response   data   model.
```

若考虑到输入变量及输出变量名称，可将最后一行改为：

```
>> sys=frd(resp,freq,'inputname','频率','outputname','输出值')
From input '频率' to:
  Frequency(rad/s)             输出值
  -----------------------------------------------
         1              -0.020807+0.045465i
         3               0.144026-0.041912i
         5              -0.209768-0.136005i
         7               0.047858+0.346713i
                        （中间省略）
        93              -3.712923-2.799411i
        95               0.314958+4.739547i
        97               3.452210-3.406574i
        99              -4.934302-0.393914i
```

Continuous-time frequency response data model.

## 1.7 习题

1. 试列举几个日常生活中的开环和闭环控制系统的例子，并说明其工作原理。

2. 电冰箱制冷原理图如图 1-29 所示，简述系统工作原理。

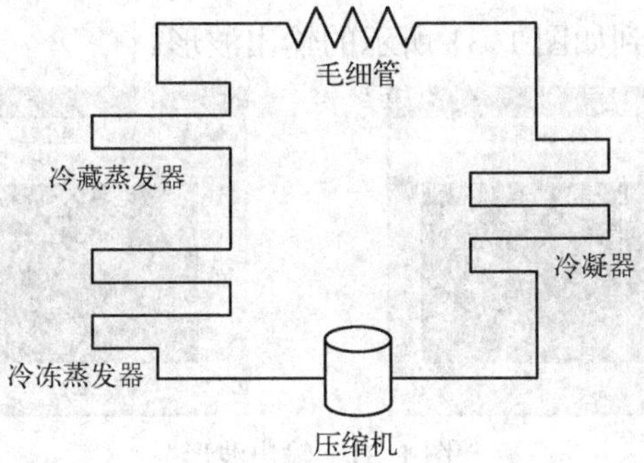


图 1-29 电冰箱制冷系统原理图

3. 图 1-30 为液位控制系统的示意图，试说明其工作原理。

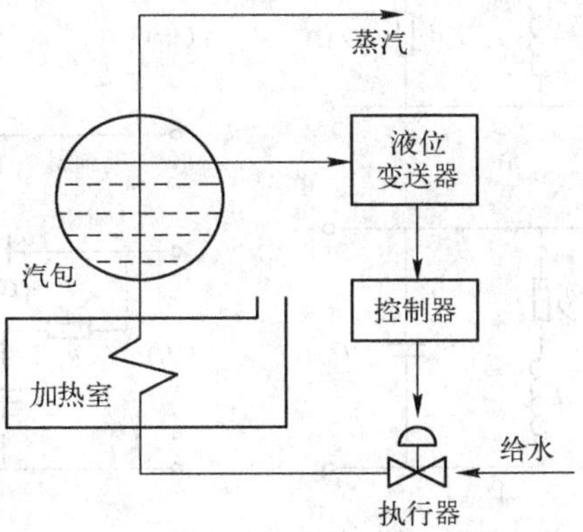


图 1-30 液位控制系统示意图

4. 使用 MATLAB 软件计算下列算术运算的值。

（1）$[12(8-1.5)+17]/2^3$　　（2）$[3^3(10-1)+20.5]/2^5$

（3）$[19-3^3]/4^2+1.5$　　（4）$[29(10-2.3)-5^{1.5}]/2^3$

5. 将下列矩阵导入到 MATLAB 中。

（1）$A=\begin{bmatrix}1 & 3 & 5\\ 2 & 4 & 6\end{bmatrix}$　　（2）$A=\begin{bmatrix}2 & 1 & 3 & 5\\ 7 & 5 & 0 & 1\\ 2 & 7 & 1 & 2\end{bmatrix}$

（3） $A=\begin{bmatrix}5 & 4 & 8 & 5 & 7\\1 & 3 & 9 & 4 & 8\\3 & 2 & 4 & 3 & 5\\6 & 1 & 1 & 6 & 3\end{bmatrix}$　　　　（4） $A=\begin{bmatrix}4 & 6 & 8 & 6\\3 & 5 & 4 & 5\\2 & 4 & 7 & 3\\1 & 3 & 3 & 2\end{bmatrix}$

6．用 MATLAB 软件绘制下列曲线。

（1） $y(x)=\sin 2x$　　　　（2） $y(x)=\sin 2x\cos x^2$

（3） $y(x)=\sin(x^2-2x)$　　　　（4） $y(x)=\sin(2x-7)\cos x$

7．建立仿真模型，得到如图 1-31 所示的输出波形。

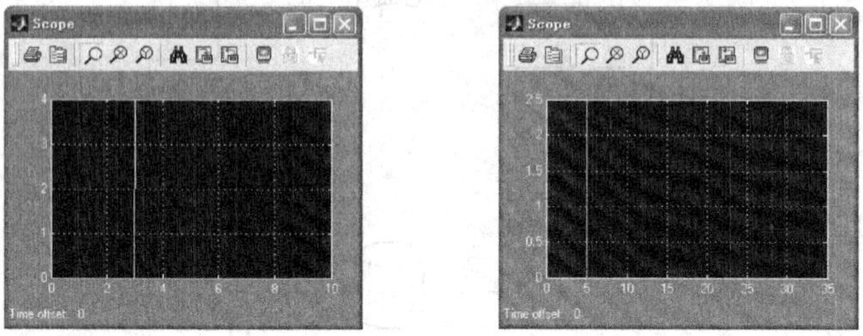


图 1-31　输出波形

8．试求图 1-32 所示各电路的传递函数。

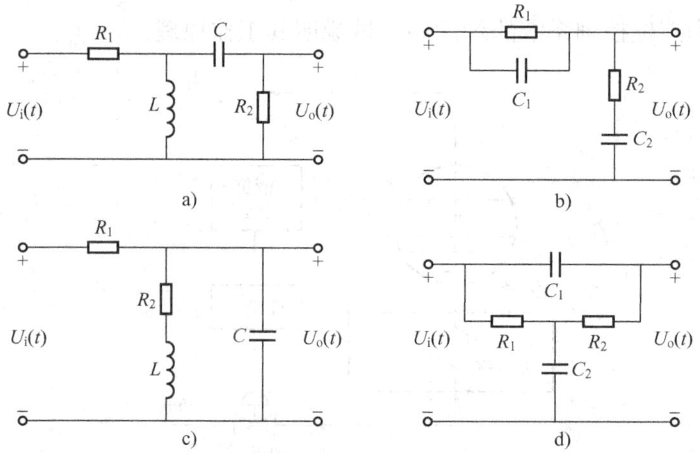


图 1-32　电路图

9．试分别写出图 1-33 中各有源网络的传递函数 $U_o(s)/U_i(s)$。

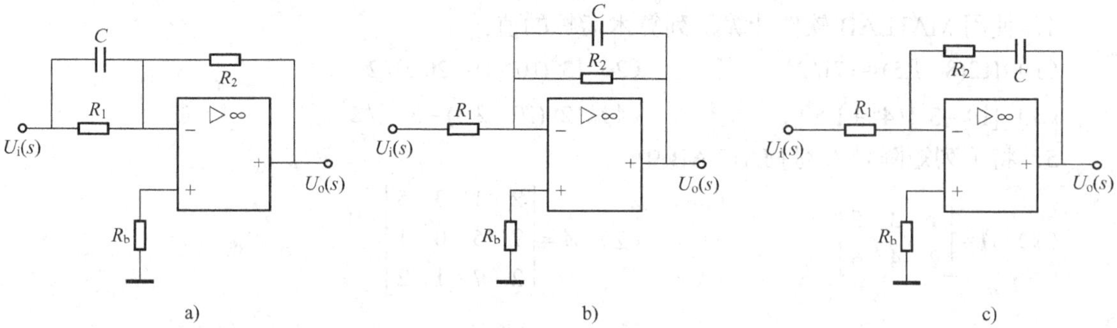


图 1-33　有源网络

10．图 1-34 是一个转速控制系统，输入量是电压 $U$，输出量是负载的转速$\omega$，画出系统结构图，并写出输入输出间的数学表达式。

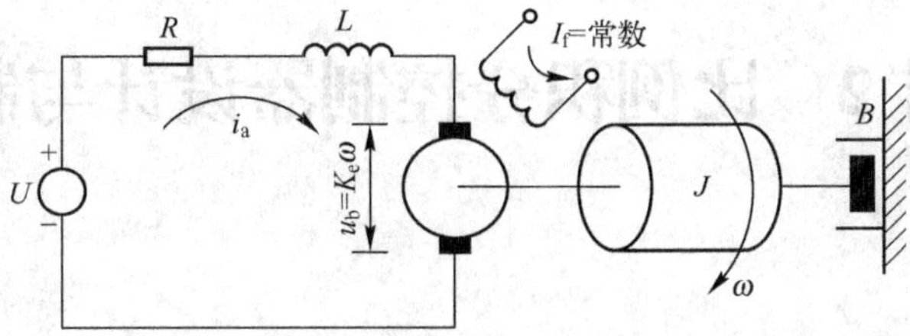


图 1-34 转速控制系统

11．图 1-35 所示为装在小车上的倒立摆系统。该系统与空间飞行器在发射过程中空间助推器姿态控制的模型一致。姿态控制的任务是，保持空间助推器在垂直位置。这和杂技表演中艺人顶立杆的平衡系统类似。显然若不外施控制，该系统是不稳定的，倒立的摆随时都可能倒下来。为了简化讨论，假设摆的质量 $m$ 集中在杆顶（摆杆无质量）上，而且只作为二维问题来处理，即摆只在图示的平面上运动。小车质量为 $M$，作用在小车上的外施控制力为 $u$，试求该系统的数学模型。

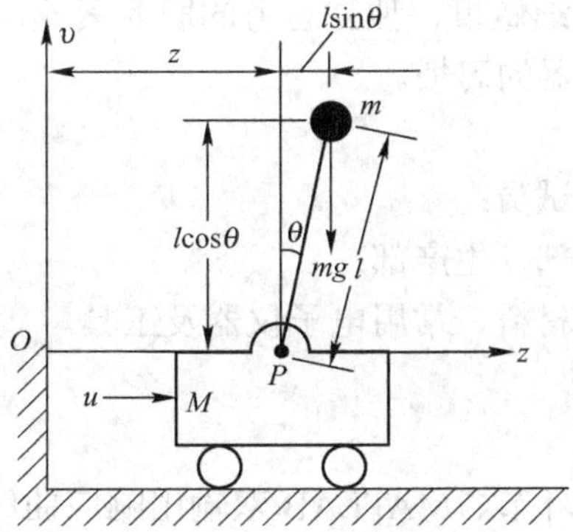


图 1-35 倒立摆控制系统

# 项目 2　比例积分控制器设计与制作

## 2.1　工作任务

**1．工作任务类型**

学习型任务：设计、制作比例积分控制器，并与仿真数据进行类比分析。

**2．教学目标**

（1）能力目标：能理解比例积分环节的工作原理，能用示波器测绘输出波形，进一步掌握常用仪器仪表使用方法；

（2）知识目标：能熟练掌握比例积分控制器实际构成电路，能熟练使用示波器，能正确选择电路参数，能初步使用仿真软件搭建模型，分析波形；

（3）素质目标：能培养仔细做事、独立思考的职业素养，能培养正确表述自己思想的能力，能培养安全、正确操作仪器的习惯。

**3．教学组织设计**

（1）学生角色：制作、调试员；

（2）教学情境：企业研发部、生产部；

（3）教学材料：学习参考材料、常用电子仪器及工具。

**4．教学过程**

（1）任务导入；

（2）任务必备知识：积分环节、MATLAB 双输出响应曲线绘制；

（3）技能训练：比例积分控制器实物制作，与仿真波形类比；

（4）成果交流：小组成果展示、交流；

（5）教师点评：各组优点、改进处、作业。

## 2.2　知识链接 1——积分环节

**引导问题：**

1. 积分环节输入量与输出量关系。
2. 实际电路中的积分环节输出特性。
3. 控制系统中常见的积分环节。

**1．积分环节工作原理**

积分环节是指输出量正比于输入量对时间的积分，即 $c(t)=\frac{1}{T}\int r(t)\mathrm{d}t$ 。其传递函数为

$G(s)=\dfrac{C(s)}{R(s)}=\dfrac{1}{Ts}$，式中 $T$ 为积分环节的时间常数。

当输入为单位阶跃信号时，$R(s)=\dfrac{1}{s}$，此时有 $C(s)=\dfrac{1}{Ts}\cdot\dfrac{1}{s}=\dfrac{1}{Ts^2}$。查拉普拉斯变换表得 $c(t)=\dfrac{1}{T}t$。

积分通常与比例控制或微分控制联合构成 PI 或 PID 控制，增大积分时间常数（积分减弱）有利于减小超调，减小震荡、使系统更稳定，但同时延长系统消除静差的时间。

**2．常用积分环节**

图 2-1 是由运放构成的积分控制器，求其数学模型。

由积分环节的传递函数知 $U_o(s)=-\dfrac{1}{R_0Cs}U_i(s)=\dfrac{1}{Ts}U_i(s)$，$\dfrac{U_o(s)}{U_i(s)}=\dfrac{1}{Ts}$，式中 $T=-R_0C$。

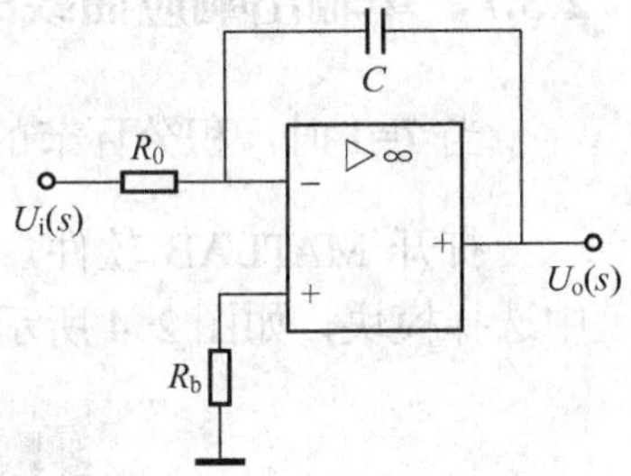

图 2-1　积分控制器电路

在实际系统中，通常选取输入电阻 $R_0$ 为 20kΩ（也可为 10kΩ 或 40kΩ），然后根据 T 值不同选取 C。图 2-2 是积分环节的功能框图和阶跃响应。其特点阶跃响应是输出量为输入量对时间的累积，输出幅值呈线性增长，在实际电路中输出量达到一定值时就不会增加，此时输出饱和值。值得注意的是此时即使输入变为零，输出量也保持恒定不变，即具有记忆功能。阶跃输入时，输出要在 $t=T$ 时才能等于输入，故有滞后作用。

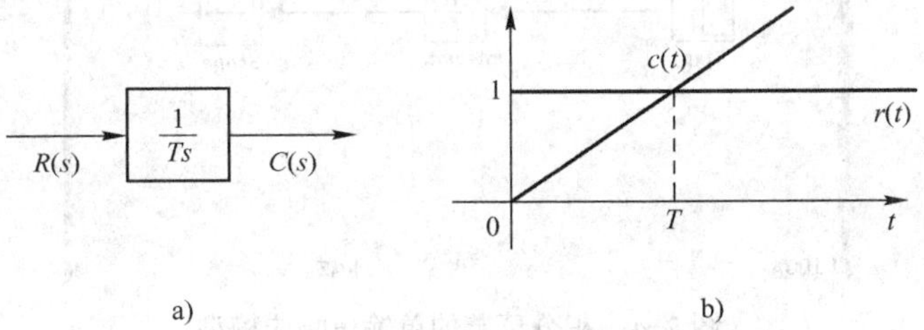

图 2-2　积分环节功能框及阶跃响应

a) 功能框图　b) 阶跃响应

图 2-3 是一些常见的积分环节。在系统中凡有储存或积累特点的元件，都有积分环节的特性。例如水箱，以流量 $q(t)$ 为输入，液面高度变化量 $h(t)$ 为输出；齿轮齿条传动机构中，取齿轮的转速 $n$ 为输入量，取齿条的位移量 $x$ 为输出量。它们的传递函数都是积分环节。

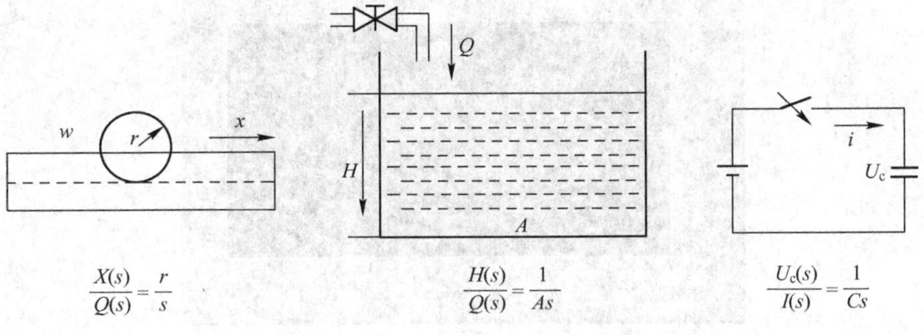

图 2-3　积分环节实例

## 2.3 知识链接 2——MATLAB 绘制双响应曲线

引导问题：

1. 积分环节输出曲线绘制的方法。
2. 多输出曲线的实现方法。
3. 改变积分环节时间的实现方法。

### 2.3.1 单输出响应曲线的绘制

当 $T$=1 时，积分环节的传递函数为 $G(s)=\frac{1}{s}$ 。

打开 MATLAB 软件，进入到 SIMULINK 仿真窗口，在 SIMULINK 模块库浏览器窗口中选择模块，如图 2-4 所示。

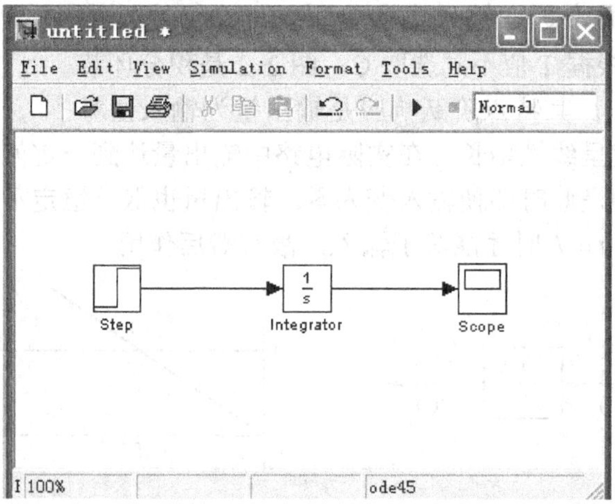


图 2-4　积分环节的单输出响应模型

完成后，建立一个比例环节的仿真分析模型，单击“start SIMULINK”，观察输出波形，如图 2-5 所示。如需全屏展示，则单击右键，选择“auto scale”即可。

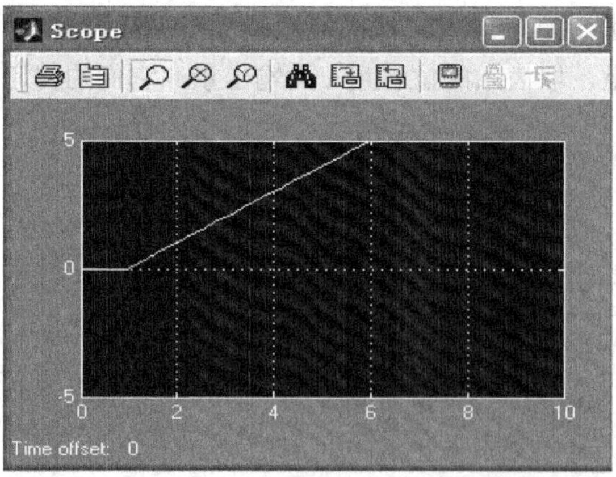


图 2-5　单输出响应曲线

结论：积分环节的特点是它的输出量为输入量对时间的累计。输出量随着时间的增长而不断增加。

## 2.3.2 双输出响应曲线的绘制

**1. 单位时间常数积分环节的响应曲线绘制**

具体方法为加入一个“bus creator”模块即可，建立如图 2-6 所示的仿真模型。

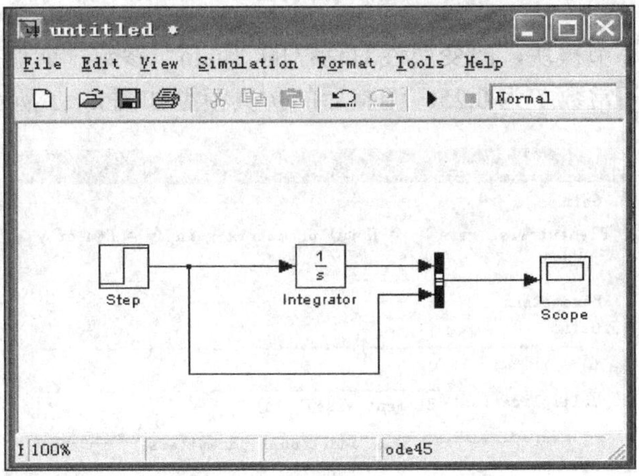


图 2-6 双输出响应模型

单击“start SIMULINK”，就可以在同一个窗口中观察到输入波形和输出波形，如图 2-7 所示。

如需对横轴显示的时间进行调整，可选择菜单栏的“Simulation”→“Simulation Parameters”或用快捷方式“Ctrl+E”，弹出如图 2-8 所示的窗口。在“Stop time”文本框中，输入需要调整的时间参数即可。

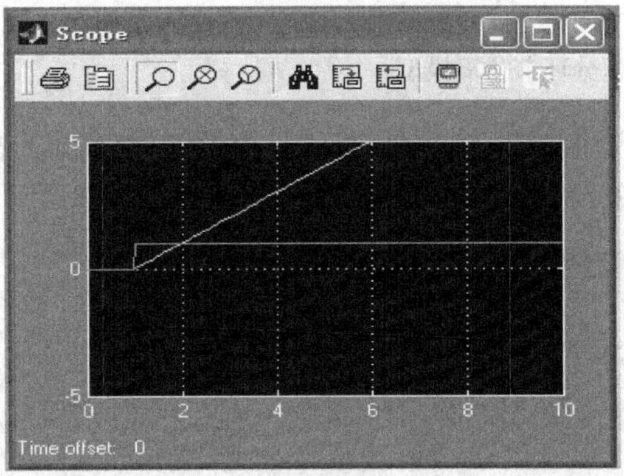


图 2-7 双输出响应曲线

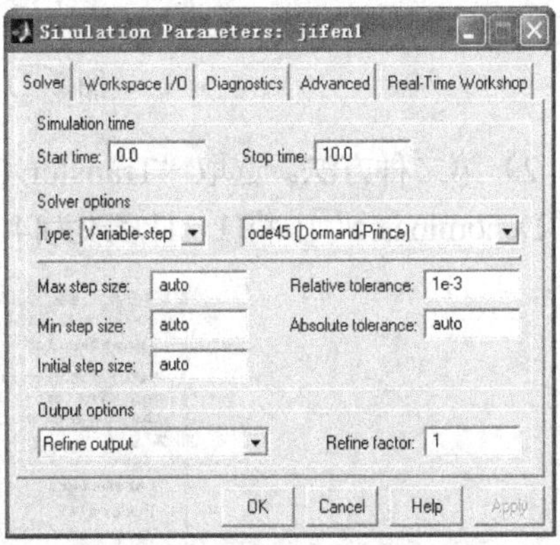


图 2-8 属性对话框

**2. 多时间常数积分环节的响应曲线绘制**

（1）时间常数不为 1 的实现方法　前面介绍的都是积分环节常数为 1 的情况。但在大多数的实际应用中，积分环节的时间常数并不为 1。在遇到这种情况的时候，仿真模型的搭建需要做一定的调整，才能够实现。下面介绍两种实现方法，供读者参考。

1）第一种方法。在仿真模型中，采用一个比例环节加上一个积分环节串联，形成一个可调时间常数的积分环节，建立具体模型如图 2-9 所示。

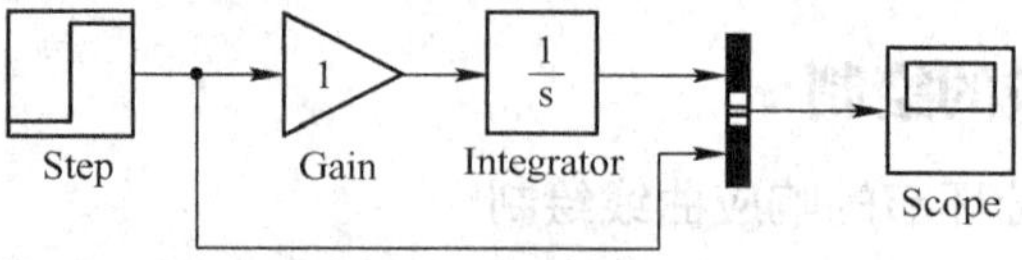


图 2-9　串联形成的可调时间常数积分环节

此时，双击比例环节模块，改变属性对话框的“gain”参数，如调整为 4，如图 2-10 所示，则积分环节的时间常数 $T$ 为 0.25。调整后的仿真模型如图 2-11 所示。

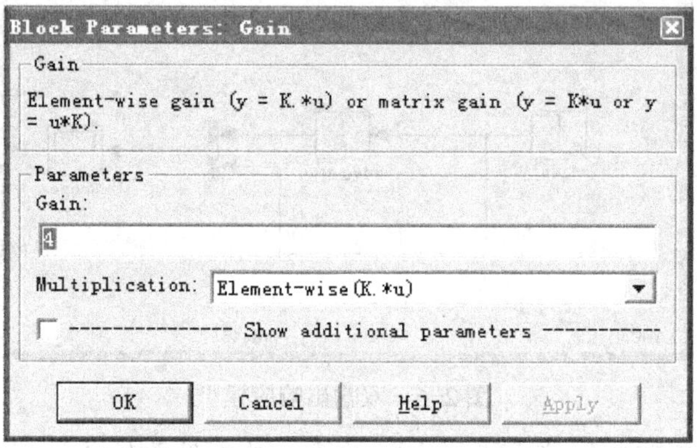


图 2-10　比例环节属性对话框

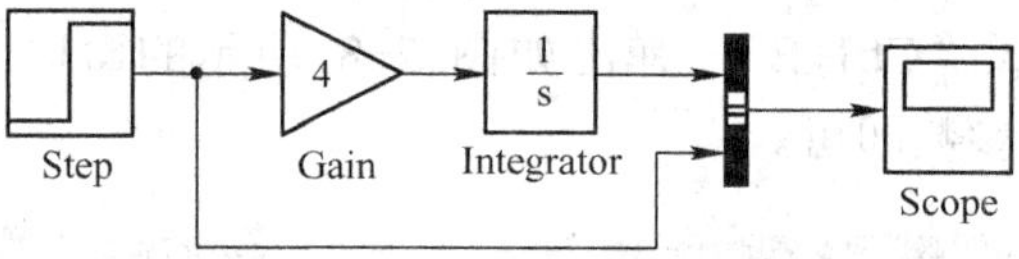


图 2-11　调整后的积分环节仿真模型

2）第二种方法。选取“Transfer Fcn”功能模块，打开其属性对话框，如图 2-12 所示。在分母“Denominator”中将[1　1]修改为[4　0]，可得到与第一种方法相同的结果，如图 2-13 所示。

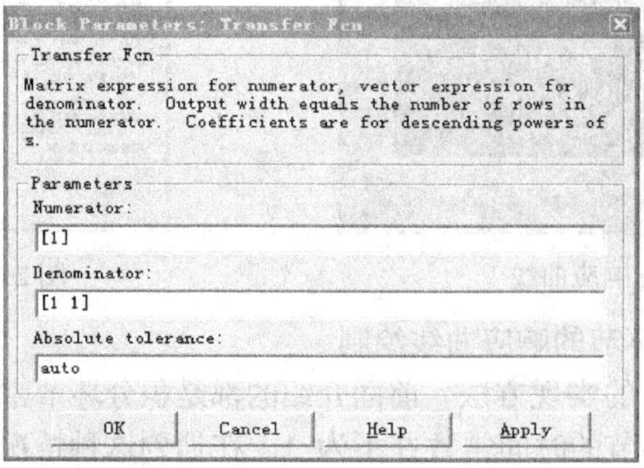


图 2-12　Transfer Fcn 功能模块属性

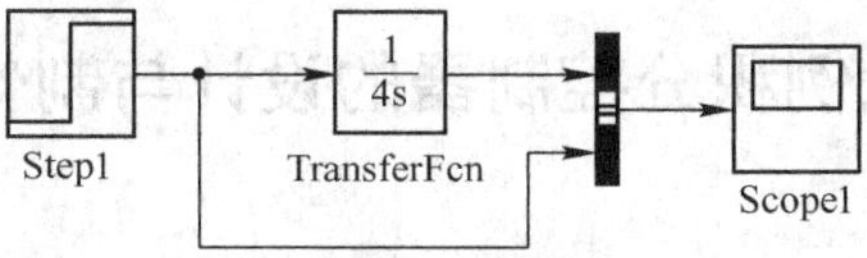


图 2-13　参数修改后的仿真模型

（2）多时间常数的积分环节实现方法　在实现多个输出响应时，仍然要用到“Bus Creator”模块的属性。打开此模块的属性对话框，在“Number of inputs”文本框中输入需要的数字，如 6，如图 2-14 所示。在此基础上，借助前面所讲的办法，可以实现多个时间常数不同的积分环节，由此形成多个输出响应曲线在同一个示波器窗口中，便于我们观察、分析性能参数，如图 2-15、图 2-16 所示。

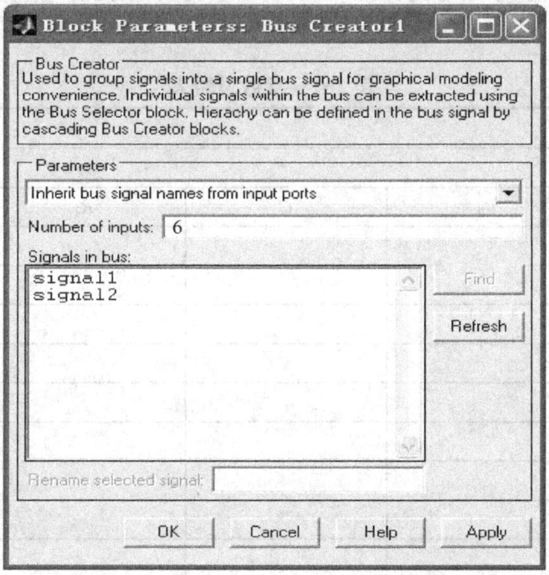


图 2-14　Bus Creator 模块属性对话框

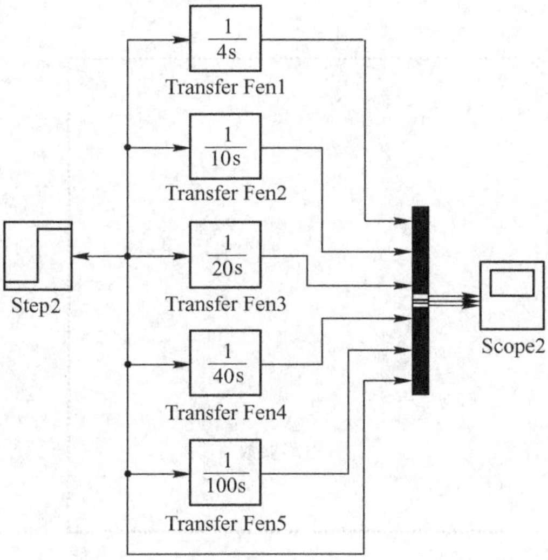


图 2-15　多时间参数的积分环节模型

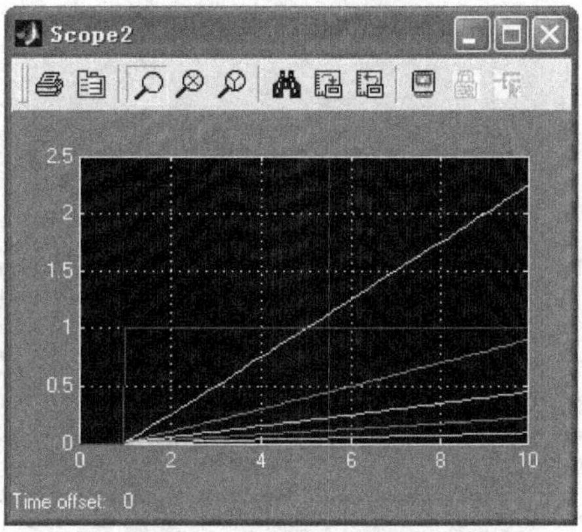


图 2-16　多输出响应波形

## 2.4 实践操作——比例积分控制器的设计与制作

引导问题：

1. 积分环节时间常数的作用。
2. 仿真波形与实测波形的区别与联系。
3. 电路原理图与实际接线图之间的区别与联系。

### 2.4.1 参数设计

**1．根据要求，将设计的参数填入表格**

分别设定积分控制器为 $T$=33s、66s、660s、0.66s、0.33s，根据上述设定，选择适当的电阻参数填入表 2-1。

**表 2-1 参数设置表**

| | | | | |
|---|---|---|---|---|
| 组长 | | | | |
| 组员 | | | | |
| 序号 | $R_0$ | $C$ | $R_2$ | $T$（s） |
| 1 | | | | |
| 2 | | | | |
| 3 | | | | |
| 4 | | | | |
| 5 | | | | |
| 6 | | | | |
| 7 | | | | |
| 8 | | | | |
| 9 | | | | |
| 10 | | | | |

**2．绘制标有参数的比例积分控制器电路图**

电路图

电路参数

### 2.4.2 制作与调试

（1）焊接电路、实施检查　按照计划设定的参数，符合焊接工艺，绘制标有参数的比例积分控制器接线图。

接线图　　电路参数

（2）完成比例积分控制器的电路焊接工作，并用示波器观测，绘制输入输出波形关系。

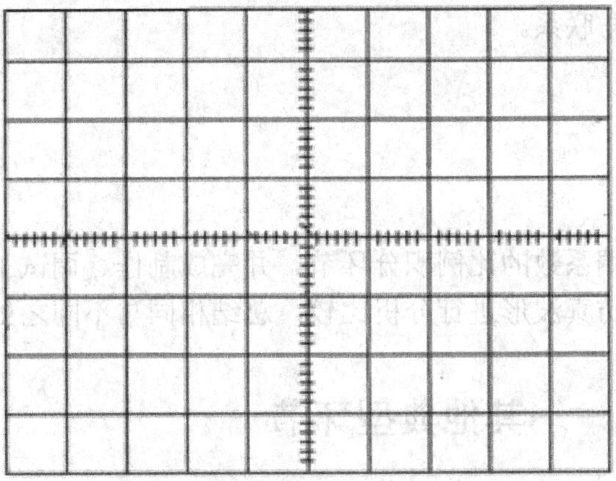

波形绘制

### 2.4.3 实测参数与仿真数据比较分析

**1. 比较分析**

与前面学习的 MATLAB 仿真波形进行比较分析，总结相同与不同处及各自特点。

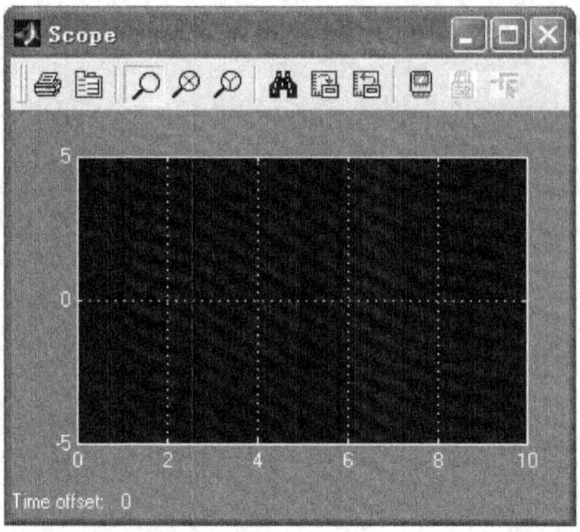


相同点：

不同点：

**2．评估展示**

小组成果展示。人员由教师指定或小组推荐。

包括：设定参数的比例积分控制器电路图；示波器观测的输入输出波形、特性。实测数据与仿真数据的区别与联系。

**3．课外作业**

（1）设计一个可调系数的比例积分环节，并完成制作、调试工作。

（2）实测数据与仿真波形进行分析比较，总结相同与不同之处。

## 2.5 知识拓展 1——其他典型环节

引导问题：

1. 常用的典型环节。
2. 惯性环节的输出特性。
3. 控制系统中振荡环节的作用。

### 2.5.1 惯性环节

惯性环节的微分方程为$T\dfrac{\mathrm{d}c(t)}{\mathrm{d}t}+c(t)=Kr(t)$，式中 $T$ 是惯性环节的时间常数，$K$ 是环节

的放大倍数。对微分方程两边取拉普拉斯变换，可得其传递函数为$G(s)=\dfrac{K}{Ts+1}$。

当输入为单位阶跃信号时，$R(s)=1/s$，此时有$C(s)=G(s)R(s)=\dfrac{K}{s(Ts+1)}$，经部分分式分解后，查拉普拉斯变换表得$c(t)=K(1-\mathrm{e}^{-\frac{t}{T}})$。

图 2-17 是比例环节的功能框图和阶跃响应。因为惯性环节中具有一个储能元件，对于阶跃输入来说，输出不能立即复现，输出总落后于输入。

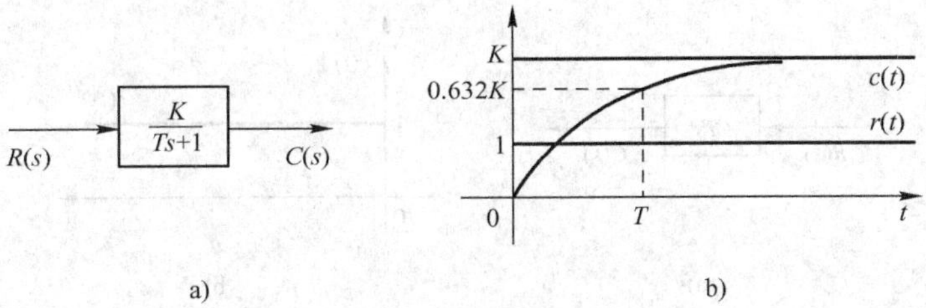


图 2-17 惯性环节功能框及阶跃响应

a) 功能框图 b) 阶跃响应

图 2-18 是一些常见的惯性环节。例如电阻—电感电路、电阻—电容电路、惯性调节器等。

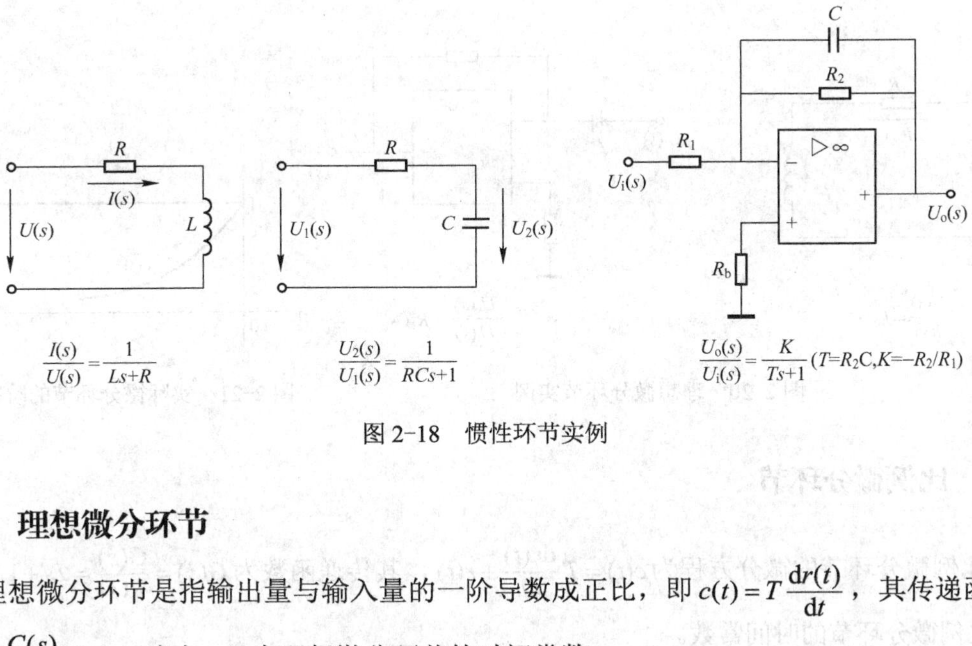


图 2-18 惯性环节实例

## 2.5.2 理想微分环节

理想微分环节是指输出量与输入量的一阶导数成正比，即$c(t)=T\dfrac{\mathrm{d}r(t)}{\mathrm{d}t}$，其传递函数为$G(s)=\dfrac{C(s)}{R(s)}=Ts$，式中，$T$为理想微分环节的时间常数。

当输入为单位阶跃信号时，$R(s)=\dfrac{1}{s}$，此时有$C(s)=G(s)R(s)=T$，查拉普拉斯变换表得$c(t)=T\delta(t)$。

图 2-19 是理想微分环节的功能框图和阶跃响应。当输入量为阶跃函数时，输出量在理

论上将是一个幅值为无穷大而时间宽度趋于零的脉冲，这在实际上是不可能的。所以它不可能单独存在，总是与其他环节同时存在。

图 2-20 是一些理想微分环节。实际上，理想微分环节只是数学上的近似，实际微分环节总是有惯性的，故实际微分环节的传递函数为$G(s)=\dfrac{Ts}{Ts+1}$，在单位阶跃信号下的响应为$C(s)=G(s)R(s)=\dfrac{1}{s+\dfrac{1}{T}}$。

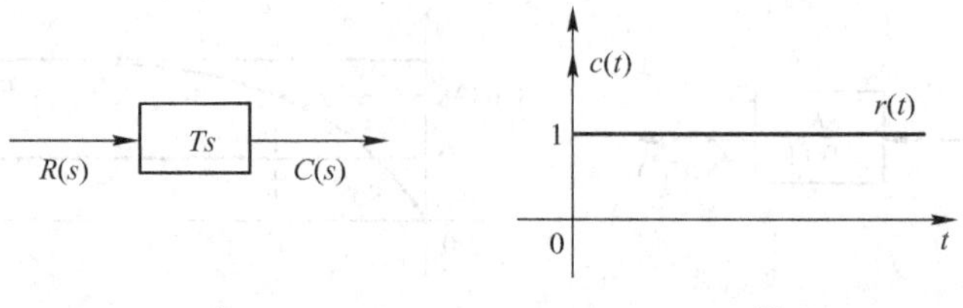


a)　　b)

图 2-19　理想微分环节的功能框图和阶跃响应

a) 功能框图　b) 阶跃响应

查拉普拉斯变换表得$c(t)=\mathrm{e}^{-\frac{t}{T}}$，其阶跃响应如图 2-21 所示。

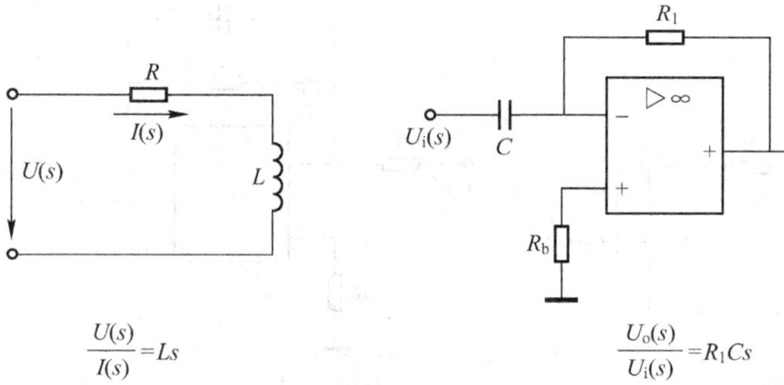


图 2-20　理想微分环节实例

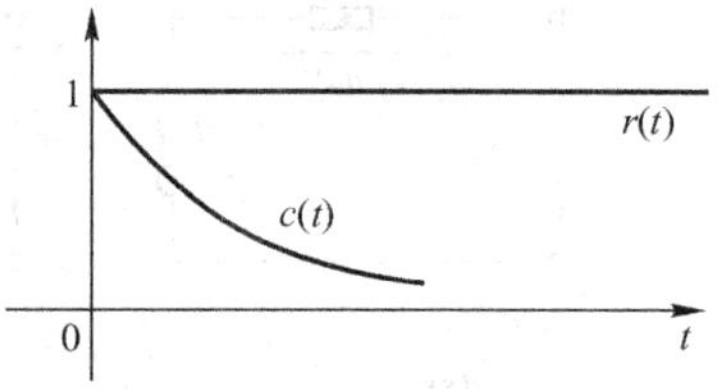


图 2-21　实际微分环节的阶跃响应

### 2.5.3　比例微分环节

比例微分环节的微分方程为$c(t)=T\dfrac{\mathrm{d}r(t)}{\mathrm{d}t}+r(t)$，其传递函数为$G(s)=\dfrac{C(s)}{R(s)}=Ts+1$，式中$T$为比例微分环节的时间常数。

当输入为单位阶跃信号时，$R(s)=\dfrac{1}{s}$，此时有$C(s)=G(s)R(s)=T+\dfrac{1}{s}$，查拉普拉斯变换表得$c(t)=1+T\delta(t)$。

图 2-22 是比例微分环节的功能框图和阶跃响应。当输入量为阶跃函数时，输出量在$t$=0 时会产生一个宽度趋于零的脉冲；当 $t>0$ 时，系统的输出等于输入，系统表现为比例环

节。因而该环节称为比例微分环节。图 2-23 是一些比例微分环节实例。

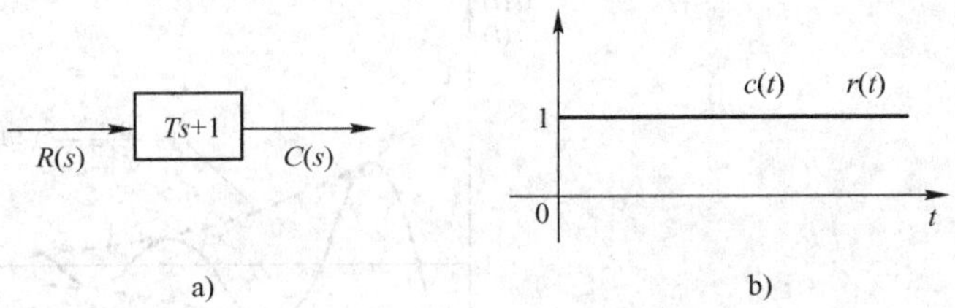


图 2-22　比例微分环节的功能框图和阶跃响应

a) 功能框图　b) 阶跃响应

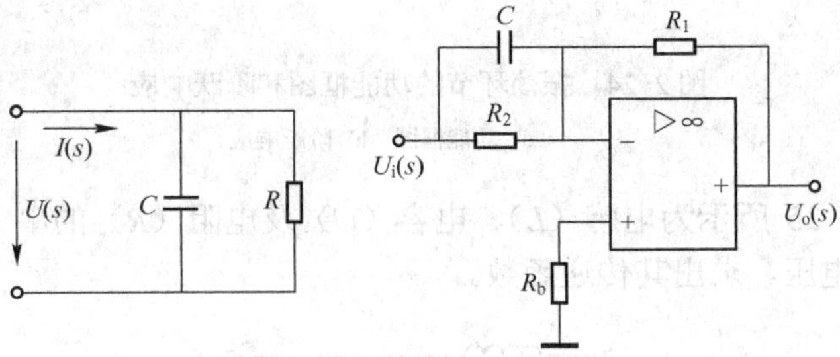


$\frac{I(s)}{U(s)}=\frac{1}{R}(RCs+1)$　　　$\frac{U_o(s)}{U_i(s)}=-\frac{R_1}{R_2}(R_2Cs+1)$

图 2-23　比例微分环节实例

## 2.5.4　振荡环节

振荡环节的传递函数为$G(s)=\frac{\omega_n^2}{s^2+2\xi\omega_n s+\omega_n^2}$，式中，$\omega_n$ 为自然振荡角频率；$T$ 为振荡环节的时间常数，$T=1/\omega_n$；$\xi$ 为阻尼比。

当输入为单位阶跃信号时，二阶系统的响应有两种情况：

（1）当 $0<\xi<1$ 时，输出为振荡曲线，此时二阶环节称为振荡环节。

（2）当 $\xi\geqslant 1$ 时，输出为一指数上升曲线。此时的二阶环节，是两个惯性环节的组合，不是振荡环节。

由此可见，振荡环节是二阶环节，但二阶环节不一定是振荡环节。两个惯性环节不能组成一个振荡环节。

当 $0<\xi<1$ 时，系统的阶跃响应查拉普拉斯变换表得：

$$c(t)=1-\frac{e^{-\xi\omega_n t}}{\sqrt{1-\xi^2}}\sin(\omega_n\sqrt{1-\xi^2}t+\varphi)\text{。}$$

图 2-24 是振荡环节的功能框图和阶跃响应。振荡环节一般含有两个储存不同形式能量的储能元件和一个耗能元件。由于两个储能元件有能量交换，使系统输出发生振荡。由于存在耗能元件，所以振荡是逐渐衰减的。

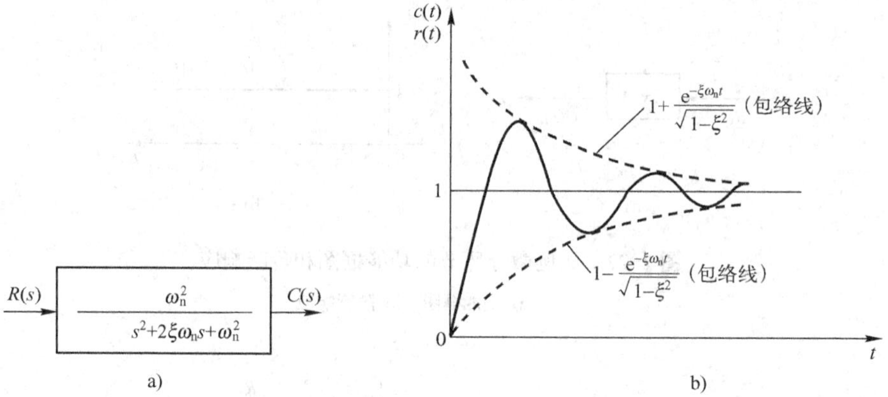


图 2-24　振荡环节的功能框图和阶跃响应

a) 功能框图　b) 阶跃响应

**【例 2-1】** 图 2-25 所示为电感（$L$）、电容（$C$）及电阻（$R$）的串、并联电路，$U_i$ 为输入电压，$U_o$ 为输出电压。求出其传递函数。

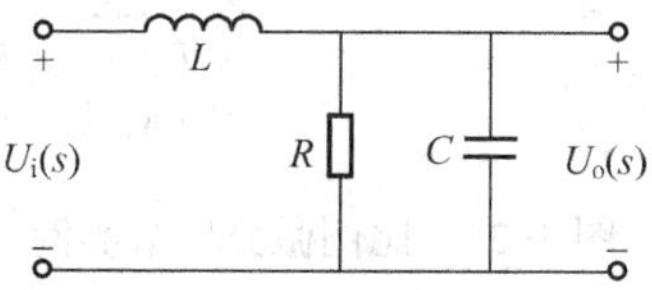


图 2-25　RLC 电路

**解：**

由复阻抗电路欧姆定律可得方程 $LCs^2U_o(s)+\frac{L}{R}sU_o(s)+U_o(s)=U_i(s)$。

故传递函数为 $G(s)=\frac{U_o(s)}{U_i(s)}=\frac{1}{LCs^2+\frac{L}{R}s+1}=\frac{\omega_n^2}{s^2+2\xi\omega_n s+\omega_n^2}$。

式中，$\omega_n=\sqrt{\frac{1}{LC}}$；$\xi=\frac{1}{2R}\sqrt{\frac{L}{C}}$。当 $0<\xi<1$ 时，这是一个振荡环节。

### 2.5.5 延迟环节

延迟环节又称纯滞后环节，其输出量在滞后输入一段时间后不失真地反映输入的变化形式。具有延迟环节的系统便称为延迟系统或时滞系统。延时环节的输入 $r(t)$ 与输出 $c(t)$ 之间有如下关系：$c(t)=r(t-\tau)$。式中，$\tau$ 为延时时间。对微分方程两边取拉普拉斯变换，可得其传递函数为 $G(s)=\frac{L[c(t)]}{L[r(t)]}=\frac{R(s)e^{-\tau s}}{R(s)}=e^{-\tau s}$。

当输入为单位阶跃信号时，$R(s)=\frac{1}{s}$，此时有 $C(s)=G(s)R(s)=e^{-\tau s}\frac{1}{s}$，查拉普拉斯变换表得 $c(t)=e^{-\tau}t$。

延迟环节的功能图与单位阶跃响应如图 2-26 所示。在实际电路中，延迟时间很小，此时，延迟环节可用一个小惯性环节来代替，即 $G(s)=\dfrac{1}{\tau s+1}$。但事实上，延迟环节与惯性环节所具有的延时不同，惯性环节的输出需延时一段时间才接近所要求的输出量，但它从输入开始时刻就有了输出。而延时环节在输入开始之初的时间内并无输出，而在 $\tau$ 之后，输出就等于从一开始起的输入，且不再有其他滞后过程。

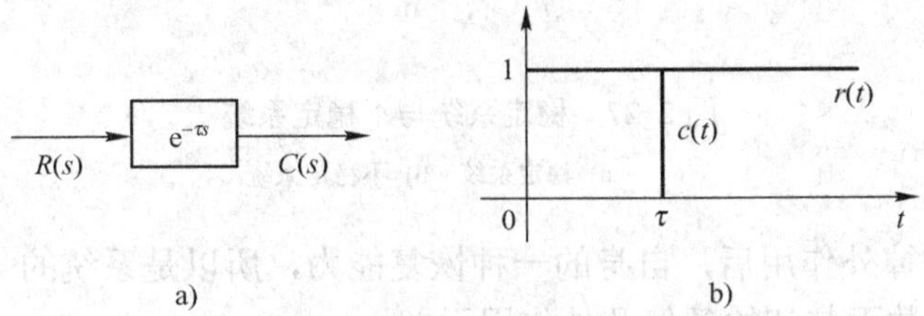


图 2-26　延迟环节的功能图与单位阶跃响应

a) 功能框图　b) 阶跃响应

延时环节一般与其他环节一起出现。延迟环节的例子很多，例如，在液压、气动系统中，施加输入后，往往由于管路长而延缓了信号传递的时间，因而出现延时环节。热量传导因传输速率低而造成时间上的延迟。在晶闸管整流电路中，当控制电压改变时，要改变控制角还要有一段时间。对于单相全波电路，平均延时 $\tau_o=5\text{ms}$；对于三相桥式电路，$\tau_o=1.7\text{ms}$。还应注意的是，机械传动副中的间隙是典型死区非线性环，不是延时环节。它们的共同点是在输入开始一段时间后，才有输出。而它们的输出却有很大的不同：延时环节的输出完全等于开始的输入；死区的输出只反映同一时间的输入作用，而对开始一段时间中的输入作用无任何反映。

## 2.6　知识拓展 2——MATLAB 分析系统性能

引导问题：

1. 控制系统稳定的充要条件。
2. 特征根辨别系统稳定性的方法。
3. MATLAB 分析系统动态性能的方法。

### 2.6.1　稳定性分析

工程上对系统性能进行分析的主要内容是稳定性分析、稳态性能分析和动态性能分析。其中，稳定性是系统三大性能中的首要性能。这是因为工程上所使用的控制系统是稳定的系统，不稳定的系统根本无法工作。

**1. 稳定的概念**

一个处于某平衡状态的系统，在扰动作用下，会偏离原来的平衡状态，而当扰动消失后，系统又能够逐渐恢复到原来平衡状态，称系统是稳定的，如图 2-27a 所示。否则，称系统不具有稳定性，如图 2-27b 所示。

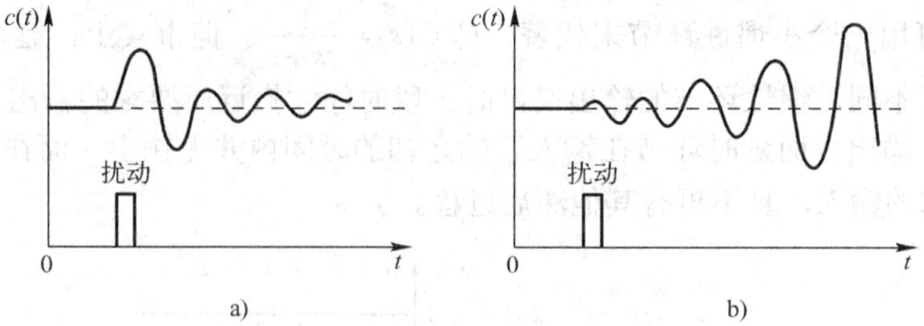


图 2-27　稳定系统与不稳定系统

a) 稳定系统　b) 不稳定系统

稳定性是系统去掉外作用后，自身的一种恢复能力，所以是系统的一种固有特性，它只取决于系统的结构参数而与初始条件及外作用无关。

**2．系统稳定的充要条件**

系统的稳定性概念又分绝对稳定性和相对稳定性两种。

系统的绝对稳定性是指系统稳定（或不稳定）的条件，即形成如图 2-27a 所示状况的充要条件。系统的相对稳定性是指稳定系统的稳定程度。例如，图 2-28a 所示系统的相对稳定性就明显好于如图 2-28b 所示的系统。

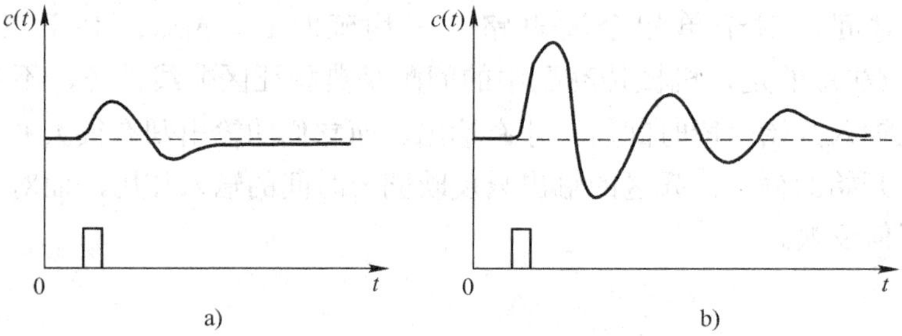


图 2-28　自动控制系统的相对稳定性

a) 相对稳定性好　b) 相对稳定性差

下面先来分析自动控制系统的绝对稳定性——系统稳定的充要条件。

根据前面对系统单位阶跃响应的分析可知，如果系统闭环极点都具有负实部，则系统响应的瞬态分量都会衰减为零，这种系统是稳定的；只要系统有一个实部为正的极点，该极点对应的瞬态分量将随时间的增大而发散，这种系统是不稳定的；如果系统存在纯虚数极点，该极点对应的瞬态分量为等幅振荡，这种系统称为临界稳定系统。图 2-29 绘出了 s 平面上特征方程的根（闭环极点）的位置与稳定性的关系。所以，线性系统稳定的充分必要条件是：系统的特征根（闭环极点）均具有负实部，即系统特征根（闭环极点）均位于 s 平面的左半部。

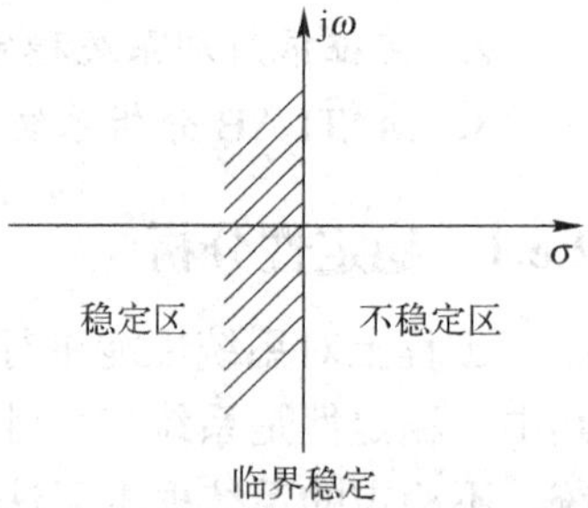


图 2-29　特征根与稳定性关系

由系统稳定的充要条件可知，判断系统稳定与否的问题，就变成求解特征方程的根，并检验其特征根是否都具有负实部的问题。但是当系统阶次较高时，求解其特征方程将会遇到较大的困难，于是相继出现了一些不需求解特征方程的根而能间接判断特征方程根的符号的方法。经常应用的间接方法有劳斯稳定判据和频率法稳定判据。

### 2.6.2 MATLAB 分析系统稳定性

稳定性的判据本身并不复杂，但对实际系统的人工求解却很麻烦，主要困难在于求解高阶方程和描绘各种图形。如果采用 MATLAB 软件来辅助判断稳定性，就变得简单和容易很多。

在 MATLAB 中，可用 roots 函数直接求取系统的特征根。其调用格式为

roots(c)

式中，c 为多项式系数向量，由高阶向低阶顺序列写，0 系数不可省略。

**【例 2-2】** 已知某系统的闭环传递函数如下，试求该系统的特征根，判断系统稳定性。

$$\Phi(s)=\frac{3s+2}{s^4+3s^3+10s^2+13s+74}$$

**解：** 根据闭环传递函数中特征根的多项式系数，在 MATLAB 的 command 窗口中输入

```
roots([1 3 10 13 74])
ans =

-2.3300 + 2.3646i
-2.3300 - 2.3646i
0.8300 + 2.4549i
0.8300 - 2.4549i
```

由得到的结果来看，系统的特征根中有 2 个正实部、2 个负实部。可判断，系统是不稳定的。

### 2.6.3 系统动态性能指标

通常，在阶跃函数作用下测定或计算控制系统的动态性能。一般认为，阶跃输入对控制系统来说是最严峻的工作状态。如果控制系统在阶跃函数作用下的动态性能满足要求，那么控制系统在其他形式的函数作用下，其动态性能也是令人满意的。

描述稳定的控制系统在单位阶跃函数作用下，动态过程随时间 $t$ 的变化情况的指标，称为动态性能指标。为了便于分析和比较，假定控制系统在单位阶跃输入信号作用前处于静止状态，而且输出量及其各阶导数均等于零，即零初始状态。对于大多数控制系统来说，这种假设是符合实际情况的。对于图 2-30 所示单位阶跃响应 $c(t)$，其动态性能指标通常描述如下：

（1）上升时间 $t_r$：对于单调上升的系统，上升时间指的是响应从终值 10%上升到终值 90%所需的时间；对衰减振荡的系统，上升时间指的是输出响应从零第一次上升到终值所需的时间。

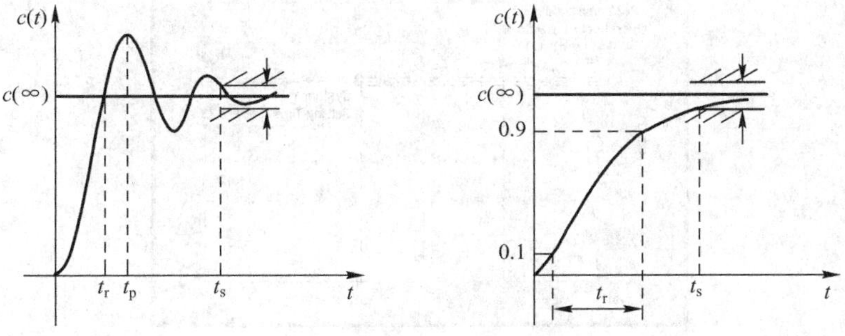


图 2-30 系统单位阶跃响应曲线

（2）峰值时间 $t_p$：指响应超过其稳态值，到达第一个峰值所需的时间。

（3）调节时间 $t_s$：指响应到达并不再超出稳态值所允许的误差范围（误差范围 $\delta$ 通常取 ±5%或±2%）所需的最短时间。

（4）超调量 $\sigma$：指响应的最大峰值 $c(t_p)$ 与终值 $c(\infty)$ 的差，与终值 $c(\infty)$ 比的百分数，即 $\sigma = \dfrac{c(t_p)-c(\infty)}{c(\infty)} \times 100\%$。若 $c(t_p) < c(\infty)$，则响应无超调。超调量亦称为最大超调量，或百分比超调量。

以上性能指标中，上升时间 $t_r$、峰值时间 $t_p$ 表征系统响应初始阶段的快速性；调节时间 $t_s$ 表示系统过渡过程的持续时间，从总体上反映了系统的快速性；超调量 $\sigma$ 反映系统动态过程的平稳性。应当指出，除简单的一、二阶系统外，要精确确定这些动态性能指标的解析式是很困难的。

### 2.6.4 MATLAB 分析系统动态性能

系统分析最直接的方法就是求取系统的阶跃响应，并绘制出响应曲线。用手工的方法，是很难绘制的，而用 MATLAB 软件来实现，就显得很容易，而且动态性能指标直接就可以看到，无需计算。下面举例进行说明。

**【例 2-3】** 已知某系统的闭环传递函数如下，试求该系统的单位阶跃响应曲线和性能指标。

$$\Phi(s) = \frac{4s^4 + 200s^3 + 2000s^2 + 4200s + 3200}{s^5 + 30s^4 + 400s^3 + 2400s^2 + 4000s + 3200}$$

**解：**

在 MATLAB 的 command 窗口中输入如下命令，即可得到系统的单位阶跃响应曲线，如图 2-31 所示。

```
>> num=[4 200 2000 4200 3200];
>> den=[1 30 400 2400 4000 3200];
>> g=tf(num,den);
>> step(g)
```

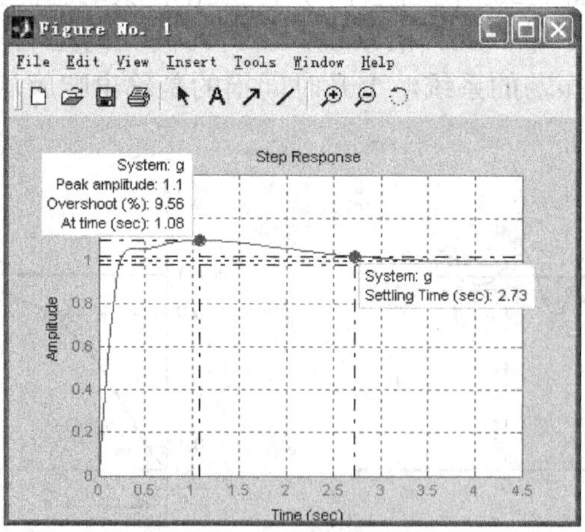


图 2-31 阶跃响应曲线

可见，系统的 overshoot（超调量）为 9.56%，setting time（调整时间）为 2.73s，peak amplitude（峰值）为 1.1。

**【例 2-4】** 已知系统参数如下，采用 MATLAB 类比分析系统动态性能指标。

$$G_1(s)=\frac{1.05}{(0.125s+1)(0.5s+1)(s^2+s+1)} \qquad G_2(s)=\frac{1.05(0.4762s+1)}{(0.125s+1)(0.5s+1)(s^2+s+1)}$$

$$G_3(s)=\frac{1.05(s+1)}{(0.125s+1)(0.5s+1)(s^2+s+1)} \qquad G_4(s)=\frac{1.05(0.4762s+1)}{(0.25s+1)(0.5s+1)(s^2+s+1)}$$

$$G_5(s)=\frac{1.05(0.4762s+1)}{(0.5s+1)(s^2+s+1)} \qquad G_6(s)=\frac{1.05}{s^2+s+1}$$

**解：**

在 MATLAB 的 command 窗口中输入如下命令，即可得到系统的单位阶跃响应曲线，如图 2-32 所示。

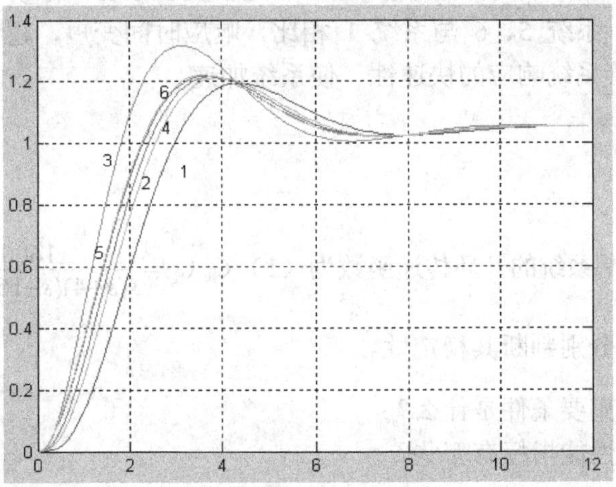


图 2-32　系统动态响应曲线

```
>>num1=1.05;
>>den1=conv([0.125,1],conv([0.5,1],[1,1,1]));
>>G1=tf(num1,den1);
>>[y1,t1]=step(G1);
>>num2=1.05*[0.4762,1];
>>den2=conv([0.125,1],conv([0.5,1],[1,1,1]));
>>G2=tf(num2,den2);
>>[y2,t2]=step(G2);
>>num3=1.05*[1,1];
>>den3=conv([0.125,1],conv([0.5,1],[1,1,1]));
>>G3=tf(num3,den3);
>>[y3,t3]=step(G3);
>>num4=1.05*[0.4762,1];
>>den4=conv([0.25,1],conv([0.5,1],[1,1,1]));
>>G4=tf(num4,den4);
>>[y4,t4]=step(G4);
>>num5=1.05*[0.4762,1];
```

```
>>den5=conv([0.5,1],[1,1,1]);
>>G5=tf(num5,den5);
>>[y5,t5]=step(G5);
>>num6=1.05;
>>den6=[1,1,1];
>>G6=tf(num6,den6);
>>[y6,t6]=step(G6);
>>plot(t1,y1,t2,y2,t3,y3,t4,y4,t5,y5,t6,y6);
>>grid;
```

根据图 2-32 可以分析，系统 3 的零点在系统 2 的零点的左侧，响应的上升时间及调节时间更短，明显提高了系统速度；但是超调量与系统 2 相比更大，严重影响了系统的平稳性。系统 4 与系统 2 相比，响应时间变长，影响了系统加速响应，但超调量变小，平稳性变好；系统 5 与系统 2 相比，响应时间变短，一定程度上改善了系统响应的快速性，但超调量变大，平稳性变差。系统 5、6 与系统 1 相比，响应时间变短，超调量相差无几，因此相距很近的零点可以改善系统响应的快速性，使系统加速。

## 2.7　习题

1．已知反馈控制系统的开环传递函数为（1）$G_k(s)=\dfrac{1600s^3}{s(s+4)(s+16)(s+1.25)}$；（2）$G(s)H(s)=\dfrac{125(2-s)}{s(s+10)(5-s)}$，试分别判断其稳定性。

2．系统稳定的充要条件是什么？

3．系统的动态性能指标有哪些？

4．已知负反馈系统的传递函数为$G(s)=\dfrac{K}{s^2(s+1)}$，$H(s)=s+a$。

（1）利用 MATLAB 有关函数做出$0\leqslant a<1$时系统的单位阶跃响应曲线；（2）讨论 a 值变化对系统动态性能及稳定性的影响($0\leqslant a<1$)。

5．系统的开环传递函数为$G(s)=\dfrac{K}{s(T_1s+1)(T_2s+1)}$。其中，$K=86s^{-1}$，$T_1=0.02s$，$T_2=0.03s$。试分析闭环系统的稳定性。

6．已知闭环系统特征方程式如下，试用 MATLAB 判定系统的稳定性及根的分布情况。

（1）$s^3+20s^2+9s+100=0$　　（2）$s^3+20s^2+9s+200=0$

（3）$s^4+2s^3+8s^2+4s+3=0$　　（4）$s^5+12s^4+44s^3+48s^2+5s+1=0$

7．已知闭环系统的传递函数为$G(s)=\dfrac{1301(s+4.9)}{(s^2+5s+25)(s+5.1)(s+50)}$，用 MATLAB 近似分析系统的动态响应性能指标。

8．用 MATLAB 软件绘制下列函数的双响应曲线。

（1）$G_1(s)=\dfrac{1}{(s+1)(s+50)}$　　$G_2(s)=\dfrac{7}{(2s+1)(4s+5)}$

（2）$G_1(s)=\dfrac{1}{s+1}$　　$G_2(s)=\dfrac{1}{s^2+6}$

# 项目3 给定积分控制器设计与制作

## 3.1 工作任务

**1. 工作任务类型**

学习型任务：设计、制作给定积分控制器，并与仿真数据进行类比分析。

**2. 教学目标**

（1）能力目标：能理解给定积分环节的工作原理，能根据模型进行参数设置，进一步掌握常用仪器仪表的使用方法；

（2）知识目标：能熟练掌握给定积分控制器实际构成电路，能正确选择电路参数，能初步使用仿真软件，搭建模型，分析波形；

（3）素质目标：能培养仔细做事、独立思考的职业素养，能培养正确表述自己思想的能力，能培养安全、正确操作仪器的习惯。

**3. 教学组织设计**

（1）学生角色：制作、调试员；

（2）教学情境：企业研发部、生产部；

（3）教学材料：学习参考材料、常用电子仪器及工具。

**4. 教学过程**

（1）任务导入；

（2）任务必备知识：系统动态结构图、MATLAB 表示结构图；

（3）技能训练：给定积分控制器实物制作，与仿真波形类比；

（4）成果交流：小组成果展示、交流；

（5）教师点评：各组优点、改进处、作业。

## 3.2 知识链接1——系统动态结构图

引导问题：

1. 动态结构图的组成部分。
2. 动态结构图等效变换原则。
3. 综合点的前移与后移规则。

### 3.2.1 系统动态结构图

**1. 动态结构图的组成与画法**

框图又称动态结构图，它是描述系统的又一种数学模型。对于系统中的每个环节以功能框表示，环节之间用具有信号流向的信号线联系起来，就构成了系统的框图，如图 3-1 所示。它是系统数学模型的一种图形表示方法。

由拉普拉斯变换求解系统总的传递函数，需要经过较烦琐的消元处理。组成框图时只要依据信号的流向，将各环节的方框连接起来，就能很容易地组成整个系统；通过对系统框图的简化，就可方便地求得系统总的传递函数；同时通过系统框图，可以直观、形象地表明控制信号在系统内传递的关系和每一个环节对系统性能的影响，因此在控制理论中框图得到了广泛的应用。

（1）信号线　如图 3-1a 所示。箭头表示系统中信号流通的方向，信号线上标注所对应的是象函数。在前向通道中信号方向应该从左到右，反馈通道的方向则与此相反。

（2）功能框　如图 3-1b 所示。功能框中所填入的是系统或环节的传递函数，图中指出方框的箭头表示信号输入，离开方框的箭头表示输出信号的象函数。可见功能框图是传递函数的图解表示。

（3）引出点　如图 3-1c 所示。引出点也称分支点，表示信号从该点取出，引出点只是引出信号，并不是取出能量，故不会因引出点的增加而改变原电路的信号。

（4）综合点　如图 3-1d 所示。综合点也称比较点，综合点的输出信号等于各输入信号的代数和，每一个指向综合点的箭头前方的“+”、“-”号表示该输入信号在代数运算中的符号。综合点可以有多个输入（至少有两个），但输出是唯一的。

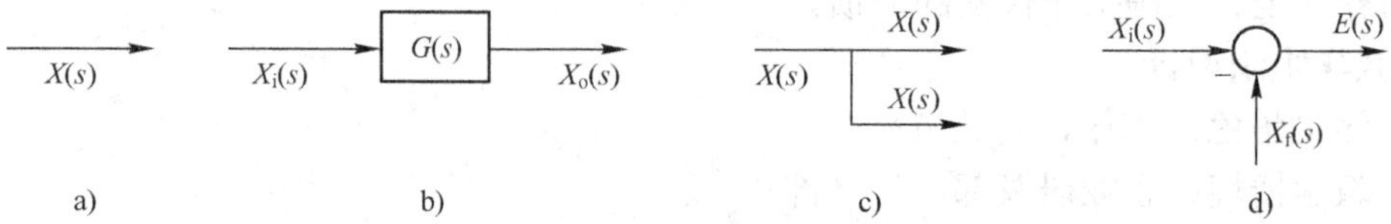


图 3-1　框图的组成

a) 信号线　b) 功能框　c) 引出点　d) 综合点

**2．框图的建立方法**

建立系统方框图的步骤如下：

（1）根据系统的工作原理，分解各环节，确定各环节的输入量和输出量，通过拉普拉斯变换得出各环节的传递函数，再由传递函数画出各个环节的功能框。

（2）在各环节功能框的基础上，首先确定系统的输入量和输出量，然后从输入量开始，从左到右，根据相互作用的顺序，依次画出各个环节，直至得出所需要的输出量。

（3）最后由内到外，画出各反馈环节，并在图上标明输入量、输出量、扰动量和各中间参变量。这样就得到整个控制系统的框图。

下面举例说明系统框图的建立过程。

**【例 3-1】** 试绘制图 3-2 所示两级 RC 网络的框图。

**解：**

第一步：根据系统的工作原理，采用电路中的复阻抗法，可直接列出复频域方程如下：

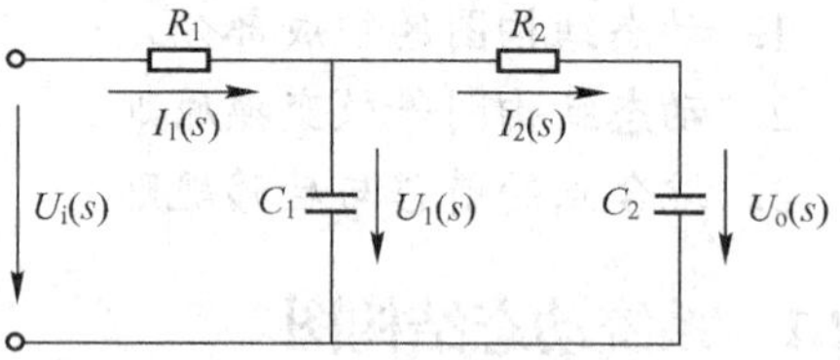


图 3-2　两级 RC 网络

对电阻 $R_1$ 有 $I_1(s)=[U_i(s)-U_1(s)]\frac{1}{R_1}$，对电容 $C_1$ 有 $U_1(s)=[I_1(s)-I_2(s)]\frac{1}{sC_1}$。

对电阻 $R_2$ 有 $I_2(s)=[U_1(s)-U_o(s)]\frac{1}{R_2}$，对电容 $C_2$ 有 $U_o(s)=I_2(s)\frac{1}{sC_2}$。

第二步：系统的输入量和输出量分别为 $U_i(s)$、$U_o(s)$，从输入量开始，从左到右，根据相互作用的顺序，依次画出各个环节。如图 3-3 所示。

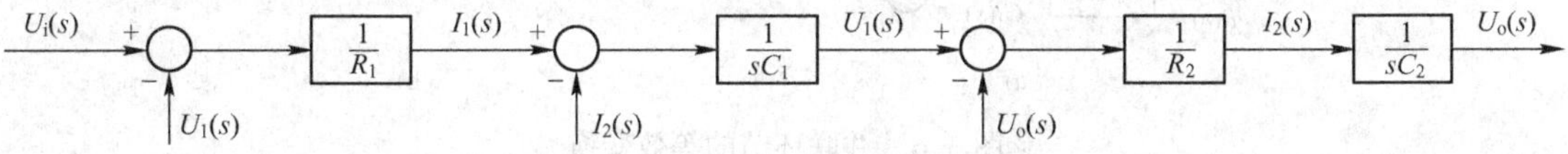


图 3-3 控制系统的简要框图

第三步：最后画出各反馈环节，这样就得到整个控制系统的框图。如图 3-4 所示。

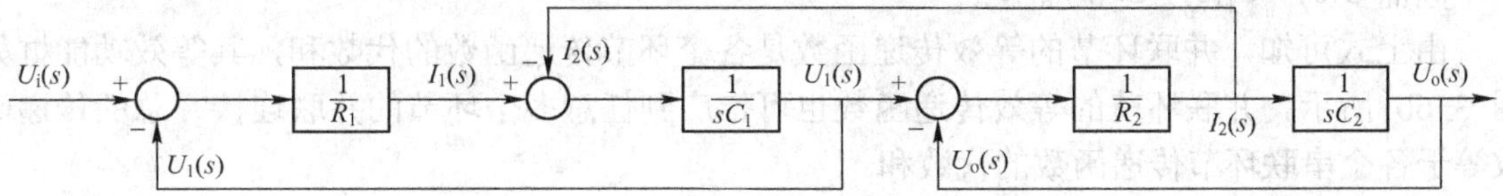


图 3-4 控制系统的完整框图

在二级阻容电路中，后一级阻容电路是前一级电路的负载，即电容 $C_1$ 两端电压与 $i_2(t)$ 有关，这就是负载效应。如果需要消除负载效应，可在两级间接入输入阻抗很大，输出阻抗很小的隔离放大器。

### 3.2.2 等效变换及化简

为了求出系统总的传递函数，需要将复杂的框图通过等效变换进行化简。等效变换原则是变换前后系统的输入量和输出量都保持不变，即系统总的传递函数保持不变。框图变换的方法主要有两类，一类是环节的合并，另一类是引出点或综合点的移动。

**1. 环节的合并**

（1）串联环节的合并。如图 3-5a 所示，前一个框图的输出量是后一个框图的输入量，这样的连接称为串联连接。

由图 3-5a 可以得到 $U(s)=G_1(s)R(s)$，$C(s)=G_2(s)U(s)$。

消去中间变量得 $C(s)=G_2(s)G_1(s)R(s)$，因而 $G(s)=G_1(s)G_2(s)$。

由上式可知，串联环节的等效传递函数是各个环节传递函数的乘积，其等效功能框如图 3-5b 所示。串联环节的等效传递函数可推广到任意多个环节的串联连接，当各个环节之间不存在负载效应时，总的传递函数等于各个串联环节的传递函数之积。本书所讨论的框图，在无特别说明的情况下，都可视为无负载效应环节。

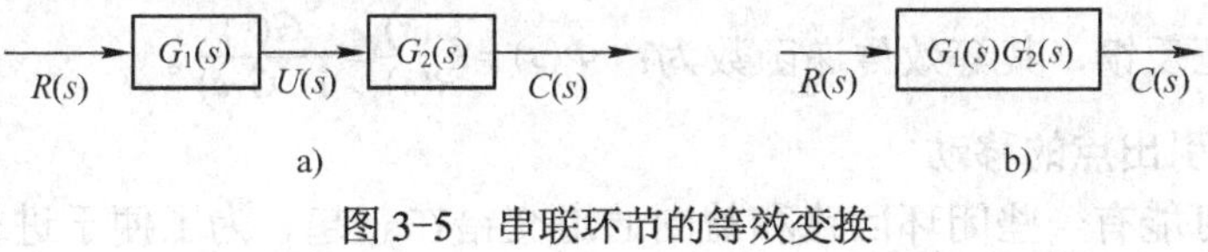


图 3-5 串联环节的等效变换

a) 等效前 b) 等效后

（2）并联环节的合并。如图 3-6a 所示，两个环节的输入量相同，系统的输出是各个环节输出量的代数和，这种连接方式称为并联连接。

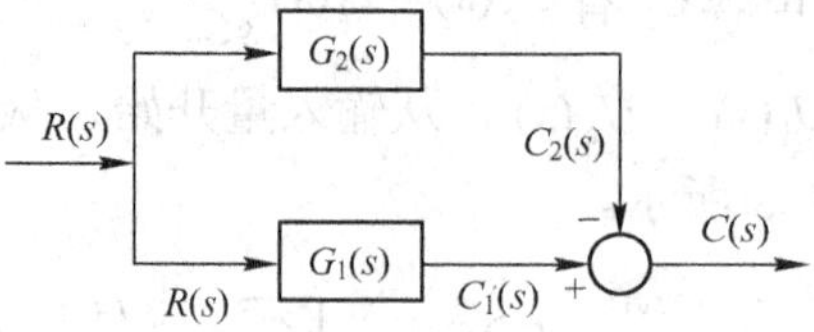


a)

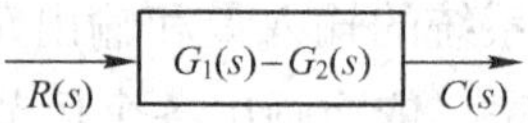


b)

图 3-6　并联环节的等效变换

a) 等效前　b) 等效后

由图 3-6a 得 $C_1(s)=G_1(s)R(s)$, $C_2(s)=G_2(s)R(s)$。则 $C(s)=C_1(s)-C_2(s)=[G_1(s)-G_2(s)]R(s)$。因而 $G(s)=G_1(s)-G_2(s)$ 。

由上式可知，并联环节的等效传递函数是各个环节传递函数的代数和，其等效功能框如图 3-6b 所示。并联环节的等效传递函数也可推广到任意多个环节的并联连接，总的传递函数等于各个串联环节传递函数的代数和。

（3）反馈环节的合并。如图 3-7a 所示，系统的输出量经过反馈环节 $H$(s)与系统的输入量相减（或相加）后，作为前向通道 $G$(s)的输入信号，这种连接方式称为反馈连接。图中 $G$(s)是前向通道的传递函数，$H$(s)是反馈通道的传递函数。

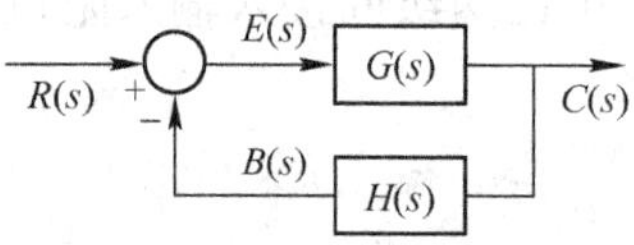


a)

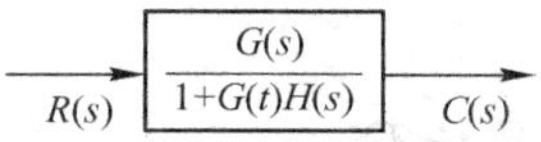


b)

图 3-7　反馈环节的等效变换

a) 等效前　b) 等效后

由图 3-7a 得 $C(s)=G(s)E(s)$， $E(s)=R(s)-B(s)$， $B(s)=C(s)H(s)$ 。

消去中间变量得 $\varPhi(s)=\dfrac{C(s)}{R(s)}=\dfrac{G(s)}{1+G(s)H(s)}=\dfrac{G(s)}{1+G_k(s)}$。

在上式中，$\varPhi(s)$ 称为闭环传递函数，$G_k(s)=G(s)H(s)$ 称为闭环系统的开环传递函数，可用图 3-7b 表示。

如果为正反馈，其等效传递函数为：$\varPhi(s)=\dfrac{C(s)}{R(s)}=\dfrac{G(s)}{1-G(s)H(s)}$。

若是反馈通道的传递函数 $H(s)=1$，称之为单位负反馈系统。其框图的等效变换如图 3-8 所示，等效传递函数为：$\varPhi(s)=\dfrac{C(s)}{R(s)}=\dfrac{G(s)}{1+G(s)}$。

如果为单位正反馈，其等效传递函数为：$\varPhi(s)=\dfrac{C(s)}{R(s)}=\dfrac{G(s)}{1-G(s)}$。

**2．综合点和引出点的移动**

在框图中，可能有一些闭环回路和前向通道交错在一起。为了便于进行环节的合并，首先必须移动某些综合点或引出点的位置，消除交叉连接，然后再用环节的合并进行简化。

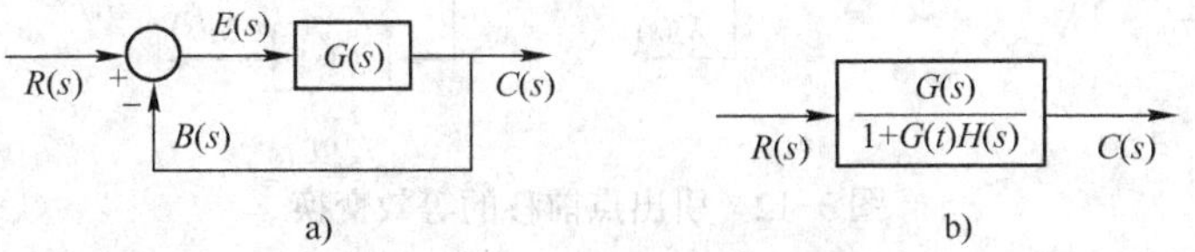


图 3-8　单位负反馈的等效变换

a) 等效前　b) 等效后

（1）综合点的移动。图 3-9 表示综合点前移的等效变换。

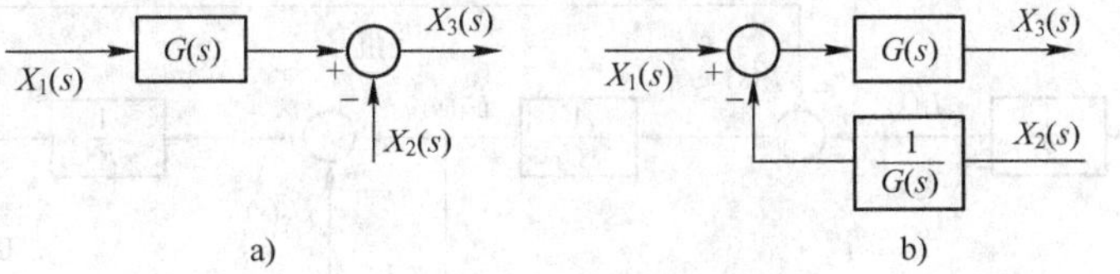


图 3-9　综合点前移的等效变换

a) 等效前　b) 等效后

移动前 $X_3(s)=X_1(s)G(s)-X_2(s)$ 。

移动后 $X_3(s)=[X_1(s)-X_2(s)\dfrac{1}{G(s)}]G(s)=X_1(s)G(s)-X_2(s)$ ，由此可见，移动前后系统输出量不变，所以这一移动是等效的。图 3-10 表示综合点后移的等效变换。

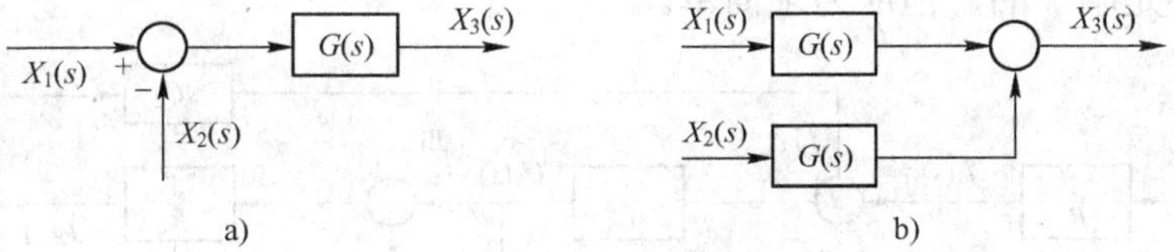


图 3-10　综合点后移的等效变换

a) 等效前　b) 等效后

移动前 $X_3(s)=[X_1(s)-X_2(s)]G(s)$ 。

移动后 $X_3(s)=X_1(s)G(s)-X_2(s)G(s)=[X_1(s)-X_2(s)]G(s)$ 。

（2）引出点的移动。图 3-11 是表示引出点移动到功能框后的等效变换。图中将 $G(s)$ 输入端的引出点移到 $G(s)$ 输出端，为了保证被移分支 $X_1(s)$ 信号不变，被移分支应串入 $\dfrac{1}{G(s)}$ 。

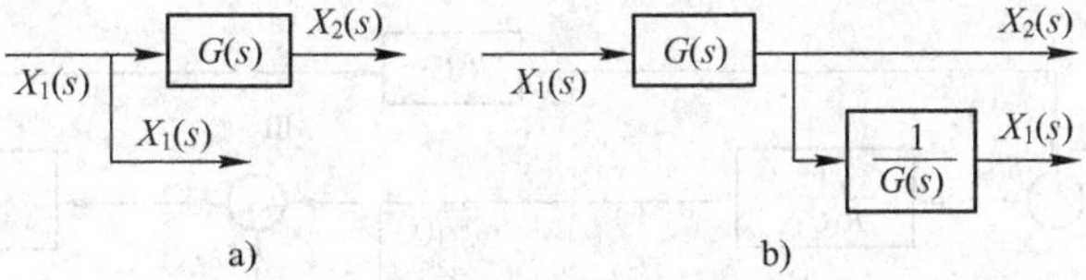


图 3-11　引出点后移的等效变换

a) 等效前　b) 等效后

同理，可得如图 3-12 所示引出点前移的等效变换，此时被移分支应串入 $G(s)$ 。

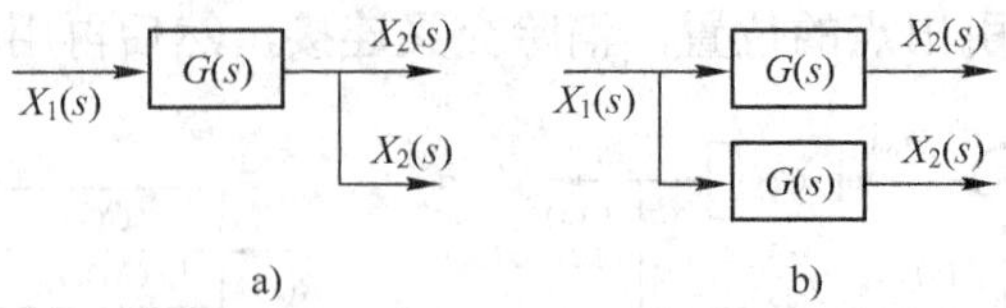


图 3-12　引出点前移的等效变换

a) 等效前　b) 等效后

**3．控制系统的数学模型建立与化简**

**【例 3-2】** 两级 RC 网络的框图如图 3-13 所示，试用框图变换的方法进行化简，并求出系统的传递函数。

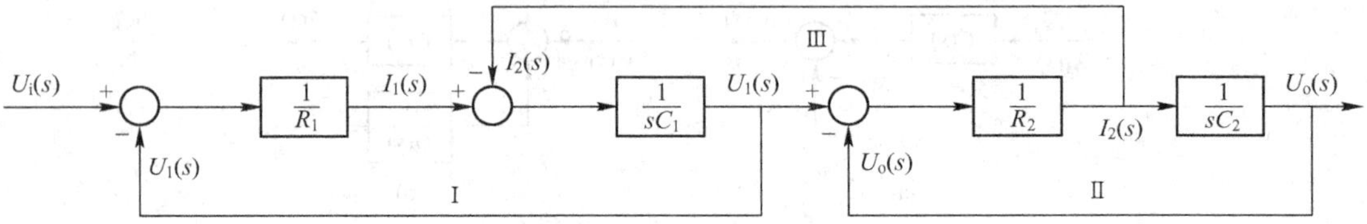


图 3-13　系统框图

**解：** 简化框图的步骤如图 3-14 所示。从图 3-13 可知，系统有Ⅰ、Ⅱ和Ⅲ三个反馈环，而且Ⅲ环和Ⅰ环、Ⅱ环都相交。为了求得整个系统的传递函数，解除环间的交叉是关键。此时可以通过引出点的后移、综合点的前移以及综合点之间的移动来消除环间的交叉。对于Ⅰ环和Ⅱ环它们是彼此独立的内环，只要用到串联环节的合并和反馈等效变换就可将这些内环变成一个功能框，最后再用串联环节的合并和反馈等效变换即可求得系统的传递函数。框图的简化途径并不是唯一的，但应力求简单。

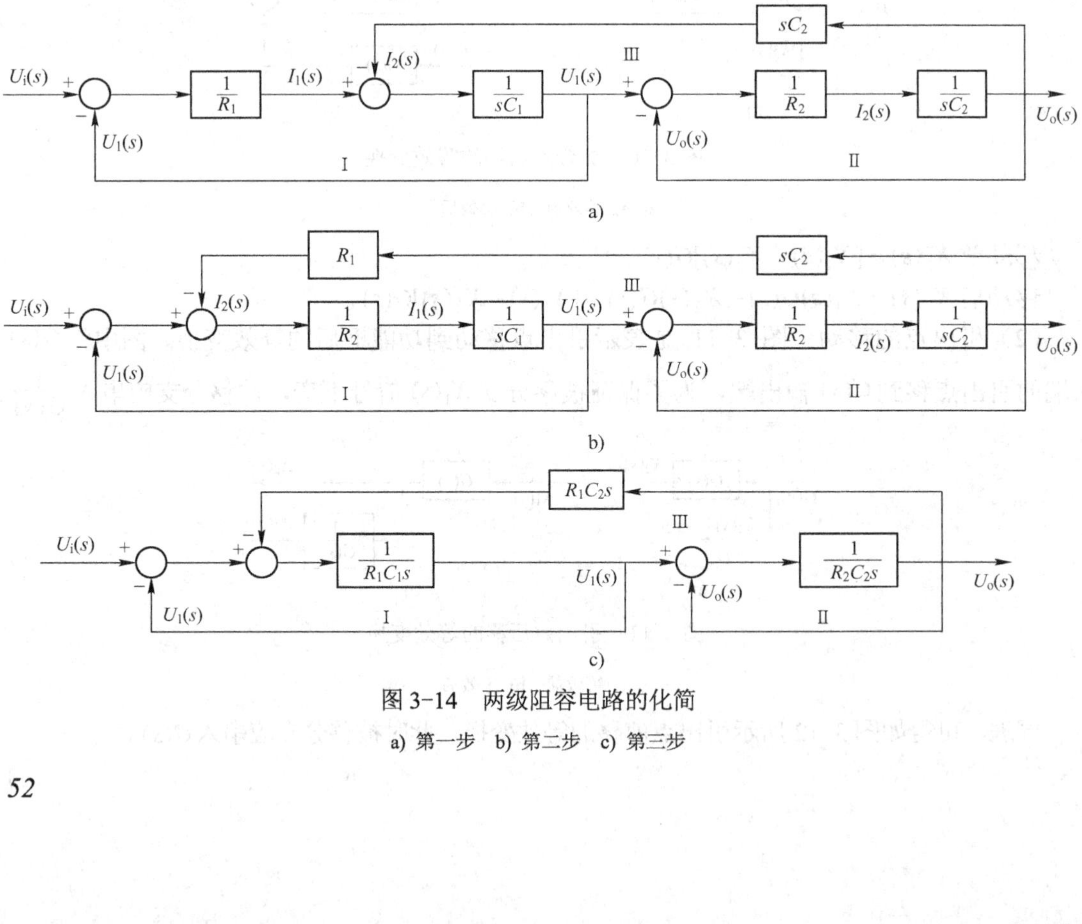


图 3-14　两级阻容电路的化简

a) 第一步　b) 第二步　c) 第三步

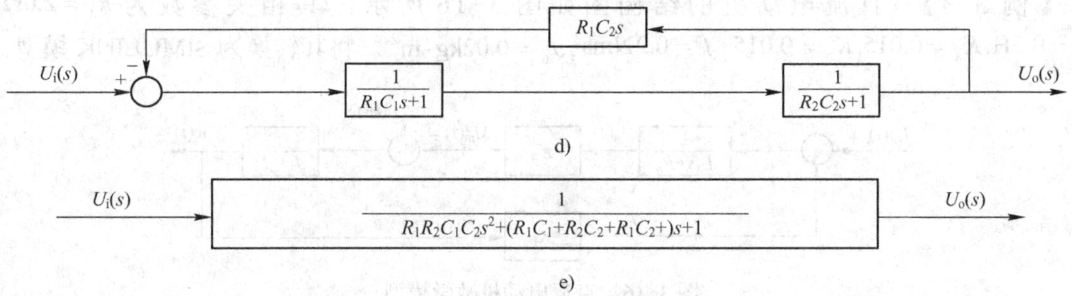


图 3-14　两级阻容电路的化简（续）

d) 第四步　e) 第五步

## 3.3　知识链接 2——MATLAB 表示结构图

引导问题：

1. sum、round、rectangular、list of signs 的含义。
2. 仿真中修改反馈极性的方法。
3. 子系统封装方法。

### 3.3.1　MATLAB 表示结构图的组成要素

信号线、功能框、引出点、综合点是动态框图组成的四大要素，如要进行系统框图的相关分析，首先要做的是将系统框图导入到 MATLAB 软件当中。在此，首先介绍一下这四个要素在 MATLAB 软件中的表示方法。

（1）信号线。在 MATLAB SIMULINK 软件中，如前所述，在简单的模型建立中，手工完成的连线自动成为结构图中的信号线。

（2）功能框。采用后台编程方式，形成的前台模块化图形，直接调用。

（3）引出点。在 MATLAB SIMULINK 软件中，引出点的画法比较特殊。需从后向前引，而不能从前向后引，这是 MATLAB 软件的一个特点，需要引起注意。

（4）综合点。在 MATLAB SIMULINK 软件中，综合点的表示方法为 sum 模块，双击图形，可见其属性如图 3-15 所示。“icon shape”表示外观图形形状，可选择“round”圆形或“rectangular”矩形，可根据实际情况来选择使用。“list of signs”表示信号的极性列表，“+”为正反馈信号，“-”为负反馈信号，可根据实际系统的极性参数决定。

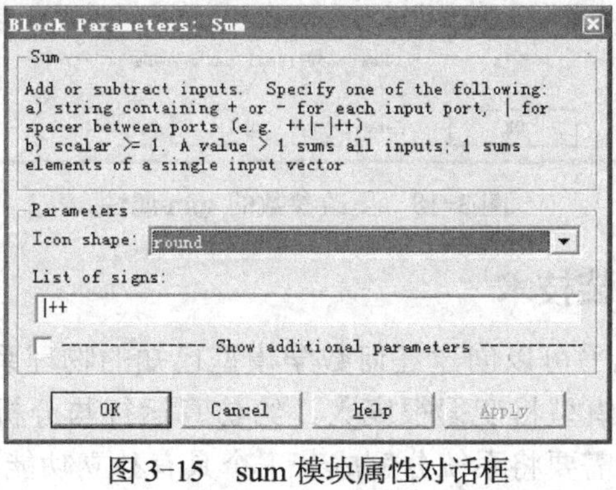


图 3-15　sum 模块属性对话框

【例 3-3】 直流电动机的结构图如图 3-16 所示，其相关参数为 $R_a = 2.0\Omega$, $L_a = 0.5\text{H}, K_a = 0.015, K_b = 0.015$, $f = 0.2\text{Nms}$, $J_a = 0.02\text{kg}\cdot\text{m}^2$。将其转换为 SIMULINK 模型。

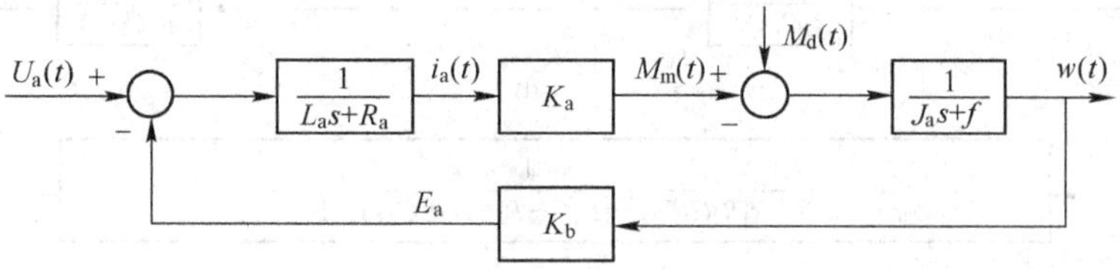


图 3-16 直流电动机数学模型

**解**：按之前所学内容，带入相关参数，可完成如图 3-17 所示的模型建立。

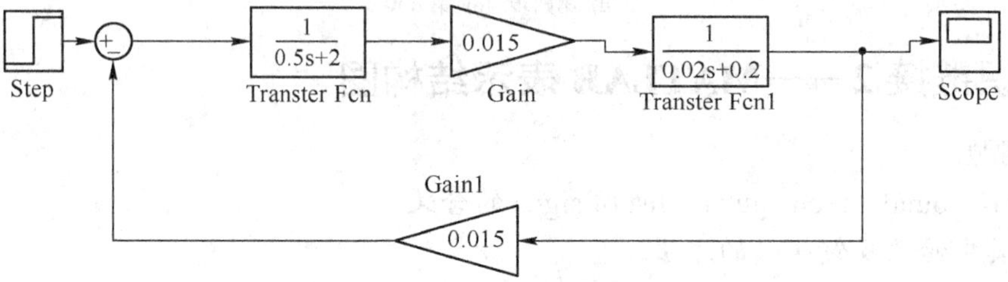


图 3-17 SIMULINK 模型框图

在完成的过程中，需要注意以下两个方面的问题：

（1）模型的翻转。正常导入的模块，信号为左端进入，右端出来。为了使整个框图显得美观与直观，许多情况下需要把模块进行翻转，特别是在反馈环节存在的情况下。具体操作办法为在模块上单击右键，选择菜单“format”→“rotate block”。每次翻转 90°，直到位置合适。

（2）sun 模块的参数修改。在许多控制系统中，用到的都是负反馈，因此需要在默认的参数设置上进行修改和完善。需要在“list of signs”属性中将参数改为如图 3-18 所示。

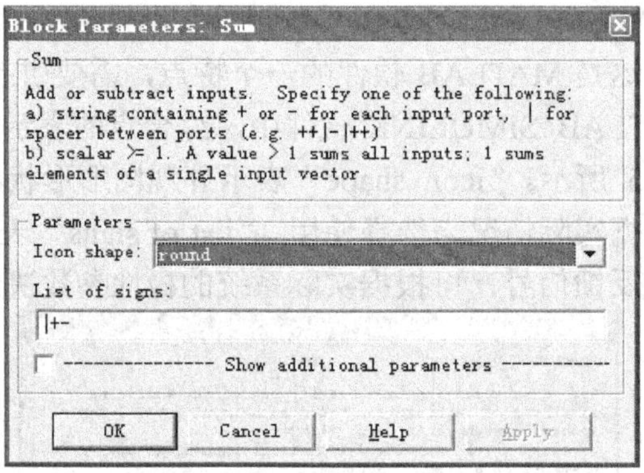


图 3-18 更改参数的 sum 属性

### 3.3.2 子系统创建及封装技术

SIMULINK 模型，几乎可以创建任何数学模型已知的物理系统。然而，如果系统很复杂，采用这些方法创建的模型将变得很庞大，给仿真运行与分析带来困难，为此，在建立 SIMULINK 模型时，常常需要将系统分解成若干个具有独立功能的子系统（subsystem）。同时，还可以应用 SIMULINK 提供的封装技术（mask），根据需要将一些常见的子系统封装为模块，这些模块的用法类似于标准的 SIMULINK 模块。

**1．通过 subsystem 模块创建子系统**

SIMULINK 的常用模块组和接口与子系统（Port & subsystem）模块组都提供了 subsystem 模块，可以通过该模块创建子系统。

**【例 3-4】** 已知 PID 控制器的传递函数为 $G(s)=K_{\mathrm{p}}+\frac{T_{\mathrm{i}}}{s}+T_{\mathrm{d}}s$。式中，$K_{\mathrm{p}}$ 为比例系数，$T_{\mathrm{i}}$ 为积分时间常数，$T_{\mathrm{d}}$ 为微分时间常数。要求：创建 PID 控制器的 SIMULINK 模型子系统。

**解**：新建模型窗口，将 subsystem 模块拖到该模型窗口中，如图 3-19 所示。

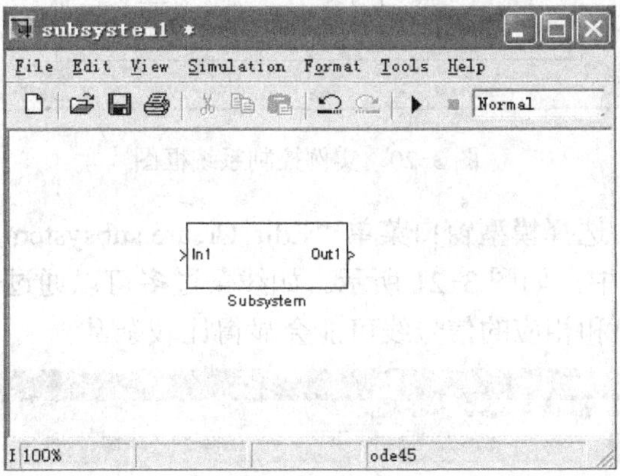


图 3-19　subsystem 模块窗口

用鼠标双击 subsystem 模块，打开子系统创建窗口。根据 PID 控制器的传递函数，在模块输入端和模块输出端添加 PID 控制器所需要的模块和信号线。其主要参数配置如下：

（1）Gain1 和 Gain2 模块：用于设置 PID 控制器的比例系数 $K_{\mathrm{p}}$ 和微分时间常数 $T_{\mathrm{d}}$。分别在其参数窗口设置对话框中将 Gain 设置为 $K_{\mathrm{p}}$ 和 $T_{\mathrm{d}}$，并选择隐藏模块名。

（2）Transfer Fcn 模块：在其参数设置对话框中将 Numerator coefficients 栏设置为 $T_{\mathrm{i}}$，将 Denominator coefficients 栏设置为[1　0]，并隐藏模块名。

（3）Derivative 模块：隐藏模块名，参数采用缺省设置。

**2．已有系统的封装**

此种方法是将现有 SIMULINK 模块中的模块通过重新组合或包装，从而得到所需子系统，因此方法简单，易于操作，特别适用于复杂系统的建模。具体方法是：将整个 SIMULINK 模型看成“上层”模型，按实现功能或对应物理器件将模型划分成块，并采用若干子系统体现其实现功能，使模型简洁，而每个子系统又可由下层的一个个具体的基本模块构成，使模型的细节展示无遗，从而建立复杂系统的分层仿真模型。

选择一个已经创建好的系统仿真模型——蹦极跳系统，建立一个分层仿真模型。在建立分层模型前，最好将仿真系统另存为一个新的模型。

（1）框选仿真模型：在仿真模型窗口中将鼠标指针放置在窗口中的合适位置，按下鼠标左键，拖动鼠标直至仿真模型被全部选中，然后释放鼠标左键，如图 3-20 所示。

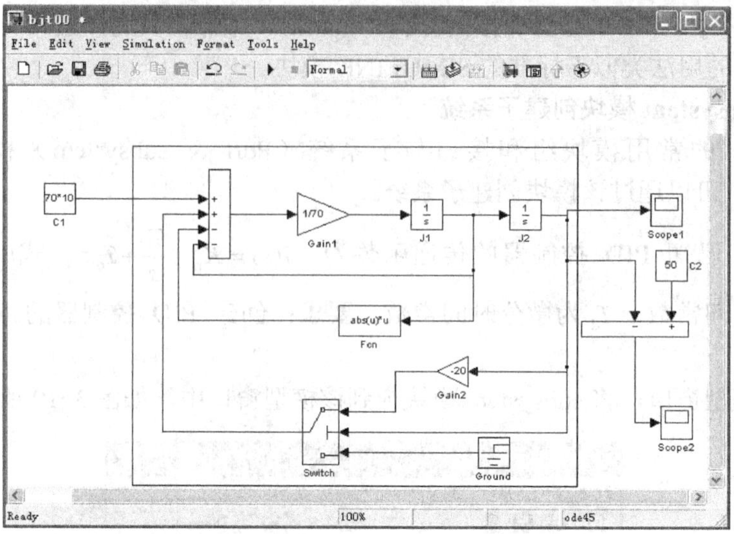


图 3-20　实例控制系统框图

（2）包装仿真模型：选择模型窗口菜单“Edit|Create subsystem”，将选中部分包装在一个名为 subsystem 的模块中，如图 3-21 所示。如线条过多可以通过鼠标操作进行整理，否则包装后生成的子系统模块和相应的信号线可能会显得比较杂乱。

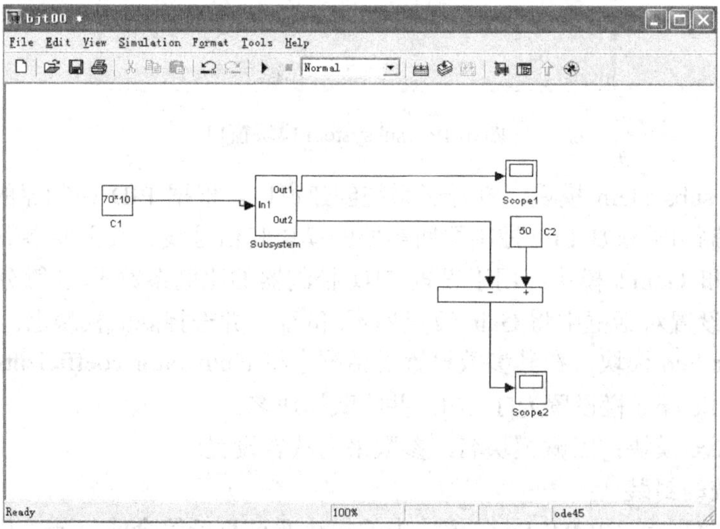


图 3-21　包装仿真模型

**3．封装子系统**

采用封装技术，可以将 SIMULINK 子系统封装成一个模块，并且可以像使用 SIMULINK 内部模块一样使用它。这样可以将子系统内部结构隐藏起来，访问时只出现一个参数设置对话框，所需要的参数用这个对话框来输入。实际上，在 SIMULINK 模块库中大量使用了封装技术，如 simpower systems 模块库中的 DC Machine 模块。

**封装子系统步骤：**

（1）创建一个子系统。

（2）打开封装编辑器（mask editor）对话框。方法是：先选中模型窗口中的子系统模块，再选择模型窗口菜单“Edit|Mask Subsystem”。

（3）根据需要，在封装编辑器对话框中编辑封装子系统，包括设置封装文本、对话框和图标等。

将蹦极跳系统中的 subsystem 子系统模块进行封装后，创建封装子系统图标。首先选中 subsystem 模块，选择模型窗口菜单“Edit|Mask Subsystem”，如图 3-22 所示。

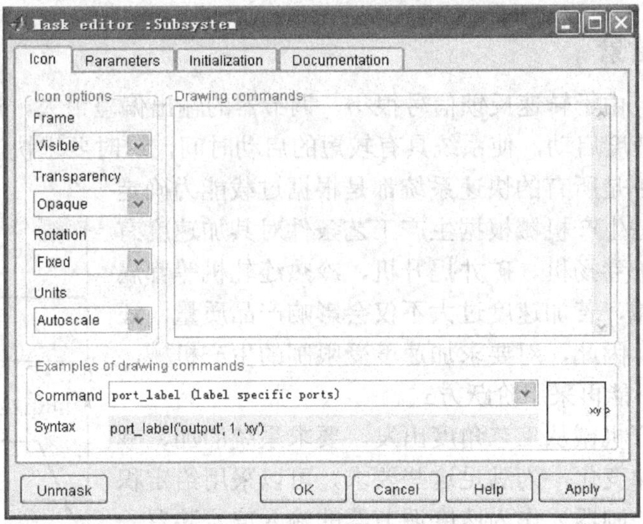


图 3-22　封装属性对话框

在 drawing commands 窗口中输入：

```
plot(cos(0:0.1:2*pi),sin(0:0.1:2*pi))
disp('PID\n 控制器')
```

第一行的命令为绘制一个圆形图标，第二行的命令为显示文字型标注，“\n”的含义为换行。输入完成后，单击确认键，subsystem 模块图标如图 3-23 所示。

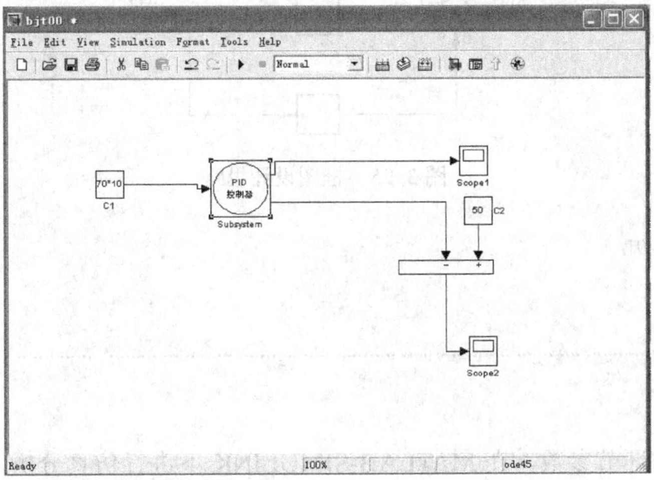


图 3-23　封装好的子系统模型

## 3.4 实践操作——给定积分控制器的设计与制作

引导问题：

1. 给定积分环节输入量与输出量关系。
2. 控制系统工作原理与思路。
3. 实测波形与仿真波形的区别与联系。

### 3.4.1 相关任务背景

在系统启动时，由于转速反馈信号很小，调节器的输出偏差很大，迫使输出电压很大，电动机以较大的加速度启动，使系统具有较短的启动时间，这时要求快速性较高的系统是有好处的。但是，并不是所有的快速系统都是根据过载能力确定加速度大小的，某些生产机械根据生产工艺条件对其加速度有严格的限制，如高炉卷扬机、矿井提升机、冷热连轧机等都属于这一类的生产机械，若加速度过大不仅会影响产品质量，还可能发生设备故障。因此，对要求加速度受限制的生产机械，系统的给定信号就不能再采用阶跃方式。

总而言之，生产机械从工艺角度出发，要求系统的加、减速度按照一定的规律变化，为满足这些要求，可以采用给定积分器（或转换速率控制器）作为速度调节器的输入信号装置。在一定程度上，控制系统的电流，实现平稳过渡。

完成控制系统输入输出信号关系如图 3-24 所示。

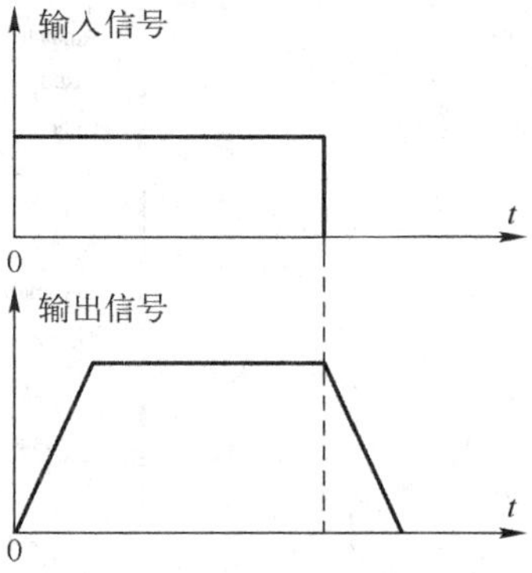


图 3-24 输入输出信号波形

### 3.4.2 设计思路

根据提供的框图设计思路，如图 3-25 所示，在“？”位置处填写合适的功能模块及反馈极性，并说明原因。

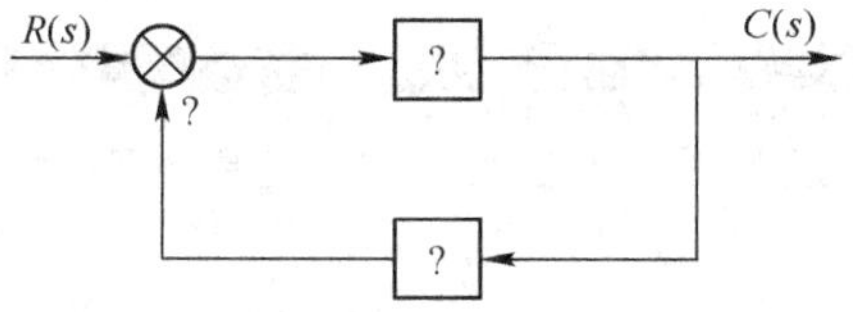


图 3-25 框图设计思路

说明原因：

### 3.4.3 参数设计

1．设置一定的环节参数，在 MATLAB-SIMULINK 下进行仿真分析。

思考：①同一参数对输出波形的影响；②控制系统的工作原理。

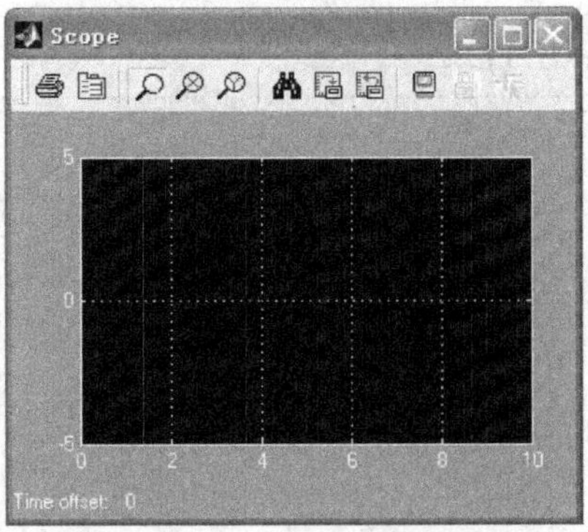


同一参数的影响：

工作原理：

2．小组讨论

设定相关的电路参数，填入表 3-1。

**表 3-1　参数设置**

| 组　长 | | | |
|---|---|---|---|
| 组　员 | | | |
| 序　号 | 类　别 | 数　值 | 数　量 |
| 1 | | | |
| 2 | | | |
| 3 | | | |
| 4 | | | |
| 5 | | | |
| 6 | | | |

### 3.4.4　制作与调试

**1．焊接电路、实施检查**

要求：使用示波器，记录系统工作的输出波形。

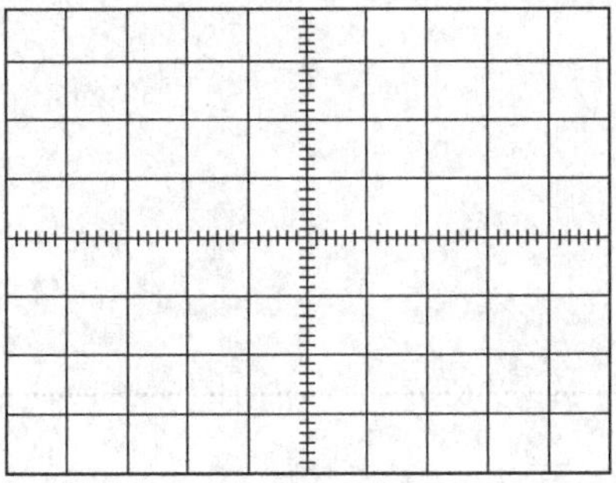

波形绘制

**2．绘制实际电路接线图**

思考：反馈环节的具体实现方法。

接线图　　　　电路参数

### 3.4.5　实测参数与仿真数据比较分析

**1．输出响应分析**

与前面学习的 MATLAB 仿真波形进行比较分析，总结相同与不同处及各自特点。

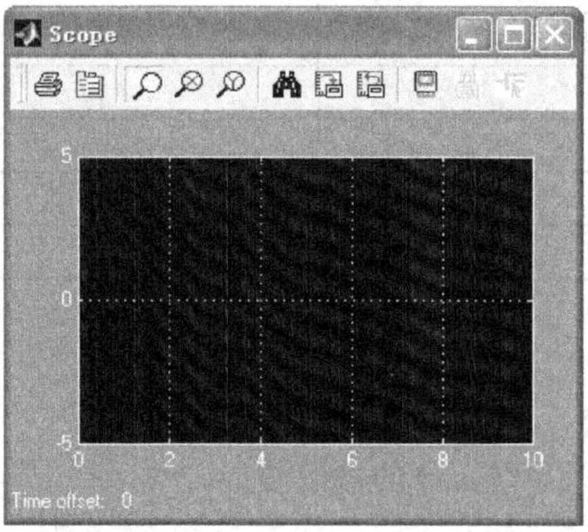


相同点：

不同点：

**2．评估展示**

小组成果展示，人员由教师指定或小组推荐。

包括：含有参数的系统方框图；调节参数及规律；输出斜率与相关参数的关系。

3. 课外作业

（1）设计一个可调斜率的给定积分环节，并完成电路设计、仿真工作。

（2）实测数据与仿真波形进行分析比较，总结相同、不同之处。

## 3.5 知识拓展1——闭环系统传递函数的求取

引导问题：

1. 输入信号单独作用的闭环传递函数的求取方法。
2. 简易公式求取的方法。
3. 正反馈与负反馈在简易公式中的区别。

### 3.5.1 输入信号作用方式

自动控制系统中，常见的输入信号为输入量 $R(s)$、扰动量 $D(s)$。下面分析单独作用及共同作用时，自动控制系统闭环传递函数的区别与联系。

**1. 输入信号 $R(s)$ 单独作用**

令 $D(s)=0$，由图 3-26 可得 $R(s)$ 单独作用时系统的输出量 $C_r(s)$ 对输入量 $R(s)$ 的传递函数 $\Phi_r(s)=\dfrac{C_r(s)}{R(s)}=\dfrac{G_1(s)G_2(s)}{1+G_1(s)G_2(s)H(s)}$。

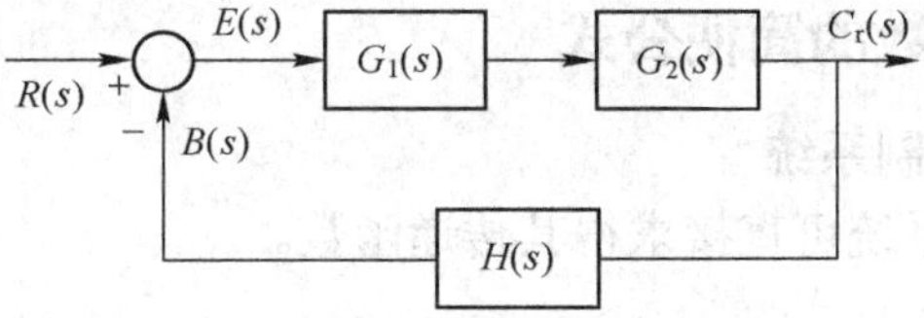


图 3-26 $R(s)$ 单独作用时系统框图

**2. 扰动量 $D(s)$ 单独作用**

令 $R(s)=0$，由图 3-27 可得 $D(s)$ 单独作用时系统的输出量 $C_d(s)$ 对扰动输入量 $D(s)$ 的传递函数 $\Phi_d(s)=\dfrac{C_d(s)}{D(s)}=\dfrac{G_2(s)}{1+G_1(s)G_2(s)H(s)}$。

可以看到，在同一闭环内，不同部位不同的输入量，其传递函数的分母是相同的，即其闭环系统的开环传递函数 $G(s)$是相同的，而分子是从输入到输出前向通道传递函数的乘积。由以上分析还可见，由于给定输入量和扰动量的作用点不同，即使在同一个系统，输出量对不同作用量的闭环传递函数一般是不相同的，但传递函数的分母不变，因为系统的特征多项式具有不变性。

**3. 输入量 $R(s)$、扰动量 $D(s)$ 共同作用**

根据线性系统的叠加原理，系统的总输出为给定输入 $R(s)$和扰动输入 $D(s)$单独作用时的输出总和，系统的总输出为

$$C(s)=C_r(s)+C_d(s)=\frac{G_1(s)G_2(s)}{1+G_1(s)G_2(s)H(s)}R(s)+\frac{G_2(s)}{1+G_1(s)G_2(s)H(s)}D(s)\text{。}$$

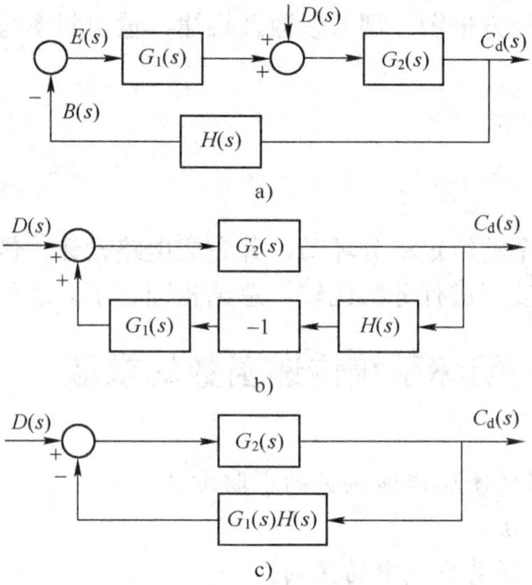


图 3-27　$D(s)$ 单独作用时系统框图

a) 第一步　b) 第二步　c) 第三步

设计时系统通常确保$|G_1(s)G_2(s)H(s)| \gg 1$，且$|G_1(s)H(s)| \gg 1$，可知，$C_{\rm d}(s)$趋于零，干扰引起的输出量变化被抑制，这是闭环控制的一个优点。此外，因为$|G_1(s)G_2(s)H(s)| \gg 1$，$C_{\rm r}(s) \approx \dfrac{1}{H(s)}R(s)$，给定输入对应的输出量只与反馈通道的传递函数有关，与前向通道中的传递函数无关，这是闭环控制的另一优点。

## 3.5.2　系统闭环传递函数的简便公式

### 1．彼此相交的多环控制系统

彼此相交的多环控制系统可直接求得其传递函数。

$$\Phi(s) = \frac{\text{前向通道各串联环节传递函数乘积}}{1+\sum\limits_{i=1}^{n}\text{各个反馈回路的开环传递函数}}$$

图 3-28 为三环控制系统，前向通道只有一条，各回路都与前向通道相接触，而且环与环之间都是相交的，即有公共部分，求得其传递函数为

$$\Phi(s) = \frac{G_1(s)G_2(s)G_3(s)G_4(s)}{1+G_1(s)G_2(s)G_3(s)G_4(s)H_1(s)+G_2(s)G_3(s)H_2(s)+G_3(s)H_3(s)}$$

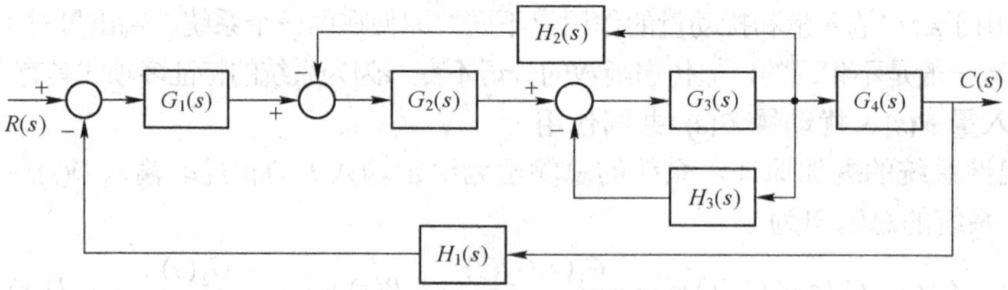


图 3-28　多环控制系统

**2．具有不相交回路的多环控制系统**

图 3-29 也是三环控制系统，三环都与前向通道接触，而且Ⅲ环和Ⅰ环、Ⅱ环都相交，但Ⅰ环和Ⅱ环不相交。此时可直接写传递函数。

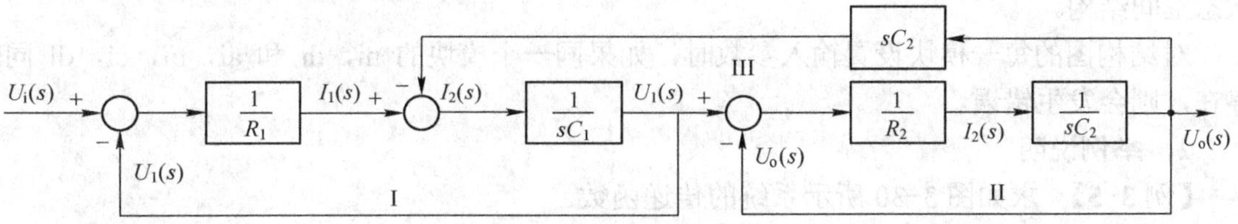


图 3-29　三环控制系统

$$\Phi(s)=\frac{\text{前向通道各串联环节传递函数乘积}}{1+\sum_{i=1}^{n}\text{各个反馈回路的开环传递函数}+\sum\text{两两不相交回路的开环传递函数乘积}}$$

求得其传递函数为：$\Phi(s)=\dfrac{1}{R_1R_2C_1C_2s^2+(R_2C_2+R_1C_1+R_1C_2)s+1}$

与框图变换求得的结果相同。由上可见，掌握上面的公式后，可直接写出系统的传递函数。但上式只是对于一条前向通道的系统，若多于一条前向通道，可应用框图代数简化成一条前向通道。

## 3.6　知识拓展 2——MATLAB 求取闭环传递函数

**引导问题：**

1. sysc=(sys,q,inputs,outputs)各参数含义。
2. q 矩阵的求取办法。
3. blkbuild 函数的作用。
4. 用简易公式求取结果与软件求取结果验证正确性。

**1．实现办法**

MATLAB 中运用函数 connect( )实现传递函数的求解。

格式为：sysc= connect (sys,q,inputs,outputs)

**说明：**

（1）sys 是由结构图中全部模块组成的系统；q 为连接矩阵，表示结构图中模块的连接方式；inputs 和 outputs 是复杂系统中包含输入变量和输出变量的模块编号；blkbuild 为 M 脚本文件，用于根据传递函数或状态空间模块结构图建立对角线型状态空间结构。

（2）q 矩阵构成如下：其行数为结构图的全部模块数；每一行第一列元素是模块的编号，该模块输入端与结构图中一些模块的输出端连接（忽略比较点），该行 q 矩阵其他元素依次为与该模块相连的其他模块编号；元素符号根据其他模块输出端是加还是减来确定；q 矩阵中其他元素均为 0。

（3）sys 的求取步骤分为以下几步：

在运行脚本文件 blkbuild 之前，必须按照下述要求设置输入参数：

1）nblocks 为结构图的总模块数；

2）若第 i 个模块为一传递函数模型，则分别输入该模块分子项和分母项参数 ni，di；

3）若第 i 个模块是状态空间模型，则分别输入该模块各个矩阵参数 ai，bi，ci，di。

在运行 blkbuild 后的返回结果为系统状态空间模型(a,b,c,d)，再利用函数 ss( )就可以建立状态空间结构。

对结构图的每一模块设置输入参数时，如果同一个模块的 ni，di 和 ai，bi，ci，di 同时存在，则会发生错误。

**2．举例说明**

**【例 3-5】** 求如图 3-30 所示系统的传递函数。

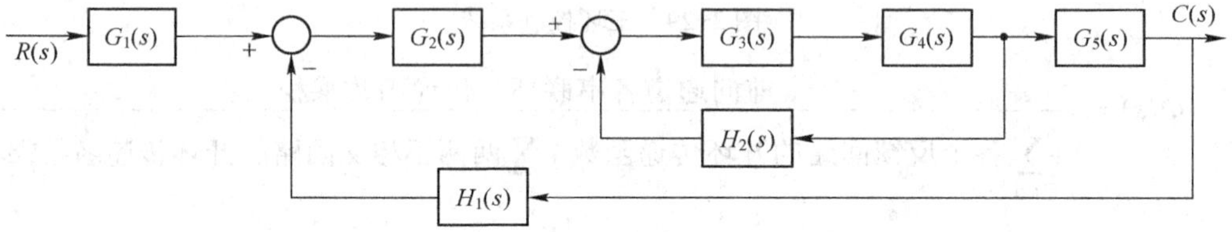


图 3-30　两环控制系统

其中：$G_1=1$，$G_2=\dfrac{1}{s}$，$G_3=2$，$G_4=\dfrac{1}{2s+1}$，$G_5=\dfrac{1}{s+1}$，$H_1=0.5$，$H_2=1$。

**解：**

（1）确定连接矩阵 q

系统结构图包含 7 个模块，则 q 矩阵有 7 行；$G_1$ 模块的输入端没有与其他模块的输出端相连，所以 q 矩阵中第 1 行除了第 1 列元素为 1（模块编号）外，其他列元素均为 0；$G_2$ 模块的输入端分别与 $G_1$ 模块和 $H_1$ 模块的输出端连接，考虑到 $H_1$ 模块的输出端在比较点进行减法运算，所以 q 矩阵第 2 行第 2 列元素为 1（对应模块 $G_1$），第 3 列元素为-6（对应模块 $H_1$）。据此，可以确定 q 矩阵如下：

$$q=\begin{bmatrix} 1 & 0 & 0 \\ 2 & 1 & -6 \\ 3 & 2 & -5 \\ 4 & 3 & 0 \\ 5 & 4 & 0 \\ 6 & 7 & 0 \\ 7 & 4 & 0 \end{bmatrix}$$

（2）MATLAB 求解。在 MATLAB 命令窗口中输入：

```
>>nblocks=7;                    %共有 7 个模块
>>n1=1;d1=1;                    %第一个模块的分子和分母多项式，下同
>>n2=1;d2=[1 0]
>>n3=2;d3=1;
>>n4=1;d4=[2 1];
>>n5=1;d5=1;
>>n6=1;d6=2;
>>n7=1;d7=[1 1];
>>blkbuild;                     %建立对角线型状态空间结构
```

运行结果为：

State model [a,b,c,d] of the block diagram has 7 inputs and 7 outputs.

在 MATLAB 命令窗口中输入：

```
>> sys=ss(a,b,c,d);                    %建立状态空间结构
>> q=[1 0 0;2 1 -6;3 2 -5;4 3 0;5 4 0;6 7 0;7 4 0];       %连接矩阵
>> inputs=1;                           %输入加到第一个模块上
>> outputs=7;                          %输出加到第 7 个模块上
>> sysc=connect(sys,q,inputs,outputs)  %组成复杂系统 sysc
a =
             x1     x2     x3
     x1       0      0   -0.5
     x2       2   -1.5      0
     x3       0    0.5     -1
b =
           u1
     x1     1
     x2     0
     x3     0
c =
           x1   x2   x3
     y1     0    0    1
d =
           u1
     y1     0
Continuous-time model.
>> g=tf(sysc)                 %求取系统的传递函数

Transfer function:
             1
-----------------------------
s^3 + 2.5 s^2 + 1.5 s + 0.5
```

结论：由此可见，采用 MATALB 命令求解系统的传递函数，大大简化了计算的繁杂程度，减小了工作量。

## 3.7 习题

1．系统的结构图如图 3-31 所示，试求该系统的输入输出传递函数。

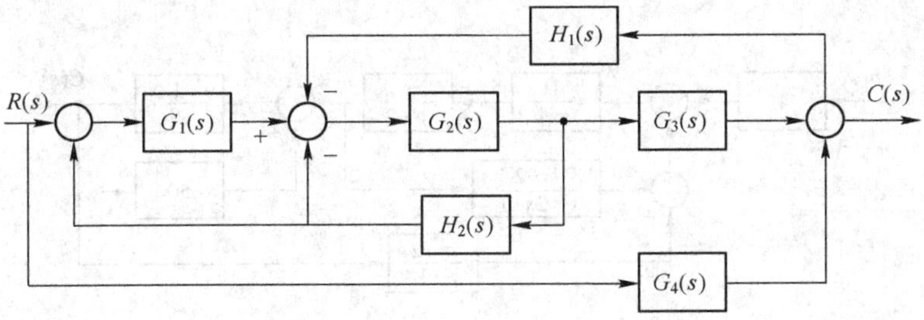


图 3-31　系统结构图

2．试化简图 3-32 所示的系统结构图，求传递函数，并试用简便公式求解。

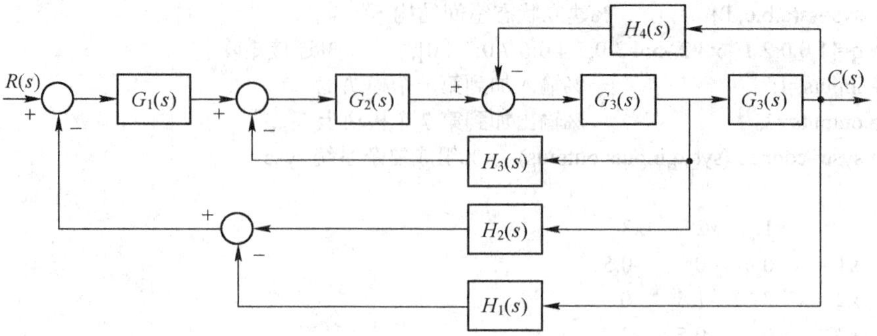


图 3-32　系统结构图

3．系统的信号流图如图 3-33 所示，试用 MATLAB 求 $C(s)/R(s)$。

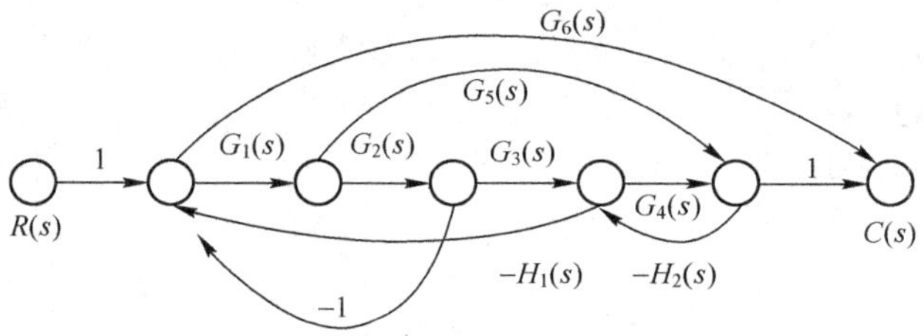


图 3-33　信号流程图

4．试求图 3-34 所示结构图的传递函数 $C(s)/R(s)$。

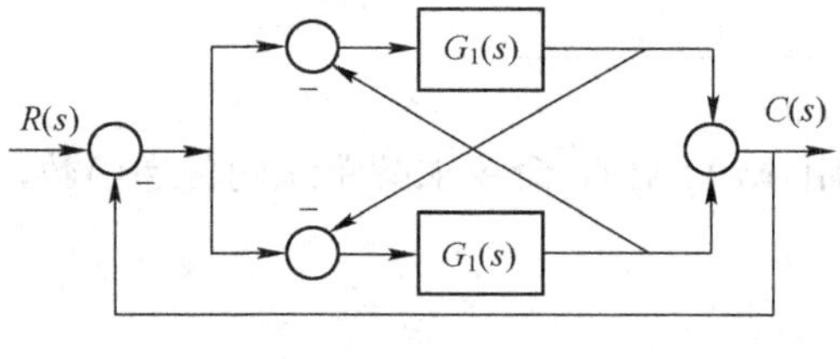


图 3-34　系统框图

5．考虑图 3-35 所示的方框图。用 MATLAB 化简系统框图，并计算系统的闭环传递函数。

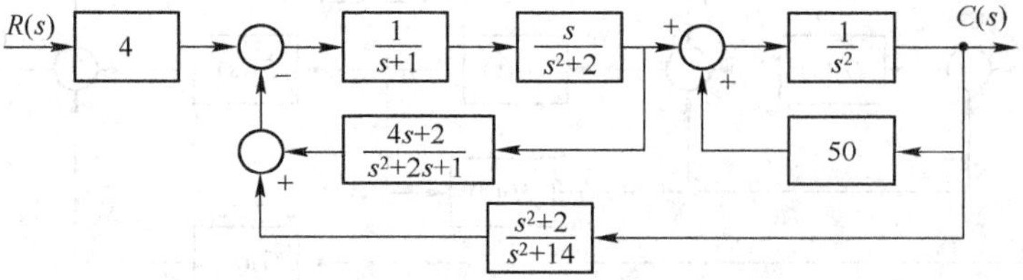


图 3-35　系统框图

6. 某复合控制系统的结构图如图 3-36 所示，用等效变换法化简系统框图，试求系统的传递函数 $\dfrac{C(s)}{R(s)}$。

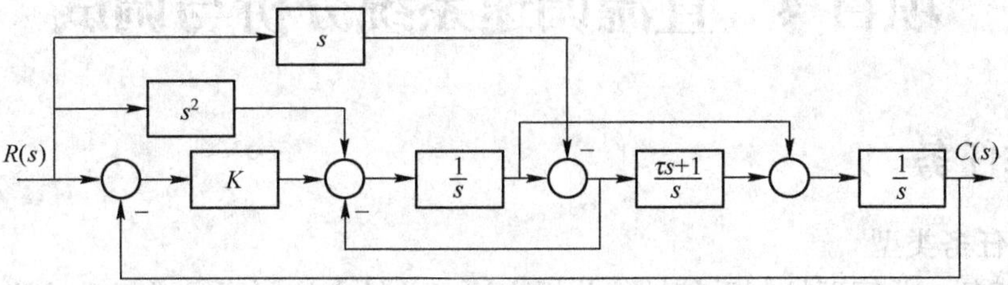


图 3-36　系统框图

# 项目 4　直流调速系统分析与调试

## 4.1　工作任务

**1．工作任务类型**

学习型任务：单闭环控制系统性能分析方法，并结合控制要求进行系统校正，校正结果使用 MATLAB 仿真验证。

**2．教学目标**

（1）能力目标：能理解一、二阶型系统的响应特点，能根据模型进行参数设置，进一步巩固系统的分析与校正；

（2）知识目标：能熟练掌握典型系统的最佳设计参数，能正确选择调节器，能初步使用仿真软件，搭建模型，分析波形；

（3）素质目标：能培养仔细做事、独立思考的职业素养，能培养正确表述自己思想的能力，能培养安全、正确操作仪器的习惯。

**3．教学组织设计**

（1）学生角色：调试员；

（2）教学情境：企业设备维护部；

（3）教学材料：学习参考材料、常用电子仪器及工具。

**4．教学过程**

（1）任务导入；

（2）任务必备知识：系统动态结构图、MATLAB 表示结构图；

（3）技能训练：单闭环调速系统调试，与仿真波形类比；

（4）成果交流：小组成果展示、交流；

（5）教师点评：各组优点、改进处、作业。

## 4.2　知识链接 1——控制系统性能分析

引导问题：

1．系统的动态性能指标。

2．对数坐标系的含义。

3．典型环节的幅频特性。

### 4.2.1　控制系统时域分析

时域分析法，就是通过求解控制系统的时间响应，来分析系统的稳定性、快速性和准确性。它是一种直接在时间域中对系统进行分析的方法，具有直观、准确、物理概念清楚的特点，尤其适用于对一、二阶系统性能的分析和计算。

**1. 一阶系统阶跃响应分析**

用一阶微分方程描述的系统称为一阶系统，它是工程中最基本、最简单的系统，如水箱、电炉、发电机、整流装置都可近似为一阶系统。它的典型形式是一阶惯性环节，即：

$$\Phi(s)=\frac{C(s)}{R(s)}=\frac{1}{Ts+1}$$

其中时间常数 $T$ 是唯一表征一阶系统特征的参数。

当 $r(t)=1(t)$ 时，有 $R(s)=\frac{1}{s}$，$C(s)=\Phi(s)\cdot R(s)=\frac{1}{Ts+1}\cdot\frac{1}{s}$，求拉普拉斯反变换，得 $c(t)=1-e^{-t/T}\ (t\geqslant 0)$。

显然，一阶系统的单位阶跃响应是单调上升的指数曲线，如图 4-1 所示。可得出表 4-1 所列数据。

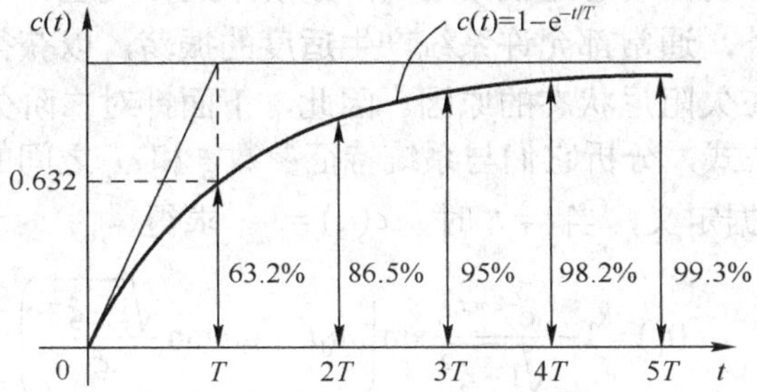


图 4-1　一阶系统的单位阶跃响应

**表 4-1　一阶系统的单位阶跃响应**

| $t$ | 0 | $T$ | $2T$ | $3T$ | $4T$ | $5T$ | … | ∞ |
|---|---|---|---|---|---|---|---|---|
| $c(t)$ | 0 | 0.632 | 0.865 | 0.95 | 0.982 | 0.993 | … | 1 |

由图 4-1 可以得到如下结论：

（1）经过时间 $T$，曲线上升到 0.632 的高度，反过来，用实验方法测出响应曲线达到 0.632 高度点所用的时间，即是一阶惯性环节的时间常数 $T$；

（2）经过时间 $3T$～$4T$，响应曲线已达到稳态值的 95%～98%，可以认为其调整时间已经完成；

（3）一阶系统单位阶跃响应，在 $t=0$ 处切线的斜率为 $\left.\frac{\mathrm{d}c(t)}{\mathrm{d}t}\right|_{t=0}=\frac{1}{T}$。

一阶系统单位阶跃响应的特性为用实验方法建立一阶系统的数学模型提供了理论依据。系统的时间常数 $T$，可由表 4-1 列出的响应时间 $t$ 与对应的输出值 $c(t)$ 之间的关系求出，或从 $t=0$ 处单位阶跃响应的切线斜率 $1/T$ 测出。

**2. 二阶系统阶跃响应分析**

以二阶微分方程描述的系统称为二阶系统。在控制工程中，二阶系统比较常见，如电动机、小功率随动系统、机械动力系统。此外，许多高阶系统，在一定条件下可忽略一些次要因数，常可降阶为二阶系统来研究。因此，深入研究二阶系统具有广泛的实际意义。

我们以图 4-2 所示的典型单位反馈二阶系统，作为二阶系统的模型进行分析。

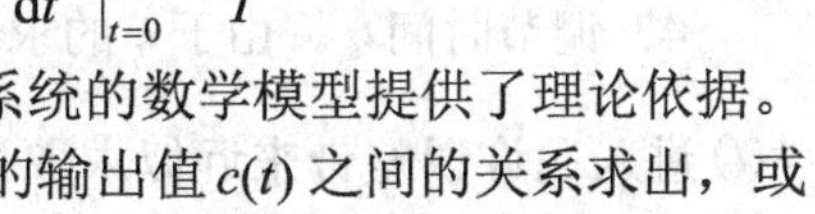


图 4-2　典型二阶系统方框图

开环传递函数$G(s)=\dfrac{\omega_n^2}{s(s+2\xi\omega_n)}$，闭环传递函数$\Phi(s)=\dfrac{\omega_n^2}{s^2+2\xi\omega_n s+\omega_n^2}$。式中，$\xi$为阻尼比；$\omega_n$为无阻尼自然振荡频率。系统特征方程为$s^2+2\xi\omega_n s+\omega_n^2=0$，特征方程的两个根（闭环极点）为$s_{1,2}=-\xi\omega_n\pm\sqrt{\xi^2-1}$。

**3．自动控制系统动态性能分析**

（1）系统动态性能指标　自动控制系统对控制信号的响应过程要满足一定的要求，这些要求表现为动态性能指标。这些指标包括上升时间 $t_r$、峰值时间 $t_p$、调节时间 $t_s$ 以及超调量$\sigma$，详细介绍见项目 2 的 2.6.3 节。

（2）二阶欠阻尼系统性能指标计算　由于二阶系统的阶跃响应比较典型，数学分析也比较容易，因此许多高阶系统的动态过程常用二阶系统来近似处理。还应指出，除了那些不允许产生振荡的控制系统外，通常都允许系统产生适度的振荡，以获得较短的过渡过程时间，这便是使系统常常工作在欠阻尼状态的原因。因此，下面针对二阶欠阻尼系统，根据动态性能指标的定义得到计算公式，分析它们与系统特征参数$\xi$和$\omega_n$之间的关系。

1）上升时间$t_r$。根据定义，当$t=t_r$时，$c(t_r)=1$。求得

$$c(t_r)=1-\frac{e^{-\xi\omega_n t_r}}{\sqrt{1-\xi^2}}\sin\left(\omega_d t_r+\arctan\frac{\sqrt{1-\xi^2}}{\xi}\right)=1$$

2）峰值时间$t_p$。根据定义，对时间$t$求导，并令其为零，取第一个峰值（$k=1$），即可求得$t_p$。$\left.\dfrac{dc(t)}{dt}\right|_{t=t_p}=0$，整理并取第一个峰值（$k=1$）得 $t_p=\dfrac{\pi}{\omega_d}=\dfrac{\pi}{\omega_n\sqrt{1-\xi^2}}$。

可见峰值时间$t_p$是有阻尼振荡周期$T_d=\dfrac{2\pi}{\omega_d}$的一半。由上式还可知，当$\xi$一定时，$\omega_n$增大，$t_p$就减少；当$\omega_n$一定时，$\xi$增大，$t_p$就增大。此情况与$t_r$的相同。

3）超调量$\sigma$。根据定义式$\sigma=\dfrac{c(t_p)-c(\infty)}{c(\infty)}\times100\%$，将$t_p=\dfrac{\pi}{\omega_d}$代入并整理得

$$\sigma=e^{\frac{\xi\pi}{\sqrt{1-\xi^2}}}\times100\%$$

可见，$\sigma$仅与阻尼比$\xi$有关，$\xi$愈小，则$\sigma$愈大。

4）调节时间$t_s$。由于$t_s$的求取较为复杂，一般采用近似的求取方法，即以$c(t)$的包络线$b(t)$进入允许误差带来近似求取调节时间$t_s$。$b(t)=1\pm\dfrac{e^{-\xi\omega_n t}}{\sqrt{1-\xi^2}}$，误差带为$\pm\delta\cdot c(\infty)$，$\delta$通常取±5%或±2%。

由上述分析可知，调节时间$t_s$是与$\xi$和$\omega_n$的乘积成反比的。由于$\xi$通常是根据超调量$\sigma$的要求值来确定的。所以调节时间$t_s$主要是根据系统的$\omega_n$来确定的。调整系统的$\omega_n$可以在不改变$\sigma$的情况下，改变调节时间$t_s$。由此可见，二阶系统的特征参数$\xi$和$\omega_n$决定了系统的调节时间$t_s$和超调量$\sigma$；反过来，根据对调节时间$t_s$和超调量$\sigma$的要求，也能确定系统具有的特征参数$\xi$和$\omega_n$。在设计二阶系统时，一般取$\xi=0.707$作为最佳阻尼比。这是因为此时不仅$t_s$小，而且$\sigma$也并不大。

综上讨论，可以看出，欲使二阶系统具有满意的动态性能指标，必须选择合适的阻尼比

$\xi$和无阻尼自然振荡频率$\omega_n$。提高$\omega_n$，可以提高二阶系统的响应速度。增大$\xi$，可以提高系统的平稳性，即降低超调量$\sigma$，但增大了上升时间$t_r$和峰值时间$t_p$。系统的响应速度与平稳性之间往往是存在矛盾的。因此，既要提高系统的平稳性，又要系统具有一定的响应速度，那就只有选择合适的阻尼比$\xi$和无阻尼自然振荡频率$\omega_n$才能实现。往往采用的是折中处理方法。

### 4.2.2 控制系统频域分析

前面介绍的时域分析法，通过求解系统的输出响应来评价系统性能。但由于实际系统往往都比较复杂，因而这个计算过程将十分烦琐，有时甚至是很困难的。而且当所求得的解不能满足技术要求时，不容易看出和决定应该如何调整系统来获得期望结果，经过工程实践的探索，人们找到了既不必求解微分方程就可预示出系统性能，又能方便地指出应该如何调整系统来达到性能指标要求的方法，在经典控制理论中，主要是时频域分析法和根轨迹法。本小节只介绍工程中常用的频域分析法。频域分析法可以用图解的方法进行分析计算，具有很大的实用意义。

**1．频率特性的基本概念**

（1）频率响应　线性定常系统对正弦输入的稳态响应称为频率响应。若对图 4-3 所示的线性定常系统输入一正弦信号$r(t)=A_r\sin\omega t$，系统的响应也和其他典型信号的响应一样，包含瞬态响应和稳态响应，瞬态响应不是正弦信号，而稳态响应是和输入同频率的正弦信号，但其幅值和相位发生了变化，其变化取决于$\omega$，设其稳态响应为$c(t)=A_c\sin[\omega t+\varphi(\omega)]$。

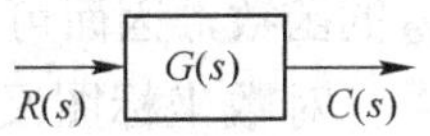

图 4-3　线性定常系统

（2）频率特性　由上可知，线性定常系统在正弦输入（或谐波输入）信号作用下，其稳态输出与输入的幅值比是输入信号的频率$\omega$的函数，称其为系统的幅频特性，记为$M(\omega)$，$M(\omega)=\dfrac{A_c}{A_r}$。

稳态输出信号与输入信号的相位差$\varphi(\omega)$也是$\omega$的函数，称其为系统相频特性，记为$\varphi(\omega)$。

幅频特性$M(\omega)$和相频特性$\varphi(\omega)$统称为系统的频率特性，记作$G(\mathrm{j}\omega)$。

$$G(\mathrm{j}\omega)=M(\omega)\angle\varphi(\omega)=|G(\mathrm{j}\omega)|\angle G(\mathrm{j}\omega)$$

频率特性$G(\mathrm{j}\omega)$的幅值频特$|G(\mathrm{j}\omega)|=M(\omega)$描述了系统对不同频率的正弦输入量的衰减（或放大）特性。频率特性$G(\mathrm{j}\omega)$的相频特性$\angle G(\mathrm{j}\omega)=\varphi(\omega)$，描述了系统对不同频率的正弦输入量的滞后（超前）。两者综合起来反映了系统对不同频率信号的响应特性。而这种特性又反映了自动控制系统内在的动稳态性能。因此从研究和改善系统的频率特性着手，便可间接研究和改善系统的性能。以后分析将会表明，这种间接的方法是十分简便和有效的。频域分析法实质上是以系统对不同频率的正弦量的稳态响应特性来描述系统对输入量的暂态响应特性。

（3）频率特性与传递函数的关系　频率特性和传递函数之间存在着密切关系。若系统或元件的传递函数为$G(s)$，则其频率特性为$G(\mathrm{j}\omega)$。这就是说，只要将传递函数中的复变量$s$用纯虚数$\mathrm{j}\omega$代替，就可以得到频率特性。

事实上，频率特性是传递函数的一种特殊情形。由拉普拉斯变换可知，传递函数中的复变量$s=\sigma+\mathrm{j}\omega$。若$\sigma=0$，则$\mathrm{j}s=\mathrm{j}\omega$。所以，$G(\mathrm{j}\omega)$就是$\sigma=0$时的$G(s)$。

**2．频率特性表示方式**

（1）数学式表示方式　频率特性是一个复数，和其他复数一样，可以表示为指数形式、直角坐标和极坐标等几种，参见图 4-4。极坐标的横轴为实轴，标以 Re，纵轴为虚轴，标以 Im。频率特性的几种表示方式如以下各式所示。

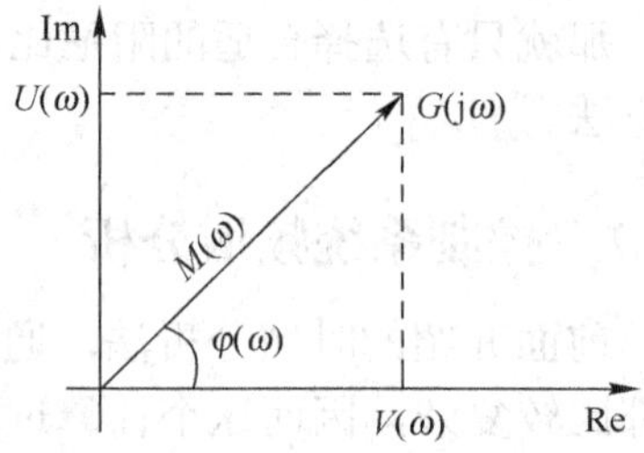


图 4-4　频率特性表示方法

$$G(\mathrm{j}\omega)=U(\omega)+\mathrm{j}V(\omega) \quad \text{（直角坐标表示式）}$$

$$=|G(\mathrm{j}\omega)|\angle G(\mathrm{j}\omega) \quad \text{（极坐标表示式）}$$

$$=M(\omega)\angle\varphi(\omega) \quad \text{（指数表示式）}$$

在以上各式中，通常称$U(\omega)$为实频特性，$V(\omega)$为虚频特性，$M(\omega)$为幅频特性，$\varphi(\omega)$为相频特性。显然，幅频特性$M(\omega)=|G(\mathrm{j}\omega)|=\sqrt{U^2(\omega)+V^2(\omega)}$，相频特性$\varphi(\omega)=\angle G(\mathrm{j}\omega)=\arctan\dfrac{V(\omega)}{U(\omega)}$。

（2）图形表示方式　由于频率特性$G(\mathrm{j}\omega)$以及幅频特性$M(\omega)$和相频特性$\varphi(\omega)$都是频率$\omega$的函数，因而可以用曲线表示它们随频率变化的关系。

对数坐标图又称伯德图（Bode 图）。它由对数幅频特性图和对数相频特性图组成。它们的横坐标是按频率$\omega$以 10 为底的对数分度，如图 4-5 所示。由图 4-5 可知，$\omega$的数值每变化 10 倍，在对数坐标上变化一个单位。即频率$\omega$从任一数值$\omega_0$增加（减少）到$\omega_1=10\omega_0$时的频带宽度在对数坐标上为一个单位，将该频带宽度称为 10 倍频程，通常以“dec”表示。注意，为了方便，其横坐标虽然是对数分度，但是习惯上其刻度值不标$\lg\omega$值，而是标$\omega$值。

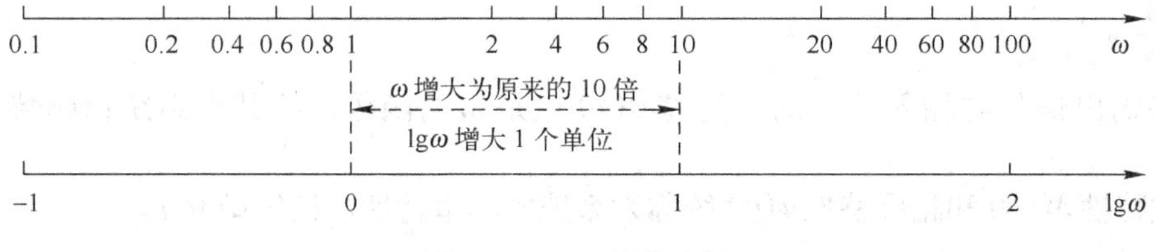


图 4-5　Bode 图横坐标

对数幅频特性图的纵坐标采用均匀分度，坐标值取$G(\mathrm{j}\omega)$幅值$M(\omega)$的对数，坐标值为$L(\omega)=20\lg M(\omega)$，其单位称作分贝，记作 dB。

对数相频特性图的纵坐标也是采用均匀分度，坐标值取$G(\mathrm{j}\omega)$的相位角$\varphi(\omega)$，其单位为度。用 Bode 图表示频率特性有如下优点：

1）可以将幅值相乘转化为幅值相加，便于绘制多个环节串联组成的系统的对数频率特性图。

2）可采用渐近线近似的作图方法绘制对数幅频图，这给绘图带来了很大方便。

3）由于横坐标采用对数分度，所以能把较宽频率范围的图形紧凑地表示出来。尤其是低频段的扩展，对工程设计具有很重要的意义。

**3．典型环节的伯德图**

（1）比例环节　比例环节的频率特性为$G(\mathrm{j}\omega)=K=K\mathrm{e}^{\mathrm{j}0}$。

其对数频率特性 $\begin{cases}L(\omega)=20\lg K\\ \varphi(\omega)=0\end{cases}$

可见比例环节对数幅频特性$L(\omega)$为水平直线，其高度为$20\lg K$；对数相频特性$\varphi(\omega)$为与横轴重合的水平直线。

比例环节的伯德图如图 4-6 所示。当系统增设比例环节后，将使系统的$L(\omega)$向上（或向下）平移，而不会改变$L(\omega)$的形状。对系统的$\varphi(\omega)$将不产生任何影响。这是比例环节的一大特点。

（2）积分环节　积分环节频率特性为$G(\mathrm{j}\omega)=\dfrac{1}{\mathrm{j}\omega}=\dfrac{1}{\omega}e^{-\mathrm{j}\frac{\pi}{2}}$。

其对数频率特性为：$\begin{cases}L(\omega)=-20\lg\omega\\ \varphi(\omega)=-90^\circ\end{cases}$

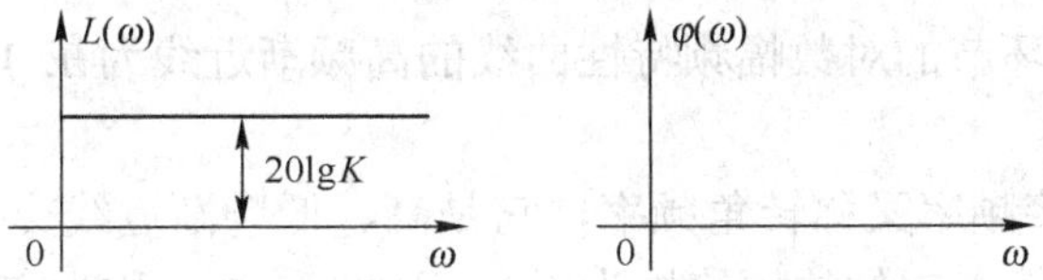


图 4-6　比例环节幅频特性

由于对数频率特性的频率轴是以$\lg\omega$分度的，显然对数幅频特性$L(\omega)$与$\lg\omega$的关系是一条直线，其斜率为-20dB/dec，并且经过点（1，0）。对数相频特性$\varphi(\omega)$为一条$-90^\circ$水平直线。见图 4-7。

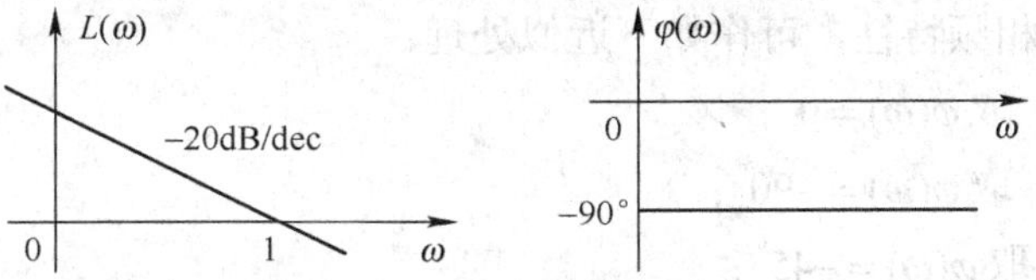


图 4-7　积分环节幅频特性

（3）理想微分环节　频率特性为$G(\mathrm{j}\omega)=\mathrm{j}\omega=\omega\mathrm{e}^{\mathrm{j}\frac{\pi}{2}}$。

其对数频率特性$\begin{cases}L(\omega)=20\lg\omega\\ \varphi(\omega)=90^\circ\end{cases}$

可见，$L(\omega)$与$\lg\omega$成直线关系，其斜率为 20dB/dec，且经过点（1，0）。对数相频特性$\varphi(\omega)$为一条$90^\circ$水平直线。见图 4-8。

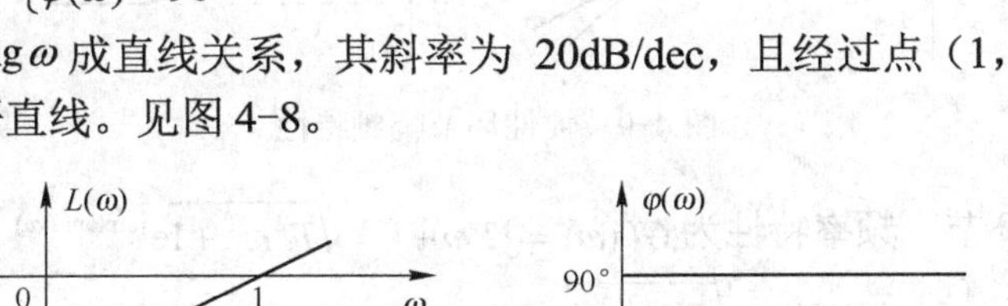


图 4-8　理想微分环节幅频特性

（4）惯性环节　频率特性为$G(\mathrm{j}\omega)=\dfrac{1}{\mathrm{j}T\omega+1}=\sqrt{T^2\omega^2+1}\,\mathrm{e}^{-\mathrm{j}\arctan(T\omega)}$。

其对数频率特性$\begin{cases}L(\omega)=-20\lg\sqrt{T^2\omega^2+1}\\ \varphi(\omega)=-\arctan(T\omega)\end{cases}$

惯性环节的对数幅频特性$L(\omega)$是一条曲线，若逐点描绘将很繁琐，通常采用近似的绘制方法。即先做出$L(\omega)$的渐近线，求出最大修正量，从而近似描绘出实际曲线，并可估算出用渐近线代替实际曲线可能造成的误差。

1）低频渐近线：当$\omega\ll 1/T$时，$T\omega\ll 1$，这时$T\omega$相对1而言，可忽略不计，于是有

$$L(\omega)=-20\lg\sqrt{T^2\omega^2+1}\approx-20\lg 1=0$$

由上式可见，惯性环节的低频渐近线为一条零分贝的水平线。

2）高频渐近线：当$\omega\gg 1/T$时，$T\omega\gg 1$，这时1相对$T\omega$而言，可忽略不计，于是有

$$L(\omega)=-20\lg\sqrt{T^2\omega^2+1}\approx-20\lg T\omega=0$$

由上式可见，惯性环节的对数幅频特性曲线的高频渐近线为在1/T处过零分贝线且斜率为-20dB/dec的斜直线。

3）交接频率：交接频率又称转角频率，它是高、低频渐近线交接处的频率。当$\omega=1/T$时，高、低频渐近线相接（它们的幅值均为零），因此$\omega=1/T$称为交接频率。

4）修正量（又称误差）：惯性环节的$L(\omega)$的实际曲线如图4-9所示，其最大误差发生在交接频率处。在该频率处$L(\omega)$的实际值为：

$L(\omega)\Big|_{\omega=1/T}=-20\lg\sqrt{T^2\omega^2+1}\Big|_{\omega=1/T}=-20\lg\sqrt{2}=-3.03\mathrm{dB}$，所以其最大误差（亦即最大修正量）约为-3dB。由此可见，若以渐近线取代实际曲线，引起的误差是不大的。

惯性环节的对数相频特性，可作如下近似处理：

当$\omega\leqslant 10/T$时，　取$\varphi(\omega)=0^\circ$；

当$\omega\geqslant 10/T$时，　取$\varphi(\omega)=-90^\circ$；

当$\omega=1/T$时，　取$\varphi(\omega)=-45^\circ$；

惯性环节的对数相频特性曲线如图4-9所示。

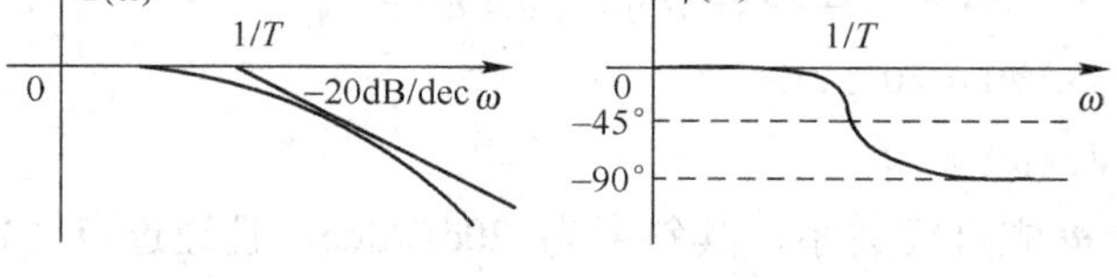


图4-9　惯性环节幅频特性

（5）比例微分环节　频率特性为$G(\mathrm{j}\omega)=\mathrm{j}T\omega+1=\sqrt{T^2\omega^2+1}\mathrm{e}^{\mathrm{j}\arctan(T\omega)}$。

其对数频率特性$\begin{cases}L(\omega)=20\lg\sqrt{T^2\omega^2+1}\\ \varphi(\omega)=\arctan(T\omega)\end{cases}$

显然可见，两者仅相差一负号。这意味着它们的图形将关于横轴对称。比例微分环节的伯德图如图4-10所示。

对照图 4-9 和图 4-10 不难发现，它们对系统的作用恰好是相反的。惯性环节使系统的相位滞后 $\varphi$ 角，而比例微分环节却使系统的相位超前 $\varphi$ 角。在中、高频段，前者使幅值下降，后者却使幅值增大（它们对低频段影响不大）。

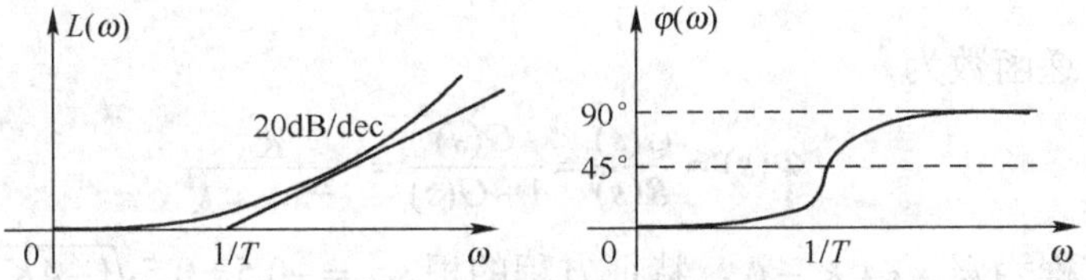


图 4-10　比例微分环节幅频特性

**4. 系统开环伯德图与系统时域性能的关系**

单位反馈控制系统的开、闭环传递函数之间的关系为 $\varPhi(s)=\dfrac{G_{\mathrm{k}}(s)}{1+G_{\mathrm{k}}(s)}$，系统开环传递函数的结构和参数，决定了闭环传递函数的结构和性能。

在系统的时域分析中，用时域指标（如 $\sigma\%$，$t_{\mathrm{s}}$ 等）来评价系统的性能，但对应系统分析与设计，采用频域分析法更为直观、方便，因此，有必要讨论频率特性与时域指标间的关系。用开环频率特性分析闭环系统性能时一般将开环频率特性分成低频、中频和高频三个频段来讨论，如图 4-11 所示。

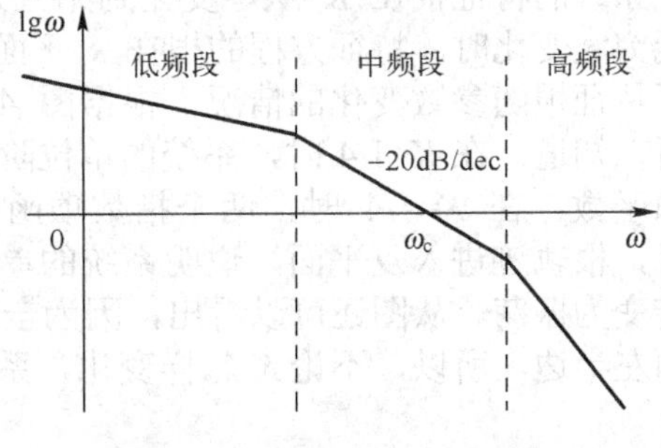


图 4-11　幅频特性三个频段

对于最小相位系统（即传递函数中无负号），系统的性能完全可以由开环对数频率特性反映出来。一个设计合理的系统，其开环对数幅频特性低、中、高三个频段的形状特征包含以下四个方面：

（1）低频段的斜率陡、位置高，表明系统的稳态精度高。如果要求系统具有一阶或二阶无静差特性，则 $L(\omega)$曲线低频段的斜率应为−20dB/dec 或−40dB/dec，而且曲线要保持足够的高度，以满足系统的稳态精度。

（2）中频段以斜率−20dB/dec 穿越 0dB 线，且具有一定的中频宽，以保证闭环系统具有良好的平稳性。

（3）具有尽可能大的剪切频率$\omega_{\mathrm{c}}$，以提高闭环系统的快速性。

（4）为了提高系统高频抗干扰能力，$L(\omega)$ 曲线高频段应有较小的斜率，其分贝值应尽量小。

### 4.2.3　控制系统根轨迹分析

控制系统的稳定性、动态特性都与特征方程的根（即闭环极点）在 $s$ 平面上的分布有密切关系。时域分析中，依靠求解输入——输出微分方程或状态方程，只能确定控制系统闭环极点的具体分布。若要研究参数变化对控制系统性能的影响，特别是某些参数连续变化对系统性能的影响，依靠求解特征方程的方法来确定闭环极点的位置随参数变化的情况，计算量很大，有时甚至是不可能的。工程上常采用根轨迹法，即直接由开环传递函数判别闭环特征根的图解法。

若某单位反馈系统的开环传递函数为：$G(s)=\dfrac{K}{s(s+1)}$，当开环放大系数 $K$ 从零到无穷大变化时，闭环系统的特征根在 $s$ 平面上的轨迹称为根轨迹。系统有两个开环极点：$s_1=0$，$s_2=-1$。

系统的闭环传递函数为

$$\varPhi(s)=\frac{C(s)}{R(s)}=\frac{G(s)}{1+G(s)}=\frac{K}{s^2+s+K}$$

系统的特征方程为 $s^2+s+K=0$，特征方程的根 $s_{1,2}=-0.5\pm0.5\sqrt{1-4K}$，可见特征根在 $s$ 平面的位置与 $K$ 有关。

$K$=0 时，$s_1=0$，$s_2=-1$ 与开环极点的位置相同。0<$K$<1/4 时，$s_{1,2}$ 均为负实数，分布在 0 到−1 之间，随 $K$ 从零开始逐渐增大，$s_{1,2}$ 也从开环极点的位置开始逐渐接近。

$K$=1/4 时，$s_{1,2}=-0.5$，两个闭环极点重合。

$K$>1/4 时，$s_{1,2}$ 都成为共轭复数，$s_{1,2}=-0.5\pm\mathrm{j}0.5\sqrt{4K-1}$。

$s_{1,2}$ 具有相同的负实部，且为常数，而虚部则随 $K$ 的增大其绝对值也增大。图 4-12 给出了系统的特征根在 $K$ 从零变化到无穷大时，相应位置的变化情况。这种放大系数 $K$ 从零到无穷大变化时，特征方程的根在 $s$ 平面上相应变化的轨迹，称为根轨迹。根轨迹完整地反映了特征根随参数变化的情况。根据图 4-12 的根轨迹图，我们可以知道，在 $K$<1/4 时，系统的单位阶跃响应中含有两个指数项函数。在 $K$=1/4 时，两个指数项函数合二为一。在 $K$>1/4 时，根轨迹进入复平面，说明系统的单位阶跃响应由单调变化转变为振荡。从图还可以看出，因为全部根轨迹都分布在 $s$ 平面左半边，所以，不论 $K$ 怎样变化，系统始终是稳定的。

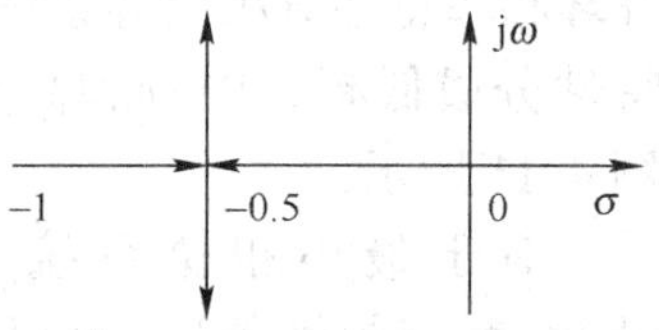

图 4-12　特征根随 $K$ 的变化情况

## 4.3　知识链接 2——控制系统分析调试方法

引导问题：

1. 控制系统分析思路。

2. 控制系统基本调试方法。

在生产现场，遇到较多的往往是实际系统的验收、安装、调试、运行、维护和故障的排除。这就需要根据产品使用说明书和有关的技术知识，遵循科学的方法，并结合以往的经验，对实际系统进行了解、分析与调试，并排除可能出现的故障，使系统处于最佳运行状态。

### 4.3.1　自动控制系统的分析步骤

在工程技术上，经常会遇到陌生的系统。这时，首先应对系统作定性分析（搞清系统的工作原理），然后对系统做定量分析。即“先定性，后定量”。

**1．了解工作对象对系统的要求**

（1）系统或工作对象所处的工况条件

1）电源电压及波动范围［例如三相交流 380(1±10%)V］；

2）供电频率及波动范围［例如(50±1)Hz］；

3）环境温度（例如-20～+40℃）；

4）相对湿度（例如≤85%）；

5）海拔高度（例如≤1000m）；

6）其他。

（2）系统或工作对象的输出及负载能力

1）额定功率（例如60kW）及过载能力（例如120%）。

2）额定转矩（例如100N·m）及最大转矩（例如150%额定转矩）。

3）速度对调速系统为额定转速（例如1000r/min）、最高转速（例如120%额定转速）及最低转速（例如1%额定转速）。对随动系统则为最大跟踪速度（线速度 $v_{max}$ 及角速度 $\omega_{max}$，例如1m/s及100rad/s）、最低平稳跟踪速度（线速度 $v_{min}$ 及角速度 $\omega_{min}$，例如1cm/s及0.01rad/s）。

4）最大位移（线位移及角位移）。

5）其他。

（3）系统或工作对象的技术性能指标

1）稳态指标。对调速系统，主要是静差率（例如 $s\leqslant 0.1\%$）和调速范围（例如100∶1）。对随动系统，则主要是阶跃信号和等速信号输入时的稳态误差（例如0.1mm等）。

2）动态指标。对调速系统主要是因负载转矩扰动而产生的最大动态速降 $\Delta_{max}$（例如10r/min）和恢复时间 $f$（例如0.3s）。对随动系统主要是最大超调量 $\sigma$（例如5%）和调整时间 $t_s$（例如1s）以及振荡次数 $N$（例如3次）。

（4）系统或设备可能具有的保护环节　过电流保护、过电压保护、过载保护、短路保护、停电（或欠电压）保护、超速保护、限位保护、欠电流失磁保护、失步保护、超温保护、联锁保护等。

（5）系统或设备可能具备的控制功能　点动、自动循环、半自动循环、各分部自动循环、爬行微调、联锁、集中控制与分散控制、平稳起动、迅速制动停车、紧急停车、联动控制等。

（6）系统或设备可能具有的显示和报警功能　电源通、断指示、开、停机指示、过载断路指示、缺相指示、风机运行指示、熔丝熔断指示、各种故障的报警指示、警铃等。

在提出这些指标要求时，一般应该是工作对象对系统的最低要求，或必需的要求；因为过高的要求，会使系统变得复杂，成本显著增加。而系统的经济性，始终是一个必须充分考虑的因素。而在调试系统时，则应留有适当的裕量；因为系统在实际运行时，往往会有许多无法预计的因素。同时还要估计到各种可能出现的意外故障，并采取相应的措施，以保证系统能安全可靠地运行。同样，系统的可靠性，也是一个始终必须充分考虑的因素。

**2．搞清系统各单元的工作原理**

系统分析遵循“先定性，后定量”的原则。要想把系统的工作原理搞清楚，分析时可以把硬件电路分成若干个单元，对每一个单元又可分成若干个环节。这样先化整为零，弄清每个环节中每个元件的作用；然后再集零为整，抓住每个环节的输入和输出两头，搞清各单元和各环节之间的联系，统观全局，从而搞清系统的工作原理。

下面以图4-13所示的晶闸管直流调速系统的单元为例作一些说明。

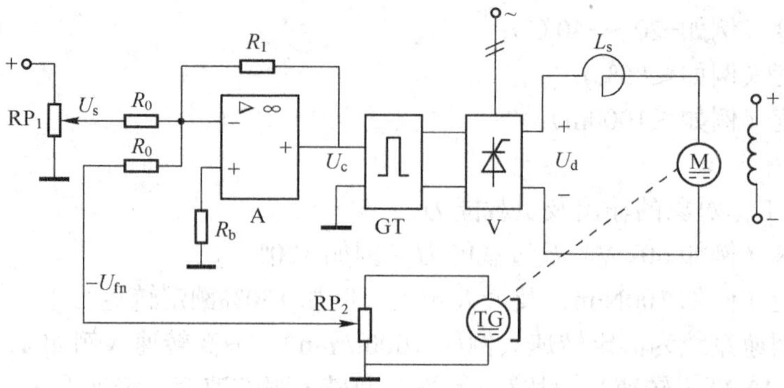


图 4-13　晶闸管直流调速系统

（1）主电路　主要是对直流电动机的电枢和励磁绕组进行正常供电，对它们的要求主要是安全可靠。因此在部件容量的选择上，在经济和体积上相差不是太多的情况下，尽可能选大一些。在保护环节上，对各种故障出现的可能性，都要有足够的估计，并采取相应的保护措施，配备必要的警报、显示、自动跳闸线路，以确保主电路安全可靠的要求。若主电路采用晶闸管整流，则还应考虑晶闸管整流时的谐波成分对电网的有害影响；因此，通常要在交流进线处串接交流电抗器或通过整流变压器供电。

（2）触发电路　主要考虑的是它的移相特性（即移相范围和线性度），控制电压的极性与数值，以及它与晶闸管输出电压间的关系。此外，还有同步电压的选择，同步变压器与主变压器相序间的关系（钟点数），以及触发脉冲的幅值和功率能否满足晶闸管的要求，各触发器的统调是否方便等等，这些都涉及触发电路与其他单元的联系，需要进行综合考虑。

（3）控制电路　它是自动控制系统的中枢部分，它的功能将直接影响控制系统的技术性能。对调速系统主要是电流和转速双闭环控制。对恒张力控制系统，除了电流、转速闭环外，还要再设置张力闭环控制。对随动系统，除位置闭环外，还可设置转速闭环。若对系统要求较高时，还可设置微分负反馈或其他自适应反馈环节。对由运放器组成的调节器电路，则还要注意其输入和输出量的极性，输入、输出的限幅，零漂的抑制和零速或零位的封锁等。

（4）检测电路　主要是检测装置的选择，选择时应注意选择适当精度的检测元件；若精度过高，不仅成本增加，而且安装条件苛刻；若检测元件精度过低，又无法满足系统性能指标要求，因为系统的精度，正是依靠检测元件提供的反馈信号来保证的。选择时，还要注意输出是模拟量还是数字量。对计算机控制，则应选数字量输出；对模拟控制，则应选择模拟量输出，否则还要增加 A/D（或 D/A）单元，既增加费用，又增加传递时间。此外检测装置要牢固耐用、工作可靠、安装方便，并且希望输出信号具有一定的功率和幅值。

（5）辅助电路　主要是继电（或电子）保护电路、显示电路和报警电路。继电保护电路没有电子线路那种易受干扰的缺点，是一种有效而可靠的保护环节，应给予足够的重视和考虑。但其灵敏度、快速性以及自动控制、自动恢复等性能不及电子保护线路。

**3．搞清整个系统的工作原理**

在搞清各单元、各环节的作用和各个元件的大致取值的基础上，再集零为整，抓住各单元的输入、输出两头，将各个环节联系起来，画出系统的框图。然后在此基础上，搞清整个系统在正常运行时的工作原理和出现各种故障时系统的工作情况。

### 4.3.2 自动控制系统的调试方法

**1．系统调试前的准备工作**

（1）了解工作对象的工作要求（或加工工艺要求），仔细检查机械部件和检测装置的安装情况。

（2）在系统调试前，要对各单元进行测试，检查它们的工作是否正常，并作记录，记录要存档，以便追查事故原因。

（3）在调试前，检查各接线是否正确、牢靠。特别是接地线和继电保护线路，更要仔细检查（对自制设备或经过长途运输后的设备，更应仔细检查、核对）。

（4）写出调试大纲。

（5）准备好必要的仪器、仪表。

（6）准备好记录用纸，并画好记录表格。

（7）清理和隔离调试现场，使调试人员处于进行活动最方便的位置，各就各位。

**2．制订调试大纲的原则**

调试的顺序大致是：

（1）先单元，后系统。

（2）先控制回路，后主电路。

（3）先检验保护环节，后投入运行。

（4）通电调试时，先用电阻负载代替电动机，待电路正常后，再换接电动机负载。

（5）投入运行时，一般先加低给定电压开环起动，然后逐渐加大反馈量（和给定量）。

（6）对多环系统，一般为先调内环，后调外环。

（7）对加载试验，一般应先轻载后重载；先低速后高速，高、低速都不可超过限制值。

（8）系统调试时，应首先使系统正常稳定运行。

（9）先调整稳态精度，后调整动态指标。

（10）分析系统的动、稳态性能的数据和波形记录。

**3．由专用的（或通用的）控制器驱动的自动控制系统调试**

如今许多系统多采用各种现成的（专用的或通用的）控制装置（市场产品）来进行控制。对现成的产品进行调试要简便得多，但调试时仍要注意：

（1）仔细、反复阅读控制器产品说明书，摘录下要点，列成表格，用彩色笔醒目地标出重要注意事项，并力争把它们全部记住（这是调试现成产品的关键）。

（2）仔细检查控制对象有无故障（如机械传动、电气绝缘等是否正常）。

（3）检查控制器与控制对象间的接线是否正确、牢靠。

（4）根据说明书和系统对性能的要求，对各种物理量逐一进行设定；如转速（额定转速、最高转速、最低转速），正、反转向，最大限制电流，升、降速时的加速度（给定积分时间常数），采用的反馈方式（如位置负反馈或转速负反馈，还是电压负反馈，以及电流正反馈等）的选择，PID 调节器参数的选择与整定以及其他保护环节的选择等（这一切都要预先确定，并做到心中有数）。

（5）通电前，可先将设定量先放在较低的量值上（如低压、低速、轻载、小电流等），若有可能，也可先用电阻性负载来取代电动机进行测试。总之，对现成的产品，虽然它里面已设置较多的保护环节，但调试者仍要仔细地根据说明书，一步一步地设定与调试，并在调试时不断观察有无异常情况产生（如摩擦声，振动声、焦味等）。

## 4.4 知识链接 3——直流调速系统

引导问题：

1. 直流调速系统的结构组成与基本工作原理。
2. 直流调速系统的静特性指标。
3. 直流调速系统的开环控制与闭环控制的区别。

### 4.4.1 系统组成与工作原理

在现代化的工业生产中，普遍采用各种电动机来拖动生产机械进行生产。直流电动机自动控制系统无论在理论上还是实践上都比较成熟，而且从闭环控制理论的角度看，它又是交流调速系统的基础，因此直流调速系统仍是学习的重点。

调速有两个方面的含义：一是在一定范围内根据生产机械的要求改变电动机的转速；二是当生产机械在运行中受到干扰（如负载扰动、电网电压波动）时，保持电动机的转速基本恒定。

根据生产工艺的要求，确定生产机械中电气传动系统的静态和动态性能指标的要求。如果该系统对静态和动态指标要求不高，可以采用开环控制来实现，但是许多需要无级调速的生产机械，常对静差率和调速范围有一定的要求，在这种情况下，开环传动系统程序往往不能满足要求，为了保证在加工过程中拖动电动机的转速变化在允许的范围，由反馈理论知，要稳定哪个参数，就引入哪个参数的负反馈，将参数的给定量与反馈量比较，构成闭环系统，因此引入转速负反馈，构成转速负反馈闭环系统就可实现电动机转速的控制。如前图 4-13 所示。

它在开环调速系统的基础上增加了转速检测环节和放大环节。转速检测环节由测速发电机 TG 和反馈电位器 $RP_2$ 组成，其功能是将系统的输出量转速引回到输入端，获得与电动机转速成正比的反馈电压 $U_{fn}$。

图中，电位器 $RP_1$ 提供给定电压 $U_s$，转速检测环节提供的反馈电压 $U_{fn}$，放大器的输入电压 $\Delta U=U_s-U_{fn}$。该偏差电压经放大器 A 放大后作为晶闸管的触发电路的控制电压 $U_c$，改变 $U_c$ 即改变触发器的控制角α，使晶闸管整流装置变换出不同的直流电压 $U_{d0}$，实现对电动机转速的控制。因为只有转速反馈环，所以称为单闭环转速负反馈调速系统。

工作原理是：当电动机空载动行时，其转速为 $n_0$，转速检测环节提供的电压为 $U_{fn}$，此时加在放大器的输入电压$\Delta U$，闸管整流装置输出直流电压 $U_{d0}$，使电动机产生空载转速 $n_0$。当电动机的转速 $n$ 由于某种原因（例如机械负载转矩 $T_L$ 增大）而下降时，转速负反馈环节将进行自动调节，其调节过程如下：$T_L\uparrow\rightarrow n\downarrow\ \rightarrow U_{fn}\downarrow\ \rightarrow\Delta U\uparrow\rightarrow U_k\uparrow\ \rightarrow\alpha\downarrow\rightarrow U_{d0}\uparrow\ \rightarrow n\uparrow$。

由此可见，转速负反馈环节是通过转速负反馈电压 $U_{fn}$ 的下降，使偏差电压$\Delta U$ 增加，经过放大后，提高晶闸管的输出电压 $U_{d0}$，于是转速 $n$ 自动回升，从而减小稳态速降。

在本系统中，虽然转速 $n$ 能自动回升，但是不能回升到原来的转速 $n_0$。因为放大器为比例调节器时，触发器的控制电压 $U_k$ 整流平均电压 $U_{d0}$ 由偏差量$\Delta U$ 决定，若转速不变化，$\Delta U$ 保持不变，$U_k$、$U_{d0}$ 均不变，电动机转速不可能回升。这种维持被控量近似不变，但又有误差的调速系统通常称为有静差调速系统。若要实现无静差可将放大器的反馈电阻 $R_1$ 换成电容或电阻和电容。

### 4.4.2 直流调速系统性能指标

**1. 稳态框图**

单闭环系统中的各种稳态关系如下：

（1）放大器输出电压。图 4-13 中比例调节器由反相输入运算放大器 A 组成，其输入、输出反相，为了便于分析，以后反相输入运算放大器的输出看成是同相，电路的极性在实际电路中考虑。所以 $U_c = K_p DU = K_p(U_s - U_{fn})$。式中 $K_p$ 为放大器的放大倍数。

（2）触发器和晶闸管整流装置输出电压：$U_{d0} = K_{tr}U_k$，式中 $K_{tr}$ 为触发器和晶闸管整流装置的放大倍数。

（3）电动机：$n = \dfrac{U_{d0} - I_d R_d}{C_e f} = (U_{d0} - I_d R_d)K_m$，其中，$K_m = 1/C_e f$，$R_\Sigma$是电枢回路总电阻。

（4）反馈环节：$U_{fn} = a_n n$，式中 $a_n$ 为速度负反馈系数。

根据上述关系式，得到系统的稳态框图如图 4-14 所示。

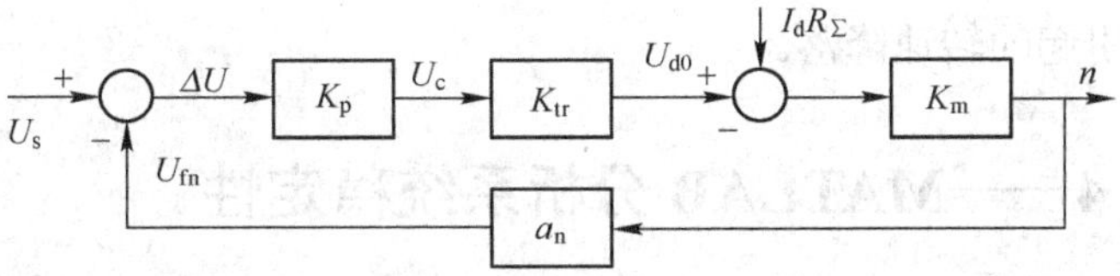


图 4-14　转速负反馈调速系统稳态框图

**2. 静特性方程式**

稳态框图是动态框图在 $s$=0 时的特殊情况，动态框图的处理方法在稳态框图中仍适用。根据图 4-14 所示转速负反馈有静差调速系统的稳态框图，可直接得到系统的静特性方程式为

$$n = \frac{K_p K_{tr} K_m}{1 + K_p K_{tr} K_m a_n} U_s - \frac{K_m I_d R_a}{1 + K_p K_{tr} K_m a_n} = \frac{K_p K_{tr} K_m}{1 + K_n} U_s - \frac{K_m I_d R_a}{1 + K_n} = n_{0c} - \Delta n_c$$

式中 $K_n = K_p K_{tr} K_m a_n$ 为转速负反馈系统的开环放大倍数；$n_{0c}$ 为闭环系统的理想空载转速；$\Delta n_c$ 为闭环系统的稳态速降。

**3. 系统的静特性分析**

由闭环系统的静特性方程式可得开环系统（$a_n = 0$）的机械特性方程为：

$$n = K_p K_{tr} K_m U_s - K_m I_d R_a = n_{00} - \Delta n_0$$

$n_{00}$ 为开环系统的理想空载转速；$\Delta n_0$ 为开环系统的稳态速降。

可得出系统由开环构成转速负反馈闭环时的结论：

（1）在同样大小负载下，由 $I_d R_\Sigma$ 引起的转速降 $\Delta n_c$ 是开环系统开环转速降 $\Delta n_0$ 的 1/（$1+K_n$）倍，这是闭环系统的突出优点。

（2）当要求的静差率 $s$ 一定时，闭环系统的调速范围增大为开环时的（$1+K_n$）倍。

（3）适当增加放大器 $K_p$ 可以提高系统的开环放大倍数 $K_n$，可以把系统的稳态误差减小到允许范围内，提高静特性硬度。

直流调速系统的稳态速降是由电枢回路中电枢电阻 $R_\Sigma$ 压降引起的，构成闭环系统后这个压降并没有改变。下面分析闭环系统静特性变硬的物理实质。

在开环系统中，当负载电流增大时，电动机的转速将随电枢回路电阻压降的增大而降低。而在闭环系统中，由于引入转速负反馈，转速稍有下降，反馈电压也随之减小，通过放大器的比较和放大，晶闸管整流装置的输出电压 $U_{d0}$ 提高，使系统工作在新的机械特性上，因而转速能回升，使得闭环系统的稳态速降比开环时小得多。如图 4-15 所示，设电动机原来工作在 A 点，负载加大时，开环系统的转速应沿着 $U_{d1}$ 对应的固有机械特性下降，在闭环系统中，转速也要下降，使 $U_{fn}$ 下降，$\Delta U$ 增大，通过放大后使 $U_{d1}$ 增大为 $U_{d2}$，电动机工作在 B 点，稳态速降比开环时小很多。由于闭环系统的自动调节作用，每增加一点负载，就相应提高一点整流电压，也就改变一条开环机械特性。闭环系统静特性就是在许多条开环机械特性上各取一个相应的工作点，再由这些点集合而成。闭环系统静特性变硬的实质是闭环系统通过改变 $U_d$ 补偿因负载变化引起的转速降落。

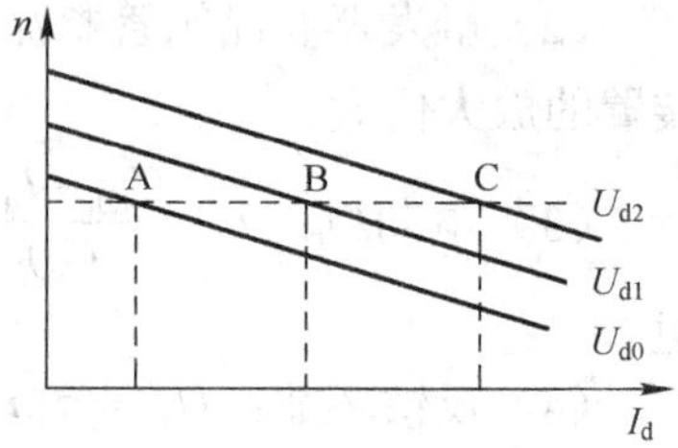

图 4-15　闭环系统静态特性曲线图

## 4.5　知识链接 4——MATLAB 分析系统稳定性

**引导问题：**

1. 阶跃响应实现方法。
2. MATLAB 求取系统特征根的方法。
3. MATLAB 绘制幅频特性曲线的方法。

### 4.5.1　MATLAB 时域分析

任何一个控制系统在典型信号作用下的时间响应都由动态过程和稳态过程两部分组成。动态过程是系统在典型信号作用下，系统从初始状态到最终状态的过程。根据系统结构和参数选择的情况，动态过程表现为衰减、发散和等幅振荡几种形式。一个可以正常工作的控制系统，其动态过程必须衰减，也就是说，系统必须是稳定的。

稳态过程是系统在典型信号作用下，时间趋于无穷时输出量的表现形式。稳态过程反映系统输出量最终复现输入量的过程，它提供了稳态误差的信息，用系统的稳态性能来描述，稳态过程又称为稳态响应。

**1. 一阶系统的时域分析**

一阶系统的传递函数为 $G(s)=\dfrac{1}{Ts+1}$。下面以前面所讲的典型输入信号：单位阶跃信号、脉冲信号、单位斜坡信号为例，分析该系统的时域响应。

当输入信号 $r(t)=1(t)$ 时，系统响应 $c(t)$ 为单位阶跃响应。结合 MATLAB 进行一阶系统时域分析，可以方便地得到响应曲线(设定 $T$=2s)。

此时系统的传递函数为： $G(s)=\dfrac{C(s)}{R(s)}=\dfrac{1}{2s+1}$

打开 MATLAB 后，在 command window 窗口中输入：

```
>> num=1;            %定义分子
>> den=[2 1];        %定义分母
>> g=tf(num,den);    %形成传递函数
>> step(g)           %绘制系统阶跃响应曲线
>> grid on           %给曲线加入刻度
```

得到如图 4-16 所示的响应曲线，从图中可以很清楚地看到，当 $t=T$ 时，$c(t)=1-\mathrm{e}^{-1}=0.632$ 。

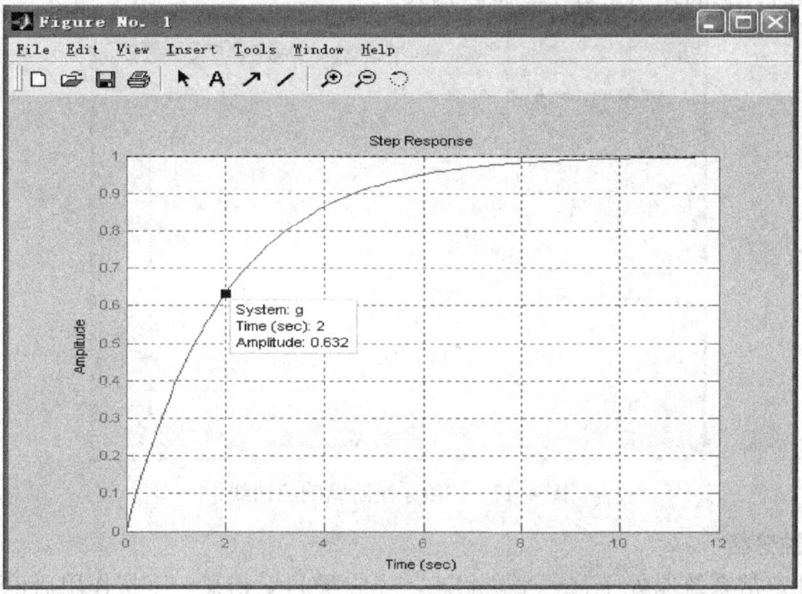


图 4-16　一阶系统单位阶跃响应曲线

若要求取一阶系统脉冲信号、单位斜坡信号，只需要将 step(g)换为 impulse(g)或 ramp(g)即可。

**2．二阶系统时域分析**

为了对二阶系统的研究具有普遍的意义，通常把它的传递函数写成如下的标准形式

$$G(s)=\frac{C(s)}{R(s)}=\frac{\omega_{\mathrm{n}}^2}{s^2+2\xi\omega_{\mathrm{n}}s+\omega_{\mathrm{n}}^2},$$

其中，$\omega_{\mathrm{n}}$ 称为自然频率，$\xi$ 称为阻尼比。

当 $\omega_{\mathrm{n}}$ 确定时，系统瞬态响应和 $\xi$ 的取值有关。下面用 MATLAB 分析在不同 $\xi$ 值时，相应系统的输出响应。

```
% ωn =1
% ξ =0.1，0.2，1，10
>> n1=1;d1=[1 0.2 1];
>> g1=tf(n1,d1);
```

```
>> n2=1;d2=[1 0.4 1];
>> g2=tf(n2,d2);
>> n3=1;d3=[1 2 1];
>> g3=tf(n3,d3);
>> n4=1;d4=[1 20 1];
>> g4=tf(n4,d4);
>> step(g1,g2,g3,g4)
>> grid on
```

得到如图 4-17 所示的响应曲线。可知二阶系统随着阻尼比$\xi$的不同，阶跃响应都有较大的差异。但它们响应的稳态分量都是 1，这表明在阶跃输入信号下，系统稳态误差都为零，即在稳态时，它的输出总等于其阶跃输入。

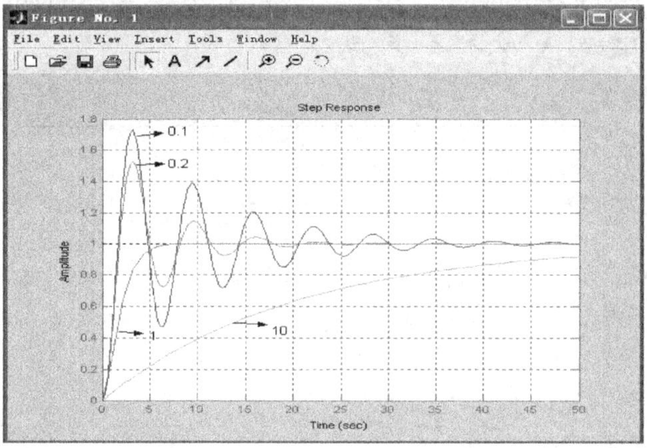


图 4-17　二阶系统阶跃响应曲线

**3．稳定性分析**

设一线性定常系统原处于某一平衡状态，当它瞬间受到某一干扰作用后偏离了原来的平衡状态，当此干扰撤销后，系统仍能回到原来平衡状态，则称该系统是稳定的，反之，系统为不稳定。由此可知，系统稳定性是表征系统在扰动撤消后自身的一种恢复能力，因而它是系统的一种固有特性。

系统稳定与否完全取决于它本身的结构和参数，即取决于系统特征方程式根实部的符号，与系统的初始条件和输入无关。如果系统特征方程式的根都是负实根，则系统是稳定的，反之，若系统特征方程式的根中有一个或一个以上实部为正的根，系统不稳定。如果系统特征方程式的根有一对共轭虚根，其余的根均在 $s$ 的左平面，则对应系统为临界稳定。在 MATLAB 中，可用 roots 函数直接求取系统的特征根，根据系统的根正负即可判断系统的稳定性。

其调用格式为 roots(c)，式中 c 为多项式系数向量。以上面的调速系统为例进行系统稳定性分析。

打开 MATLAB 后，在 command windows 窗口中输入：

```
>> roots([1 41.5 517 23000])        %求解闭环传递函数分母多项式的根
ans =
  -42.1728
    0.3364 +23.3508i
    0.3364 -23.3508i
```

可见系统的特征根中有两个正实部，因此系统是不稳定的。

### 4.5.2 MATLAB 频域分析

自动控制系统的闭环稳定性是系统分析和设计所要解决的首要问题，奈奎斯特稳定判据（奈氏判据）和对数频率稳定判据是两种应用广泛的稳定判据，应用频域稳定判据不需要求取闭环系统的特征根，而是由开环系统的频率特性绘制开环系统的频率特性，进而分析闭环系统的稳定性。

**1．奈奎斯特稳定判据**

反馈控制系统中，令特征方程为$F(s)=1+G(s)H(s)$，令

$$G(s)H(s)=\frac{K(s+z_1)(s+z_2)\cdots(s+z_m)}{(s+p_1)(s+p_2)\cdots(s+p_n)}$$

得到 $F(s)=\dfrac{K_1(s+z_1^{'})(s+z_2^{'})\cdots(s+z_n^{'})}{(s+p_1)(s+p_2)\cdots(s+p_n)}$，式中，$-z_1^{'},-z_2^{'},\cdots,-z_n^{'}$ 是 $F(s)$ 的零点，$-p_1$，$-p_2$，…，$-p_n$ 是$F(s)$的极点。根据幅角原理，满足$Z=P-R$，式中 $Z$ 为零点数，$P$ 为极点数，$R>0$ 表示曲线逆时针包围（−1，j0）的周数，$R<0$ 表示曲线顺时针包围（−1，j0）的周数。

由闭环系统稳定的充分必要条件，得 $Z=0$，要求 $P=R$。奈奎斯特曲线手工绘制较难，结合 MATLAB 进行分析比较简便。

**【例 4-1】** 若一个单位负反馈系统的开环传递函数为$G_1(s)=\dfrac{18}{(3s+1)(2s+1)(s+1)}$，试用奈奎斯特判据判断其闭环系统的稳定性。

**解**：打开 MATLAB 软件，在 command window 窗口中输入：

```
>> num=18;
>> den=conv([3 1],[2 3 1]);
>> nyquist(num,den)
>>grid on
```

得到如图 4-18 所示的奈奎斯特曲线，根据题意，开环传递函数$G_1(s)$在右半 s 平面的极点数为 0，即 $P=0$，由图上可知，奈氏曲线顺时针包围（−1，j0）点 2 周，即 $R=-2$，根据奈氏稳定判据，可以求出闭环系统在右半 s 平面的零点数为 $Z=P-R=0-(-2)=2$，故系统不稳定。

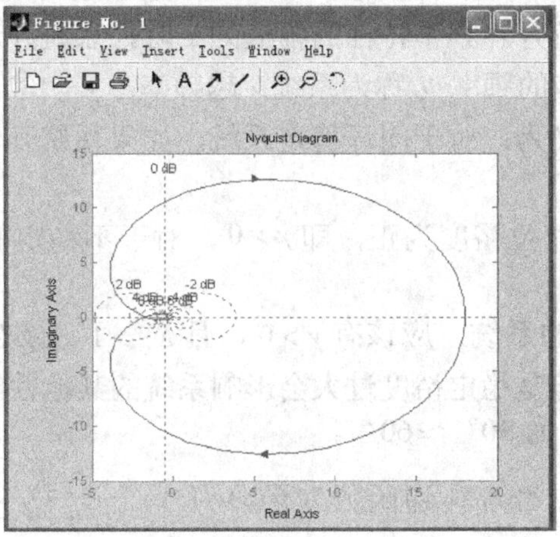


图 4-18 奈奎斯特曲线

**2．对数频率稳定判据**

对数频率稳定判据实质是奈奎斯特稳定判据在开环伯德图上的具体应用。由于开环对数频率特性又可以通过实验获得，因此在工程上获得了广泛的应用。系统在频域的相对稳定性即稳定裕量常用幅值裕度$K_g$和相位裕度$\gamma$来衡量。

（1）幅值裕度$K_g$　系统开环相频特性为$-180^\circ$时，系统开环频率特性幅值得倒数定义为幅值裕度，所对应的频率$\omega_g$称为系统截止频率，即$K_g=\dfrac{1}{|G(\mathrm{j}\omega_g)H(\mathrm{j}\omega_g)|}$

式中，满足$\varphi(\omega_g)=-180^\circ$。幅值裕度$K_g$的物理意义为：对于闭环稳定系统，如果系统的开环增益再放大$K_g$倍，则系统处于临界稳定状态。对于稳定的系统，幅值裕度$K_g>1$（$K_g(\mathrm{dB})>0$），幅值裕度为正值，对于不稳定的系统，幅值裕度$K_g<1$（$K_g(\mathrm{dB})<0$），幅值裕度为负值，如图 4-19 所示。

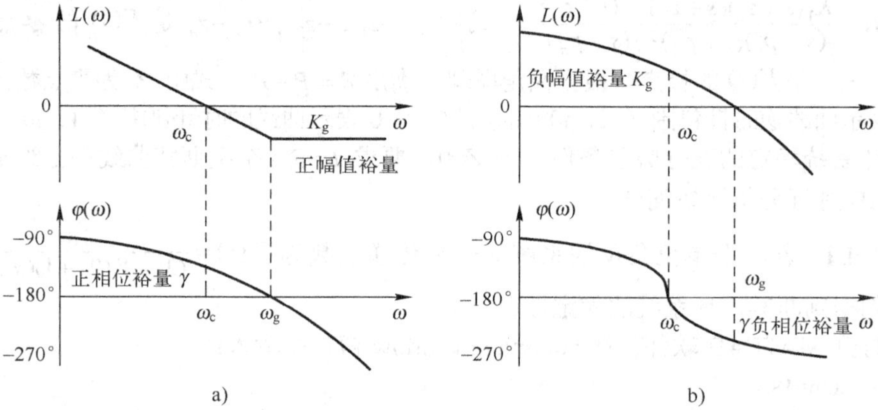


图 4-19　稳定系统与不稳定系统伯德图

a) 稳定系统　b) 不稳定系统

通常幅值裕度大的系统，其稳定性优于幅值裕度小的系统，但是，幅值裕度只是表征系统相对稳定性的指标之一，仅仅用幅值裕度还不能充分表示所有系统的稳定程度，尤其是在研究除开环增益外的其他参数对系统效能影响时，情况更是如此。

（2）相位裕度$\gamma$　系统开环频率特性的幅值为 1 时，系统开环频率特性的相角与$180^\circ$之和定义为相位裕度，所对应的频率$\omega_c$称为系统穿越频率。$\gamma=180^\circ+\varphi(\omega_c)$。

相位裕度$\gamma$的物理意义为：对于闭环稳定系统，如果系统开环相频特性再滞后$\gamma$度，则系统将处于临界稳定状态。

对于稳定的系统，其相位裕度为正，即$\gamma>0$，对于不稳定的系统，其相位裕度为负，即$\gamma<0$，如图 4-19 所示。

结论：对于闭环稳定的系统，应该有$\gamma>0$，且$K_g>1$。显然，幅值裕度和相位裕度越大，系统的稳定性越好。但是稳定裕度过大会影响系统的其他性能。过程上一般选择幅值裕度为 6～20dB，相位裕度$\gamma$为 30°～60°。

**【例 4-2】** 某控制系统开环传递函数为$G(s)H(s)=\dfrac{K}{s(s+1)(s+2)}$，试分别求出 $K$=1 和 $K$=20 时，系统的幅值裕度$K_g(\mathrm{dB})$和相位裕度$\gamma$。

**解**：当 $K$=1 时，系统开环传递函数为 $G(s)H(s)=\dfrac{1}{s(s+1)(s+2)}$。

打开 MATLAB 软件，在 command window 窗口中输入：

```
>> num=1;
>> den=conv([1 1 0],[1 2]);
>> bode(num,den)
>>grid on
```

伯德图如图 4-20 所示，系统的幅值裕度 $K_g$ =15.6dB，相位裕度 $\gamma=180^\circ+(-127^\circ)=53^\circ$，因此当 $K$=1 时，闭环系统是稳定的。

当 $K$=20 时，系统开环传递函数为 $G(s)H(s)=\dfrac{20}{s(s+1)(s+2)}$。

打开 MATLAB 软件，在 command window 窗口中输入：

```
>> num=20;
>> den=conv([1 1 0],[1 2]);
>> bode(num,den)
>>grid on
```

伯德图如图 4-21 所示，系统的幅值裕度 $K_g=-10.3$dB，相位裕度 $\gamma=180^\circ+(-208^\circ)=-28^\circ$，因此当 $K$=20 时，闭环系统是不稳定的。

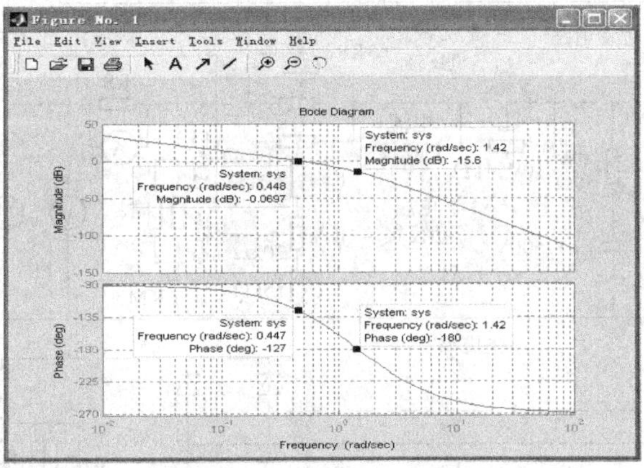


图 4-20　$K$=1 时系统伯德图

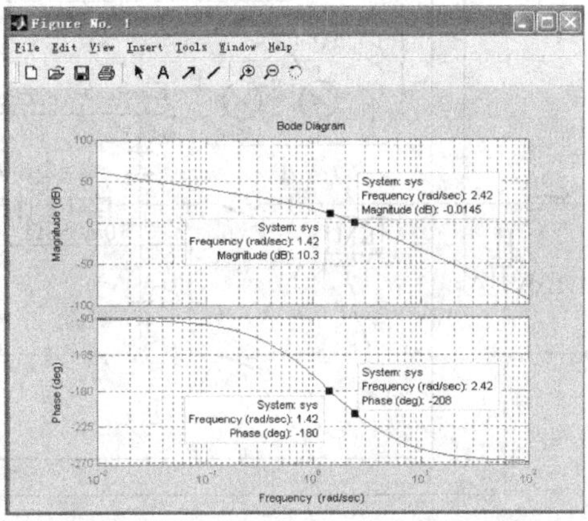


图 4-21　$K$=20 时系统伯德图

## 4.6　实践操作——直流调速系统分析与调试

引导问题：

1. 直流调速系统实物结构与技术参数。
2. 直流调速系统额定转速实现方法。
3. $RP_1$ 参数在调节系统输出时的作用。
4. 系统振荡的原因与调试方法。

### 4.6.1 结构特点和技术数据

图 4-22 为小功率有静差直流调速系统线路图，此为小容量晶闸管直流调速装置，适用于 4kW 以下直流电动机无级调速。装置的电源电压为单相交流 220V，输出电压为直流 160V，输出最大电流 30A；励磁电压为直流 180V，励磁电流为 1A。系统主要配置 Z3 系列（电枢电压 160V，励磁电压 180V）的小型直流他励电动机。装置的主回路采用单相桥式半控整流电路。具有电压负反馈、电流正反馈和电流截止负反馈环节。

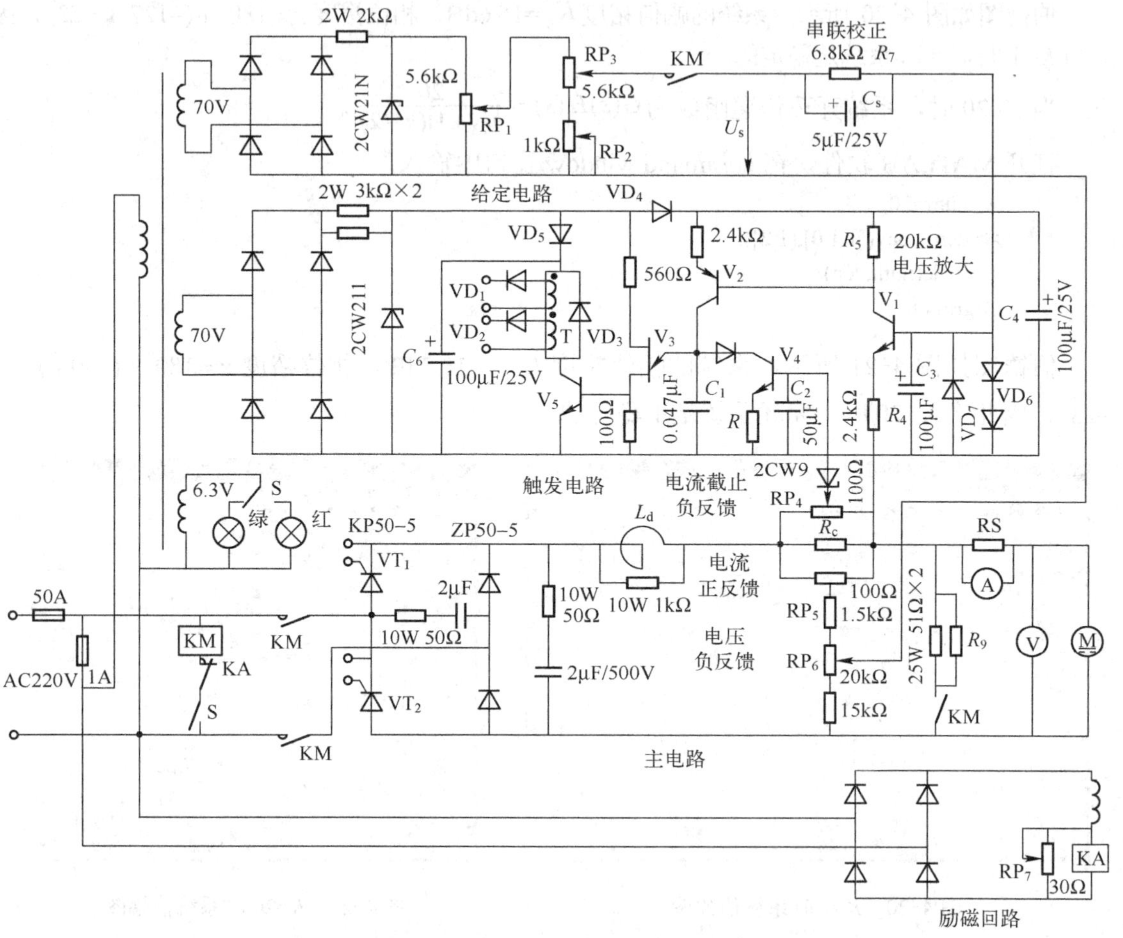


图 4-22 小功率有静差直流调速系统

**1．定性分析**

对实际系统分析，一般是先定性，后定量。即先分析各环节和各元件的作用，搞清系统的工作原理。

分析晶闸管调速系统线路的一般顺序是：

主电路→触发电路→控制电路→辅助电路（包括保护、指示、报警等）。现依次分析如下：

（1）主电路　该系统容量小，调速要求不高，故采用单相桥式半控桥整流电路。交流输入直接由 220V 交流电源供电，考虑到允许电网电压波动±5%，因此能够确保的最大直流电

压为 $U_d$=0.9×220V×(1-0.05)=188V，式中 0.9 为全波整流系数。

由计算结果，可以选配额定电压为 180V 的电动机。但由于单相晶闸管整流装置的等效内阻往往较大（几欧~几十欧），为了使输出电压有较多的调节裕量，现在对单相整流供电的电动机，较多采用额定电压为 160V 的电动机。若采用额定电压为 220V 的电动机，则要通过变压器提高输入电压再使用。

主电路中，桥臂上的两个二极管串联排在一侧，这样它们可以兼起续流二极管的作用，但这样对晶闸管元件的耐压要求提高了，而且由于两个晶闸管阴极间没有公共端，脉冲变压器的两个二次侧间将会有 $\sqrt{2}\times220$V 的峰值电压。因此对两个二次侧间的绝缘要求也要提高。

在要求较高，或容量稍大（2.2kW 以上）的场合，应接入平波电抗器 $L_d$，以限制电流脉动，改善换向条件，减少电枢损耗，并使电流连续。但接入电抗器后，会延迟晶闸管擎住电流的建立，而单结晶体管张弛振荡器脉冲的宽度是比较窄的，为了保证触发后可靠导通，在电抗器 $L_d$ 两端并联一电阻（$R_{11}$），以减少擎住电流建立的时间。另一方面，在主电路突然断路时，该电阻为电抗器提供放电回路，减少了电抗器产生的过电压。

为了加快制动和停车，采用了能耗制动。$R_9$ 为能耗制动电阻。主电路中 RS 为电流表外配的分流器。为了限制浪涌电压，主电路的交流两侧均有阻容吸收电路。主电路中的 S 为手动开关，KM 为主电路接触器。

电动机励磁由单独的整流电路供电，为了防止失磁而引起“飞车”事故，在励磁电路中，串入欠电流继电器 KA，只有当励磁电流大于某数值时，KA 才动作。在主电路的接触器 KM 的控制回路中，串接 KA 常开触点。只有当 KA 动作，KA 常开触点闭合，主接触器 KM 才能吸合，从而保证了励磁回路有足够大的电流。KA 以通用小型继电器（JTX-6.3V）代用，它的动作电流可通过分流电位器 $RP_7$ 进行调整。

（2）触发电路　触发电路采用由单结晶管（UJT）组成的张弛振荡器。$V_3$ 为单结晶体管，$V_3$ 下方电阻为输出电阻，$V_3$ 上方电阻为温度补偿电阻。以放大管 $V_2$ 控制电容 $C_1$ 的充电电流。$V_5$ 为功放管，T 为脉冲变压器。$VD_5$ 为隔离二极管，它使电容 $C_6$ 两端电压能保持在整流电压的峰值，在突然导通时，$C_6$ 放电，可增加触发脉冲的功率和前沿的陡度。$D_5$ 的另一个作用是阻挡 $C_6$ 上的电压对单结晶体管同步电压的影响。

当晶体管 $V_2$ 基极电位降低时，$V_2$ 基极电流增加，其集电极电流（即电容 $C_1$ 充电电流）也随着增加，于是电容电压上升加快，使 $V_3$ 更早导通，触发脉冲前移，晶闸管整流器输出电压增加。

（3）放大电路　由晶体管 $V_1$、$R_5$、$R_6$ 组成的单管放大器，在 $V_1$ 基极综合给定信号与反馈信号。两只串联的二极管 $VD_6$ 作为正向限幅器，与之并联的 $VD_7$ 作为反向限幅器。

为使放大电路供电电压平稳，通常并联一电容 $C_4$。但并联电容后，将使电压过零点消失。为了实现同步，张弛振荡器电源需要有过零点（即削波电压），其电源两端又不可以并联电容。又由于两者共用一个电源，为同时满足上述二者的要求，所以用二极管 $VD_4$ 加以隔离。

（4）控制电路

1）反馈形式的选择。可间接地用电压 $U_d$ 的降低和电流 $I_d$ 的上升来反映负载增加和转速降低的程度。于是采用电压负反馈和电流正反馈环节来代替转速负反馈。

2）控制信号的综合。由图 4-23 可见，控制信号为给定信号 $U_s$、电压负反馈信号 $U_{fv}$

和电流正反馈信号 $U_{fi}$ 的综合，即$\Delta U=U_s-U_{fv}-U_{fi}$。对这三个信号的取出和调节现分别介绍如下：

① 给定电压 $U_s$ 由稳压电源通过电位器 $RP_1$、$RP_2$ 和 $RP_3$ 供给。其中 $RP_1$ 整定最高给定电压（对应最高转速），$RP_2$ 整定最低给定电压（对应最低转速），$RP_3$ 为手动调速电位器（一般采用线性电位器）。

② 电压负反馈信号 $U_{fv}$ 由电阻 1.5kΩ、15kΩ 和电位器 $RP_6$ 分压取出，$U_{fv}$ 与电枢电压 $U_d$ 成正比，$U_{fv}=\gamma U_d$，式中$\gamma$为电压反馈系数。调节 $RP_6$ 即可调节电压反馈量大小。由于电压信号为负反馈，所以 $U_{fv}$ 与 $U_s$ 极性相反。图 4-23 中，1.5kΩ 电阻限制 $U_{fv}$ 的上限，15 kΩ 限制 $U_{fv}$ 的下限。

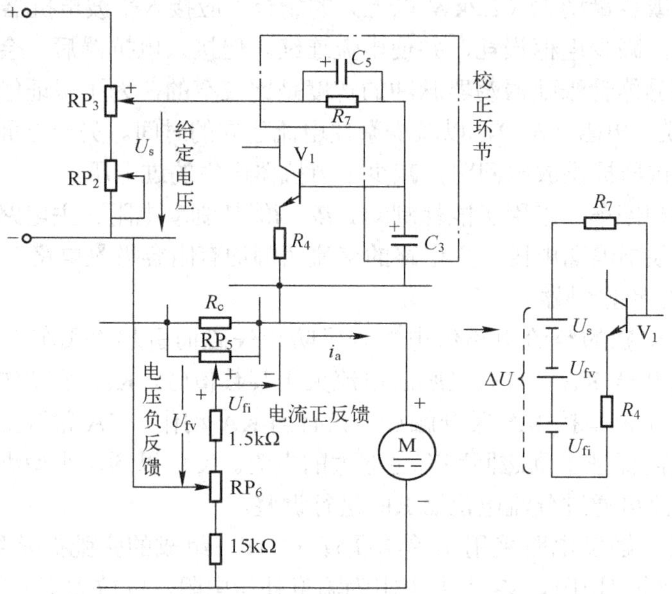


图 4-23　控制信号的综合与控制作用

③电流反馈信号 $U_{fi}$ 由电位器 $RP_5$ 取出。电枢电流 $I_d$ 主要流过取样电阻 $R_c$（此处为 0.125Ω）、功率足够大（此处为 20W）的电阻。电位器 $RP_5$ 的阻值（此处为 100Ω）较 $R_C$ 大得多，所以流经 $RP_5$ 的电流是很小的，$RP_5$ 的功率比 $R_c$ 的功率小得多。由 $RP_5$ 分压取出的电压 $U_{fi}$ 与 $I_dR_C$ 成正比，亦即 $U_{fi}$ 与电枢电流 $I_d$ 成正比，$U_{fi}=\beta I_d$，式中 $\beta$ 为电流反馈系数。调节 $RP_5$ 即可调节电流反馈量的大小。

（5）电流截止保护电路　电流截止保护电路主要由电位器 $RP_4$、稳压管 2CW9、三极管 $V_4$ 组成。现将此环节单独画出，如图 4-24 所示。

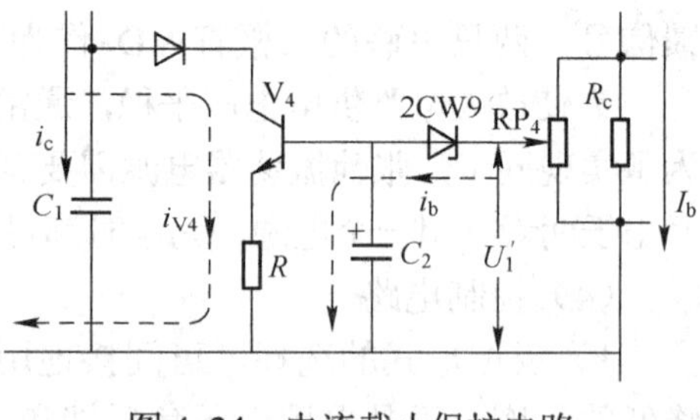


图 4-24　电流截止保护电路

电流截止反馈信号（$U_I$）由电位器 $RP_4$ 分压取出，$RP_4$ 与 $RP_5$ 一样，与取样电阻 $R_C$ 并联。当电枢电流 $I_d$ 超过截止值，通过整定 $RP_4$，使 $U_I'$ 击穿稳压管 2CW9，并使晶体管 $V_4$ 导通。而 $V_4$ 导通后，将触发电路中的电容 $C_1$ 旁路，使对 $C_1$ 的充电电流减小，触发脉冲后移，晶闸管输出电压下降，电流下降，从而限制了电枢电流 $I_d$ 过大的增加。当电流 $I_d$ 降低以后，2CW9 又恢复阻断状态，$V_4$ 也恢复到截止状态。系统自动恢复正常工作。

由于主电流是脉动的，甚至是断续的，因此，瞬时电流有时很小，甚至为零。此时，$V_4$ 不能导通，失去电流截止作用。为此，在 $V_4$ 的 b、e 极间并联滤波电容 $C_2$，使电流截止负反馈信号成为较平稳的信号。

为了防止电枢冲击电流产生过大的电压 $U_I'$，而将 $V_4$ 的 bc 结击穿，造成误发触发脉冲，因此在 $V_4$ 集电极串入一个二极管。

（6）抗干扰、消振荡环节　由于晶闸管整流电压和电流中含有较多的高次谐波分量，而主要的反馈信号又取自整流电压和电流，因此，加到放大器输入端的偏差电压（$\Delta U$）中便含有较多的谐波分量，这会影响调速系统的稳定，出现振荡现象。所以在放大器 $V_1$ 的基极并联一电容 $C_3$。$R_7$ 与 $C_3$ 组成滤波电路，使高次谐波旁路，$C_3$ 容量越大，滤波效果越好。但 $C_3$ 会影响系统动态过程的快速性，所以在 $R_7$ 上再并联一微分电容 $C_5$，参见图 4-22。这种兼顾了稳定性与快速性两个方面的要求，在自动控制原理中又称为滞后 — 超前串联校正。

**2. 系统的自动调节过程**

系统除电动机内部的调节作用外，主要依靠电压负反馈和电流正反馈环节起自动调节作用。当负载增加时，由于电流 $I_d$ 的增加，$U_d$ 的降低，使 $U_{fi}$ 增加、$U_{fv}$ 减少，从而使 $\Delta U$ 增加（$\Delta U=U_s-U_{fv}+U_{fi}$），$U_K$ 增加，整流装置输出电压 $U_{d0}$ 增加。并进而使电流增加，电磁转矩 $T_d$ 增加。这样，系统的机械特性将得到很大的改善。同理，当电流超过截止值时，电流截止负反馈起作用，与上节的分析相同，同样出现很陡的下垂特性。

电阻 $R_{01}$、$R_{02}$ 和电容 $C_0$ 组成了 T 形输入滤波电路，它主要是为了滤去输入信号中的谐波分量，并起延缓作用。对稳态，电容 $C_0$ 相当于断路，其输入回路电阻 $R_0=R_{01}+R_{02}$（一般取 $R_{01}=R_{02}$,其阻值取 10～20kΩ 之间）。对动态，输入滤波器相当一个“惯性环节”。

## 4.6.2　系统调试

**1. 电动机起动**

| | 电压反馈信号电位器 $RP_6$ | 电流反馈信号电位器 $RP_5$ | 转速给定电位器 $RP_3$ | 电动机转速 |
|---|---|---|---|---|
| 调节信号 1 | | | | |
| 调节信号 2 | | | | |
| 调节信号 3 | | | | |

根据对应的参数，用 MATLAB 软件建立仿真系统模型，对实际输出转速与仿真输出转速进行比较，分析系统的时域性能、幅频特性。

**2. 额定转速的实现**

缓慢将转速给定电位器调至全速位置，看转速是否能达到额定值。如达不到全速运行，将 $RP_6$ 调小，直到能全速运行为止。

| | 转速给定电位器 $RP_3$ | 电压反馈信号电位器 $RP_6$ | 电动机转速 |
|---|---|---|---|
| 调节信号 1 | 全速位置 | | 额定转速 |
| 调节信号 2 | 全速位置 | | 额定转速 |
| 调节信号 3 | 全速位置 | | 额定转速 |

**3．电动机转速为零速的实现**

将静态特性调整在 10∶1 的调速范围内，并调整 $RP_2$ 使 $RP_6$ 在零速位置时，电动机转速为零。

记录：$RP_2$ 此时的调节信号大小。

**4．调速率 5%的实现**

| | 电流反馈信号电位器 $RP_5$ | 电压反馈信号电位器 $RP_6$ | $RP_1$ | 电动机转速（调速率 5%） |
|---|---|---|---|---|
| 调节信号 1 | | | | |
| 调节信号 2 | | | | |
| 调节信号 3 | | | | |

### 4.6.3 常见故障的分析与处理

**1．电动机过电压**

调速系统由 3 环组成。最外环为电动机速度环，中环为主回路电流环，内环为发电机励磁电流环。速度环因故开环时，其调节器输出达到限幅值，使调速系统一直处于起动状态，发电机励磁电流达到限幅值，发电机输出电压达最大值，从而引起轧制电动机过电压。

停电检查，如果反馈回路均完好，则可判断故障原因是通断速度环、主回路电流环的直流快速开关未合到位，只要排除快速开关故障，电动机的电压就可恢复正常。

**2．系统振荡**

系统振荡通常由系统元件老化、参数变化或插件接触不良等引起。速度、电流双环调速系统的电流环因故开环，也会引起振荡，且正、反向运转时振荡强弱程度一致。如果正、反向振荡强弱不一致，在一般情况下，故障点不在公共通道，但实际运行中也有例外。

（1）给定回路因接触器触点吸合不好，时通时断，且通断频率较高，从而导致给定值时有时无。用万用表测量，看不出给定值的变化，但用示波器观察，会发现给定值有断续情况。

（2）直流测速机引出线绝缘层磨损，与接地极摩擦产生干扰。测速反馈信号的干扰强度随电动机正、反转而变化，用示波器观察测速发电机输出信号，发现上面有许多不规则毛刺。

**3．直流输出缺少 2 个波头**

正常工作时，直流输出 6 个波头，且每时每刻共阴极组和共阳极组各有一个晶闸管同时导通，输出电压波头依次为 $U_{ab}$，$U_{ac}$，$U_{bc}$，$U_{ba}$，$U_{ca}$，$U_{cb}$，均为线电压的一部分，此过程循环重复。假设整流输出波形缺少 $U_{ba}$ 和 $U_{ca}$ 2 个波形，显然都与共阳极组的 a 相晶闸管有关，以此类推。针对未导通的晶闸管，查找是触发脉冲问题，还是晶闸管本身问题，确定后排除故障。

**4．直流快速开关频繁跳闸**

在实际运行中，我们发现由于过电流检测（由一块集成运放比较电路组成）中的运放元件损坏，使过流检测回路输出故障电平，造成直流快速开关误动作。这种现象开始时，间隔时间较长，后来越来越频繁，发展到最后，直流快速开关一经合上，立即跳闸。对这一故障的处理，更换运放器件即可。对于模拟系统，天长日久，参数发生变化是常有的事。为减少故障的产生，需根据实际情况，定期对调速系统的参数进行校验。

**5. 电压限幅输出不可调节**

直流输出电压与给定指令大小无关而达到限幅值，应停电检查各反馈回路是否完好，主回路直流快速开关是否接通。

**6. 外部过电流**

通常外部过电流包括几种情况：短路、外部线路故障、过大的短时电流冲击和强过载。这种故障现象比较明显，表现为快熔熔断，个别严重情况下晶闸管才会被击穿。

**7. 换相过电压**

所谓换相过电压，是指由于回路中存在电感，晶闸管整流元件在换相时，即由一个元件导通向另一个元件导通的转换过程中，将在阳极电源侧产生很高的尖峰电压—换相过电压。换相过电压的产生，对阳极侧的有关设备如整流变压器、串联变压器、阳极电缆、晶闸管元件及其保护回路等都带来不利影响，尤其是对晶闸管本身影响最大，严重时将造成晶闸管元件的击穿损坏。

针对这一种现象，目前常用的设计手段就是给晶闸管并联一组 RC，通过 RC 抑制换相过电压，将其控制到可以接受的程度。如果是换相过电压出了问题，大概有以下几种可能：RC 参数与现场实际情况不匹配、低压动补等设备干扰以及电阻电容本身损坏。如果是因为电阻电容本身的问题，那么对应的现象就是每次故障都在同一个位置。反之则表现为晶闸管寿命较短，进线侧压敏电阻偶尔出现过压。

## 4.7 知识拓展 1——控制系统校正设计

引导问题：

1. 串联校正的思路与优点。
2. PD 校正的优点与缺点。
3. PID 校正的优点与缺点。

控制系统分析方法是借助于数学模型对系统固有的结构、参数和工作条件进行稳定性和动态性能分析，看其是否满足生产要求，以及某些参数变化时对上述性能的影响。但在实际工程中为了设计一个满足要求的控制系统，固有系统往往不能满足要求，此时需要找到改善系统性能的方法，这就是系统的校正。

### 4.7.1 系统校正概述

**1. 系统校正的概念**

自动控制系统一般由控制器及被控对象组成。被控对象是指实现自动控制的机器、设备或生产过程，控制器则是指对被控对象起控制作用的装置总体，其中包括信号测量及转换装置、信号放大及功率放大装置、实现控制指令的执行机构等基本部分组成。在工程设计中，当确定了被控对象并制定出合理的性能指标后，就可进行系统的初步设计，这就是选择或设计控制器的基本组成部分。由控制器的基本组成部分及被控对象就能组成反馈控制系统。

一般来说，反馈控制的系统虽具有自动控制的功能，但其性能却难以全面满足设计的要求。为了改善控制系统的性能，人们可能希望修改反馈控制系统的参量，由于被控对象往往是不能改变的，因此就需要调整控制器基本组成部分的参量，通常在这一部分中除了放大器的增益外，其他都很难改变。但在多数情况下，仅调整增益并不能达到改善系统性能的目的。这是因为若要满足稳态精度的要求，就需要增大系统的开环增益；而开环增益的增大，必然会导致系统动态性能的恶化，如振荡加剧，超调量增大，甚至会产生不稳定现象。这时为使系统能同时满足动态和稳态性能指标的要求，就需要在系统中引入用于改善性能的附加装置，这种附加装置称为校正装置。在研究系统校正装置时，为了方便，将系统中除了校正装置以外的部分，包括被控对象及控制器的基本组成部分一起，称为“固有部分”。因此，控制系统的校正，就是按给定的固有部分和要求的性能指标，选择和设计校正装置。

**2. 系统指标的确定**

系统的性能指标是设计控制系统的依据，因此，必须合理地确定系统的性能指标。性能指标通常是使用者根据系统要完成的具体任务提出的，也有些指标往往并不明确给出，而是由设计人员根据设计要求进行转换。

系统性能指标的确立要切合实际需要，既要使系统能够完成给定的任务，同时也要考虑实现条件和经济效果。一般来说，所设计系统的性能指标不需要比完成给定任务所需要的指标更高，如果在设计过程中，发现很难满足给定的性能指标，或者设计出的控制系统造价太高，则需要对给定的性能指标作必要的修改。

工程上存在各种性能指标。一种指标对于某一类系统适用，但对另一类系统不一定适用，所以不同类型的系统需要不同类型的指标。此外，控制系统的很多校正方法是在频域里进行的，需要用频域指标，但时域指标具有直观、便于测量等优点，因此在许多场合下，时域和频域这两类指标常同时采用。

**3. 基本控制规律**

确定校正装置的具体形式时，应先了解校正装置提供的控制规律，以便选择相应的元件，包含校正装置在内的控制器，常常采用比例、积分、微分等基本控制规律，或者这些基本控制规律的某些组合，如比例-微分、比例-积分、比例-积分-微分等控制规律，以实现对被控对象的有效控制。

## 4.7.2 系统校正方法

**1. 系统校正的方式**

根据校正装置在系统中的位置，系统有多种校正方式，最常见的是校正装置和被控对象等固有部分串联，称为串联校正，如图 4-25a 所示；校正装置与被控对象作反馈联结，形成反馈回路，称为反馈校正，如图 4-25b 所示。为提高性能，也常采用图 4-26 所示的串联反馈校正；另外，还有如图 4-27 所示的前馈校正，在此，反馈控制与前馈控制并用，所以也称为复合控制系统。

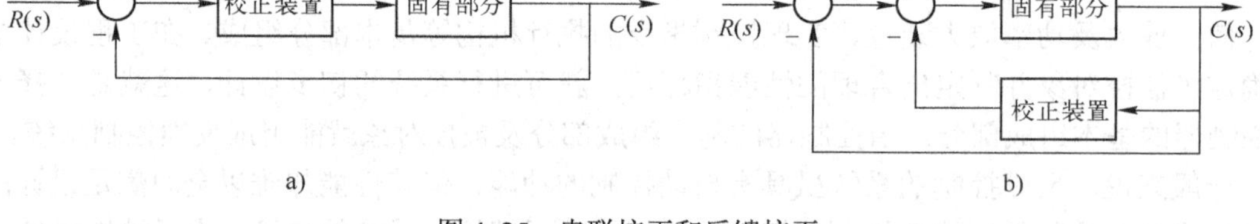


图 4-25　串联校正和反馈校正

a) 串联校正　b) 反馈校正

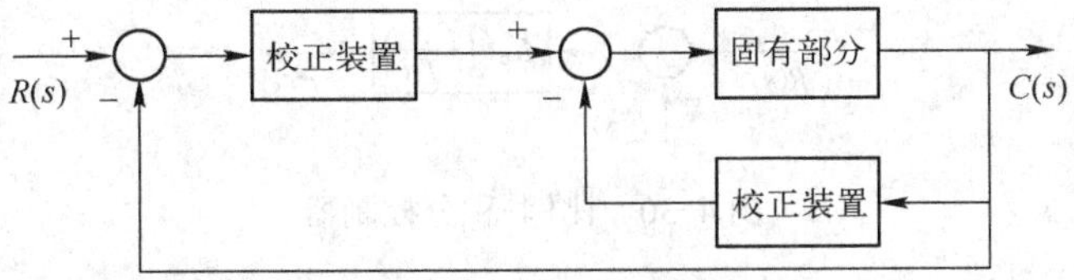


图 4-26 串联反馈校正

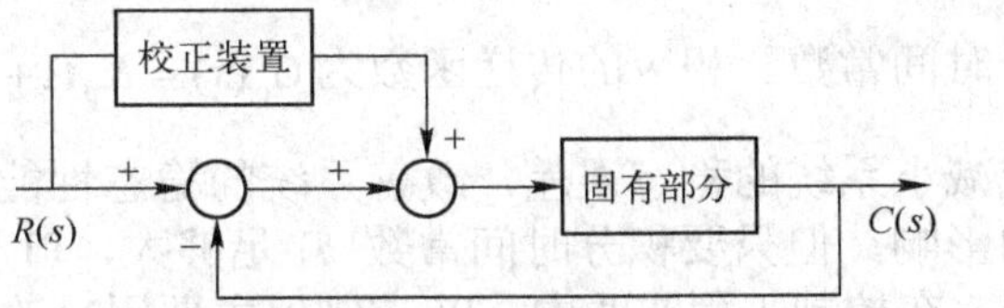


图 4-27 前馈校正

选择何种校正装置，主要取决于系统结构的特点、采用的元件、信号的性质、抗扰性要求及其他条件。串联校正简单，较易实现，多采用有源校正网络，并设于系统前向通道中能量较低的位置，以减少功率损耗。反馈校正的信号是从高功率点传向低功率点，通常采用无源网络组成，采用反馈校正还可以改造被反馈包围环节的特性，抑制这些环节参数波动或非线性因素对系统性能的不良影响。复合控制则对既要求稳态误差小，又要求响应平稳快速的系统尤为适用。

**2. 常用的校正环节**

（1）比例（P）控制规律　具有比例控制规律的控制器，称为 P 控制器，如图 4-28 所示。其输出信号 $c(t)$与输入信号 $e(t)$的关系为$c(t)=K_{\mathrm{p}}\mathrm{e}(t)$，式中 $K_{\mathrm{p}}$为比例系数。相应的传递函数为$G_{\mathrm{c}}(s)=K_{\mathrm{p}}$。

P 控制器实质上是一个具有可调增益的放大器。比例元件在信号变换中起着改变增益而不影响相位的作用。增大开环增益 $K_{\mathrm{p}}$ 将提高稳态精度，但又往往降低系统的稳定性，甚至可能造成闭环系统不稳定。因此，在系统校正设计中，很少单独使用比例控制规律。

（2）比例-微分（PD）控制规律　具有比例-微分控制规律的控制器，称为 PD 控制器，如图 4-29 所示。其输出信号 $c(t)$与其输入信号 $r(t)$的关系为$c(t)=K_{\mathrm{p}}\mathrm{e}(t)+K_{\mathrm{p}}\tau\dfrac{\mathrm{de}(t)}{\mathrm{d}t}$，式中 $K_{\mathrm{p}}$为比例系数, $\tau$为时间常数，$K_{\mathrm{p}}$与 $\tau$都是可调的参数，相应的传递函数为$G_{\mathrm{c}}(s)=K_{\mathrm{p}}(1+\tau s)$。

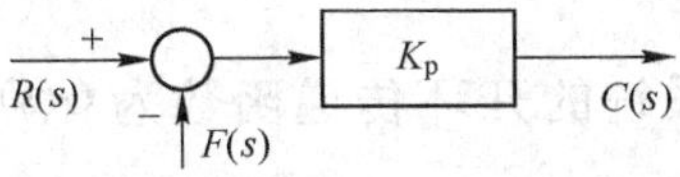


图 4-28 比例控制器

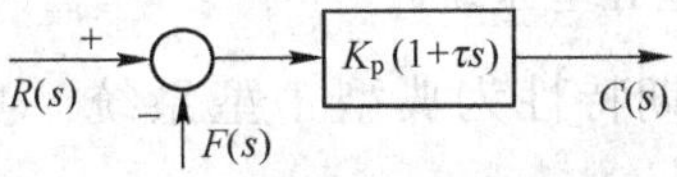


图 4-29 比例-微分控制器

PD 控制器中的微分控制规律，能提高系统的相角裕度，从而改善系统的动态性能，并对稳态性能没有影响，另外其对系统噪声非常敏感，存在放大噪声、降低系统抗干扰能力的缺点。

（3）比例-积分（PI）控制规律　由于积分控制规律能使信号产生 90° 的相角滞后，对系统的稳定性不利。因此，在系统校正设计中，很少单独使用 I 控制器，可与比例控制规律结合起来，构成 PI 控制器，如图 4-30 所示，应用于实际的控制系统。

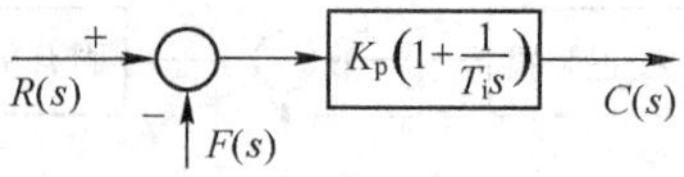


图 4-30　比例-积分控制器

其输出信号 $c(t)$和输入信号 $r(t)$的关系为：$c(t)=K_\mathrm{p}e(t)+\dfrac{K_\mathrm{p}}{T_\mathrm{i}}\int_0^t \mathrm{e}(t)\mathrm{d}t$ ，式中 $K_\mathrm{p}$ 为可调比例系数，$T_i$ 为可调积分时间常数。相应的传递函数为 $G_\mathrm{c}(s)=K_\mathrm{p}(1+\dfrac{1}{T_\mathrm{i}s})$。PI 控制器可以提高系统的型别，以消除或减小系统的稳态误差，改善系统的稳态性能；由于积分的作用可能对系统稳定性产生不利的影响，但只要积分时间常数 $T_\mathrm{i}$ 足够大，PI 控制器对系统稳定性产生的不利影响可大为减弱。在控制工程实践中，PI 控制器主要用来改善系统的稳态性能。

（4）比例-积分-微分（PID）控制规律　具有比例-积分-微分控制规律的控制器，称为 PID 控制器，如图 4-31 所示。其输出方程为

$$c(t)=K_\mathrm{p}\mathrm{e}(t)+\frac{K_\mathrm{p}}{T_\mathrm{i}}\int_0^t \mathrm{e}(t)\mathrm{d}t+K_\mathrm{p}\tau\frac{\mathrm{de}(t)}{\mathrm{d}t}\text{。}$$

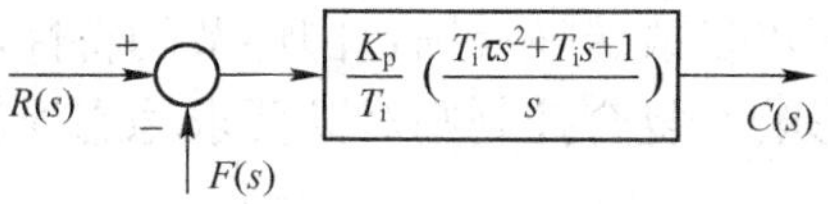


图 4-31　PID 控制器

由上式可知，PID 控制器综合了 PD 和 PI 控制器的特点。除了具有改善系统的稳态性能的优点外，还在提高系统的动态性能方面，具有更大的优越性。因而在工业过程控制中，广泛使用 PID 控制器。PID 控制器各部分参数的选择，在系统现场调试中最后确定。通常，应使 I 部分发生在系统频率特性的低频段，以提高系统的稳态性能；而使 D 部分发生在系统频率特性的中频段，以改善系统的动态性能。

### 4.7.3　系统校正举例

**1. 工程上确定预期对数频率特性的方法**

工程上，为了设计方便，通常以系统的固有部分频率特性为基础，将系统校正成典型 I 型系统或典型 II 型系统。

（1）预期特性为典型 I 型系统　典型 I 型系统的开环传递函数为 $G(s)=\dfrac{K}{s(Ts+1)}=\dfrac{\omega_\mathrm{n}^2}{s(s+2\xi\omega_\mathrm{n})}$，式中 $\omega_\mathrm{n}=\sqrt{K/T}$ ，$\xi=1/2\sqrt{KT}$ 。典型 I 型系统的伯德图如图 4-32 所示，图中转折频率 $\omega_1=1/T$，穿越频率 $\omega_\mathrm{c}=K$。

典型 I 型系统中的 $T$ 一般为固有参数，待确定的参数是开环增益 $K$。通常取 $K=1/2T$，对应的 $\xi=0.707$，性能指标为超调量 $\sigma=4.3\%$，上升时间 $t_\mathrm{r}=4.7T$，调节时间 $t_\mathrm{s}=8.4T$，稳定裕度 $\gamma=65.5°$ ，这时，系统的稳定性和快速性都比较好，故又称为“二阶最佳”。

（2）预期特性为典型 II 型系统　典型 II 型系统的开环传递函数为 $G(s)=\dfrac{K(T_1s+1)}{s^2(T_2s+1)}(T_1>T_2)$，典型 II 型系统的伯德图如图 4-33 所示，图中转折频率 $\omega_1=1/T_1$，$\omega_2=1/T_2$，$\omega_\mathrm{c}=K/\omega_1$。

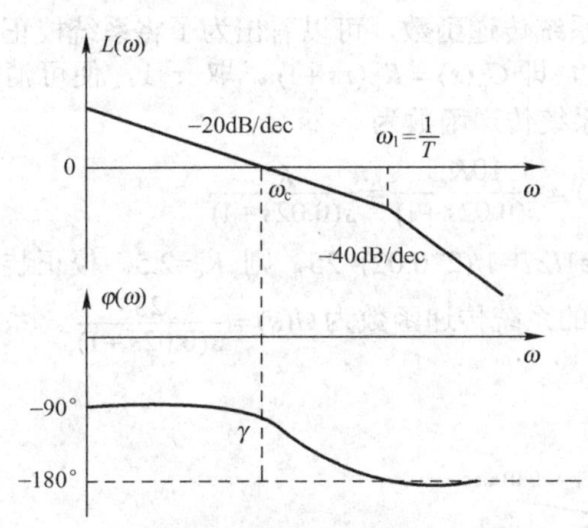


图 4-32　典型Ⅰ型系统的伯德图

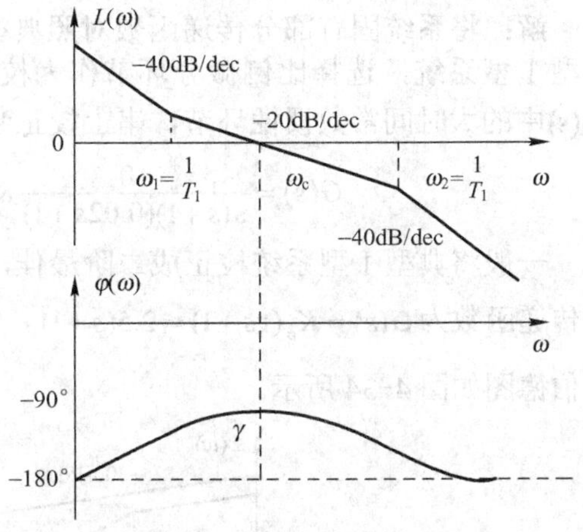


图 4-33　典型Ⅱ型系统的伯德图

典型Ⅱ型系统的 $T_2$ 一般为固有参数，待确定的参数是开环增益 $K$ 和 $T_1$，因为待确定的参数有两个，选择起来较麻烦。为此，人们在长期实践的基础上，提出某种制约 $K$ 和 $T_1$ 之间关系的准则，通过这种准则，将 $K$ 和 $T_1$ 变成参变量 $h$ 的函数。

工程中常用的准则有:

1）$M_r=M_{min}$ 准则，即使系统闭环频率特性的谐振峰值 $M_r$ 最小的准则；

2) $\gamma=\gamma_{max}$ 准则，即使系统开环频率特性的相位稳定裕度 $\gamma_{max}$ 最大的准则。

这两个准则的出发点都是使超调量下降，下面以 $\gamma=\gamma_{max}$ 准则为例来说明选取参数的方法。

由典型Ⅱ型系统的开环传递函数可推得，系统的相位裕度为

$$r=180^{\circ}-180^{\circ}+\arctan\omega_c T_1-\arctan\omega_c T_2$$

由上可见，已将对两个参数 $K$ 和 $T_1$ 的选择转化为对一个参数 $h$ 的选择。对于不同 $h$ 值，可求出系统的响应指标，见表 4-2。

**表 4-2　典型Ⅱ型系统的跟随性能指标**

| 中频宽 $h$ | 2.5 | 3 | 4 | 5 | 7.5 | 10 |
|---|---|---|---|---|---|---|
| 最大超调量 $\sigma$ | 58% | 53% | 43% | 37% | 28% | 23% |
| 上升时间 $t_r$ | $2.5T_2$ | $2.7T_2$ | $3.1T_2$ | $3.5T_2$ | $4.4T_2$ | $5.2T_2$ |
| 调整时间 $t_s$ | $21\ T_2$ | $19\ T_2$ | $16.6\ T_2$ | $17.5\ T_2$ | $19\ T_2$ | $26\ T_2$ |
| 相位裕度 $\gamma$ | 25° | 30° | 37° | 42° | 50° | 55° |

在 $\gamma=\gamma_{max}$，并取 $h=4$ 时的典型Ⅱ型系统，称为“三阶最佳”。

典型Ⅰ型系统和典型Ⅱ型系统分别满足不同的稳态精度要求，另外，典型Ⅰ型系统的超调量较小，但抗扰性能较差；典型Ⅱ型系统大些，但抗扰性能较强。因此，根据对系统的要求来选择是校正为典型Ⅰ型系统还是校正为典型Ⅱ型系统。

**2. 系统校正实例**

**【例 4-3】** 已知某控制系统的固有部分传递函数为 $G_0(s)=\dfrac{10}{s(s+1)(0.02s+1)}$，试将系统校正成典型Ⅰ型系统。

**解**：将系统固有部分传递函数对照典型Ⅰ型系统传递函数，可以看出为了将系统校正成典型Ⅰ型系统，选择比例微分环节作为校正装置，即 $G_c(s)=K_c(\tau s+1)$。取 $\tau$=1，便可消去 $G_0(s)$中的大时间常数惯性环节，串上校正装置的系统传递函数为

$$G(s)=\frac{10}{s(s+1)(0.02s+1)}K_c(\tau s+1)=\frac{10K_c}{s(0.02s+1)}=\frac{K}{s(0.02s+1)},$$

一般将典型Ⅰ型系统校正成二阶最佳，即 $K$=1/2$T$=1/(2*0.02)=25，则 $K_c$=2.5。校正装置的传递函数为 $G(s)=K_c(\tau s+1)=2.5(s+1)$，校正后的系统传递函数为 $G(s)=\dfrac{25}{s(0.02s+1)}$。系统的伯德图如图 4-34 所示。

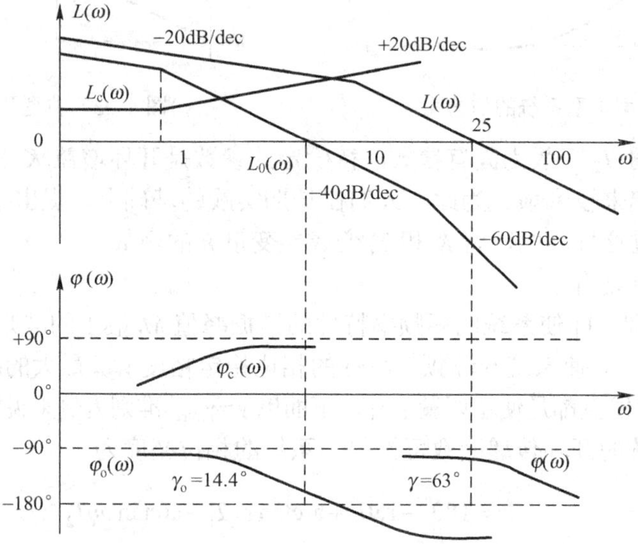


图 4-34　例 4-3 系统的伯德图

由图计算得校正前 $\omega_{c0}$=3.16，$\gamma_0$=14.4°；校正后 $\omega_c$=25，$\gamma$=63°。可见，校正后系统的穿越频率提高了，改善了系统的动态响应速度；相位稳定裕度增加了，系统的稳定性得到改善。

## 4.8　知识拓展 2——直流脉宽调速系统的 MATLAB 仿真分析

引导问题：

1. 直流脉宽调速系统的组成与工作原理。
2. PWM 模块功能。

### 4.8.1　直流脉宽调速系统结构组成

PWM 变换器是调速系统的主电路，是对已有的 PWM 波形的电压信号 $U_{g1}$~$U_{g4}$ 进行功放，并不改变信号的 PWM 波性质。而 PWM 电压波形的产生、分配则是 PWM 变换器控制电路的功能。为此，由 GTR 构成的脉宽调速系统还必须具备相应的控制电路。图 4-35 为桥式可逆 PWM 变换器电路框图。其中属于脉宽调速系统特有的环节有脉宽调制器 UPW、调制波发生器 GM、逻辑延时环节 DLD 和晶体管的基极驱动器 GD。

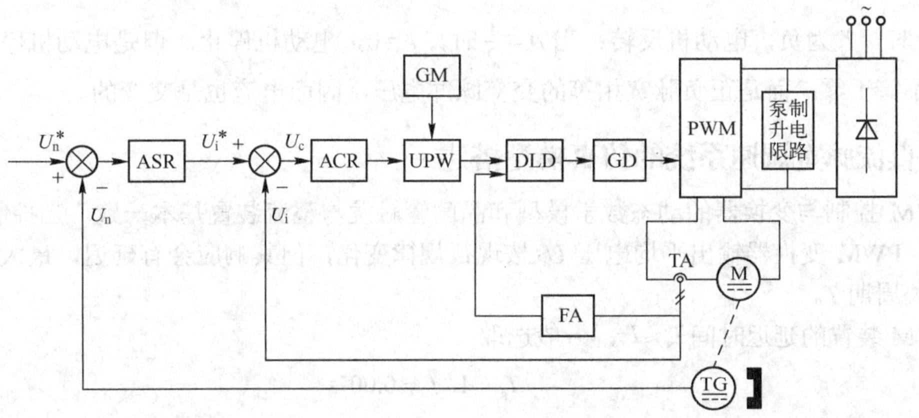


图 4-35　桥式可逆 PWM 变换器电路框图

### 4.8.2　直流脉宽调速系统工作原理

脉宽调制器的作用是：用脉冲宽度调制的方法，把恒定的直流电源电压调制成频率一定、宽度可变的脉冲电压序列，从而改变平均输出电压的大小，以调节电动机的转速。

在 H 型双极式 PWM 直流调速系统中，电动机 M 两端电压 $U_{AB}$ 的极性随开关器件驱动电压的极性变化而变化。通过调节开关管的导通和关断时间，即占空比，可以达到对直流电动机进行调速的目的。双极式控制可逆 PWM 变换器的四个驱动电压电流波形如图 4-36 所示。

它们的关系是：$U_{g1}=U_{g4}=-U_{g2}=-U_{g3}$。在一个开关周期内，当 $0\leqslant t\leqslant t_{on}$ 时，晶体管 $VT_1$、$VT_4$ 饱和导通而 $VT_2$、$VT_3$ 截止，这时 $U_{AB}=U_S$。当 $t_{on}\leqslant t\leqslant T$ 时，$VT_1$、$VT_4$ 截止，但 $VT_2$、$VT_3$ 不能立即导通，电枢电流 $i_d$ 经 $VD_2$、$VD_3$ 续流，这时 $U_{AB}=-U_s$。$U_{AB}$ 在一个周期内正负相间，这是双极式 PWM 变换器的特征，其驱动电压输出电压和输出电流波形如图 4-36 所示。电动机的正反转体现在驱动电压正负脉冲的宽窄上。当正脉冲较宽时，$t_{on}\geqslant 0.5T$，则 $U_{AB}$ 的平均值为正，电动机正转；当正脉冲较窄时，则反转；如果正负脉冲相等，$t_{on}=0.5T$，平均输出电压为零，则电动机停止转动。

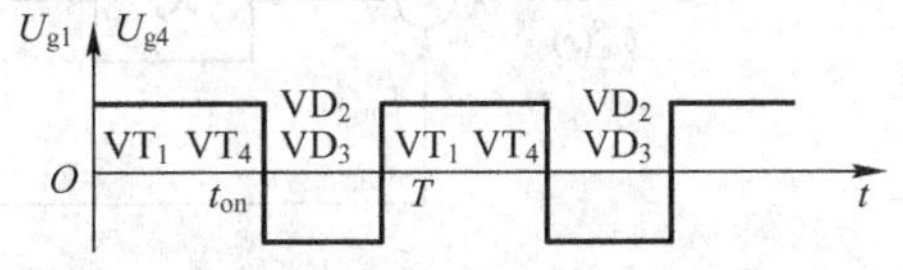


图 4-36　双极式控制可逆 PWM 变换器的驱动电压、输出电压和输出电流波形

双极式控制可逆 PWM 变换器的输出平均电压为 $U_d=\frac{t_{on}}{T}U_s-\frac{T\cdot t_{on}}{T}$。如果定义占空比 $\rho=\frac{t_{on}}{T}$，电压系数 $\gamma=\frac{U_d}{U_s}$，则在双极式可逆变换器中 $\gamma=2\rho-1$。调速时，$\rho$ 的可调范围为 0～1，相应的 $\gamma=-1$～$1$。当 $\rho>\frac{1}{2}$ 时，$\gamma$ 为正，电动机正转；

当$\rho<\frac{1}{2}$时，$\gamma$为负，电动机反转；当$\rho=\frac{1}{2}$时，$\gamma=0$，电动机停止。但是电动机停止时电枢电压并不等于零，而是正负脉宽相等的交变脉冲电压，因而电流也是交变的。

### 4.8.3 直流脉宽调速系统的仿真模型搭建

PWM 控制与变换器的动态数学模型和晶闸管触发与整流装置基本一致。当控制电压 $U_c$ 改变时，PWM 变换器输出平均电压 $U_d$ 按现行规律变化，但其响应会有延迟，最大的时延是一周开关周期 $T$。

PWM 装置的延迟时间$T_s \leqslant T$，一般选取

$$T_s = 1/f = 0.001\text{s}$$

其中，$f$ 是开关器件 IGBT 的工作频率。此时直流脉宽调速系统的仿真模型与晶闸管模型相似，仅功率器件的传递函数不同。即此时若已知 PWM 装置的放大倍数为 $K_s$，则此装置的传递函数为$\frac{K_s}{0.01s+1}$。根据单闭环系统的动态分析框图 4-37 即可构建出系统的仿真模型。图中的传递函数 $K_p$ 可根据需要换成相应的传递函数。

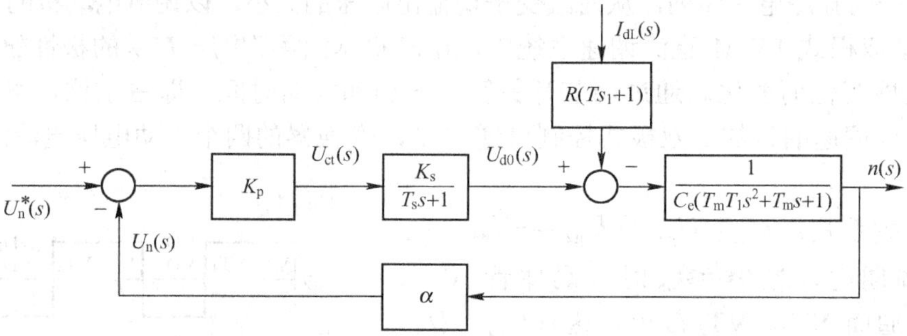


图 4-37 单闭环系统的动态分析框图

### 4.8.4 直流脉宽调速系统的性能参数分析

对该单闭环速度反馈 PWM 直流调速系统采用定性仿真，仿真模型见图 4-38。其中，转速调节器采用 PI 控制器，PI 参数设置 $K_p$ 为 1，$K_i$ 为 5，输出限幅为［-10，10］V；二极管整流部分用直流电源模拟，直流电源参数和直流励磁电源参数均为 220V；反馈系数为 0.1；给定信号为 10V，在 2s 时给定信号变为-10V；负载采用 50 常数值来模拟。PWM 发生器采用两个 Discrete PWM Generator 模块仿真，该模块中自带三角波，其幅值为 1V，且输入信号应在-1V 与 1V 之间，输入信号同三角波信号比较，比较结果大于 0 时，占空比大于 50%，电动机正转；比较结果小于 0 时，占空比小于 50%，电动机反转。其次，PWM 发生器信号要同 H 桥对角两管触发信号对应，为此采用 Selector 模块。

若电动机的传递函数为$\frac{5.1948}{0.001257s^2+0.075s+1}$，电压反馈系数为 0.01158。阶跃输入时系统响应如图 4-39 所示，系统发散振荡，不能稳定运行（由于未加限幅，电流早已过大，电动机已毁，实际中是不存在的）。

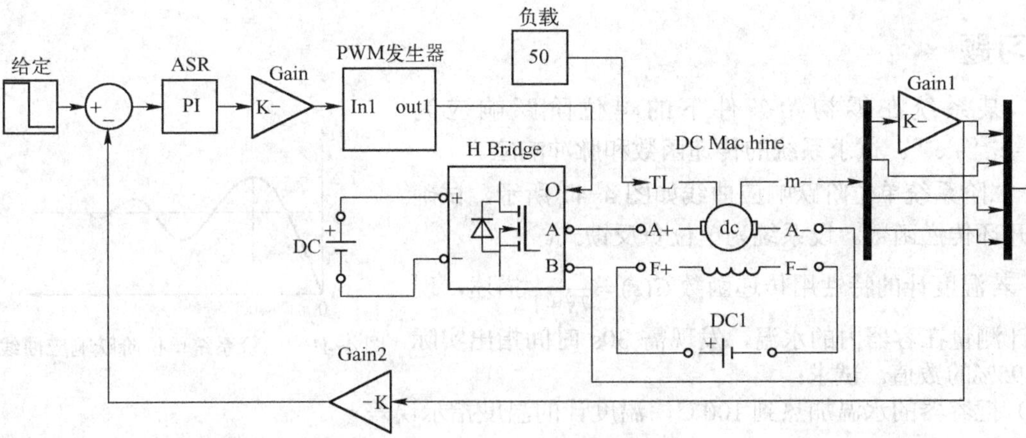


图 4-38　仿真模型

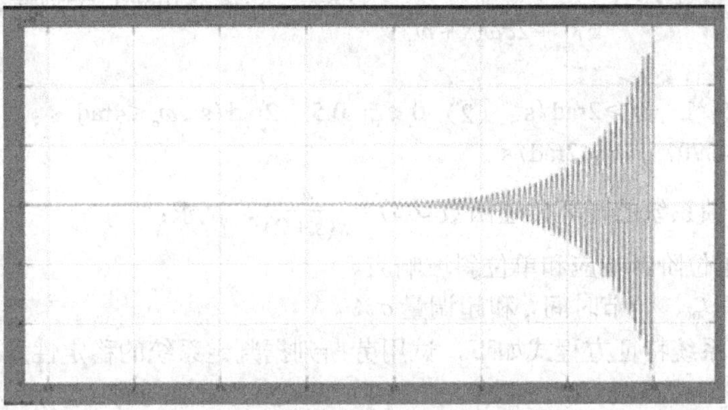

图 4-39　比例调节器时系统响应

若将比例环节换为 PI 调节器，调节器的传递函数为：$W_{\mathrm{pi}}(s)=\dfrac{0.049s+1}{0.088s}$。

此时用 Simulink 仿真系统的转速波形如图 4-40 所示。显然，系统的转速在起动后可以稳定。（由于真实的系统可能存在堵转、输出电流过大等情况，此时还应在系统中加上电流的限幅）。

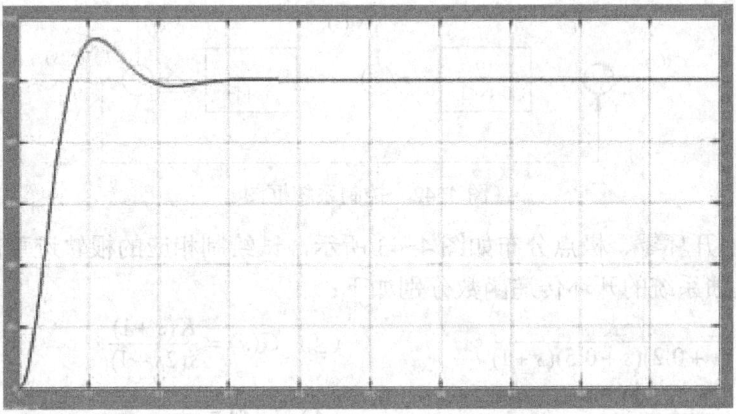

图 4-40　PI 调节器时系统响应

## 4.9 习题

1．某系统在零初始条件下的单位阶跃响应为 $c(t)=1-\mathrm{e}^{-2t}+\mathrm{e}^{-t}$ 。试求系统的传递函数和脉冲响应。

2．二阶系统单位阶跃响应曲线如图 4-41 所示，试确定系统开环传递函数。设系统为单位负反馈式。

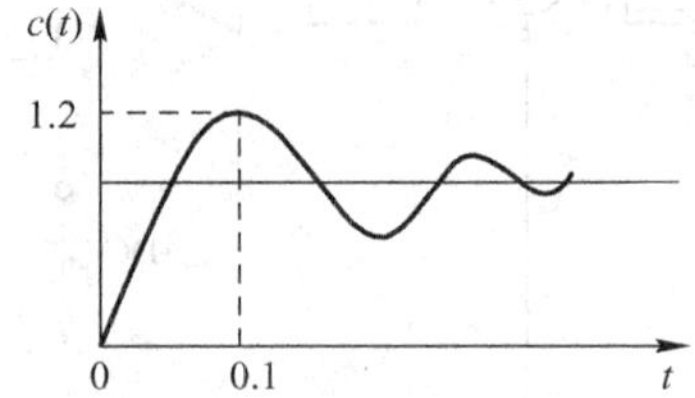

图 4-41　二阶系统单位阶跃响应曲线

3．若温度计的特性用传递函数 $G(s)=\dfrac{1}{Ts+1}$ 描述，现用温度计测量在容器内的水温，发现需 30s 时间指出实际水温的 95%的数值。试求：

（1）把容器的水温加热到 100℃，温度计的温度指示误差 $e_{\mathrm{ss}}$ 。

（2）给容器加热，使水温依 6℃/min 的速度线性变化时，温度计的稳态指示误差 $e_{\mathrm{ss}}$ 。

4．闭环传递函数 $G(s)=\dfrac{{\omega_{\mathrm{n}}}^2}{s^2+2\xi\omega_{\mathrm{n}}s+{\omega_{\mathrm{n}}}^2}$，试在 $s$ 平面绘出满足下列要求的闭环特征方程根的区域。

（1）$0.707\leqslant\xi<1,\quad \omega_{\mathrm{n}}\geqslant 2\mathrm{rad/s}$；（2）$0<\xi\leqslant 0.5,\quad 2\mathrm{rad/s}\leqslant\omega_{\mathrm{n}}\leqslant 4\mathrm{rad/s}$；

（3）$0.5<\xi\leqslant 0.707,\quad \omega_{\mathrm{n}}\leqslant 2\mathrm{rad/s}$ 。

5．单位负反馈系统的开环传递函数 $G(s)=\dfrac{4}{s(s+2)}$，试求：

（1）系统的单位阶跃响应和单位斜坡响应。

（2）峰值时间 $t_{\mathrm{p}}$ 、调节时间 $t_{\mathrm{s}}$ 和超调量 $\sigma\%$ 。

6．已知闭环系统特征方程式如下，试用劳斯判据判定系统的稳定性及根的分布情况。

（1）$s^3+20s^2+9s+100=0$　　（2）$s^3+20s^2+9s+200=0$

（3）$s^4+2s^3+8s^2+4s+3=0$　　（4）$s^5+12s^4+44s^3+48s^2+5s+1=0$

7．已知闭环系统特征方程式如下：

（1）$s^4+20s^3+15s^2+2s+K=0$　　（2）$s^3+(K+1)s^2+Ks+50=0$

试确定参数 $K$ 的取值范围，以确保闭环系统稳定。

8．具有扰动输入的控制系统如图 4-42 所示，求：当 $r(t)=n_1(t)=n_2(t)=1(t)$ 时系统的稳态误差。

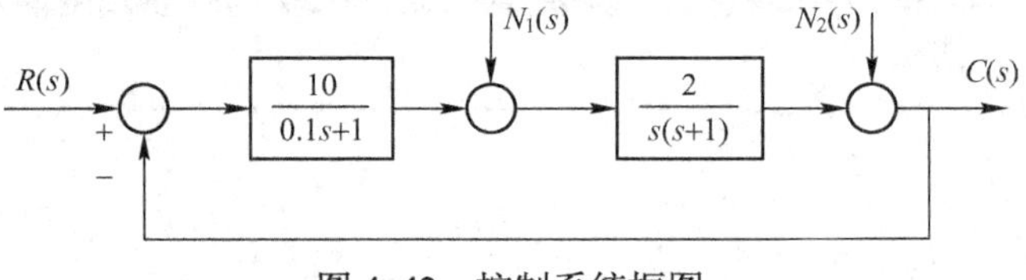

图 4-42　控制系统框图

9．设系统的开环零、极点分布如图 4-43 所示，试绘制相应的根轨迹草图。

10．设负反馈系统的开环传递函数分别如下：

（1）$G(s)=\dfrac{K}{(s+0.2)(s+0.5)(s+1)}$　　（2）$G(s)=\dfrac{K(s+1)}{s(2s+1)}$

（3）$G(s)=\dfrac{K(s+2)}{(s^2+2s+5)}$　　（4）$G(s)=\dfrac{K}{(s+1)(s+5)(s^2+6s+13)}$

试绘制 $K$ 由 $0 \to +\infty$ 变化的闭环根轨迹图。

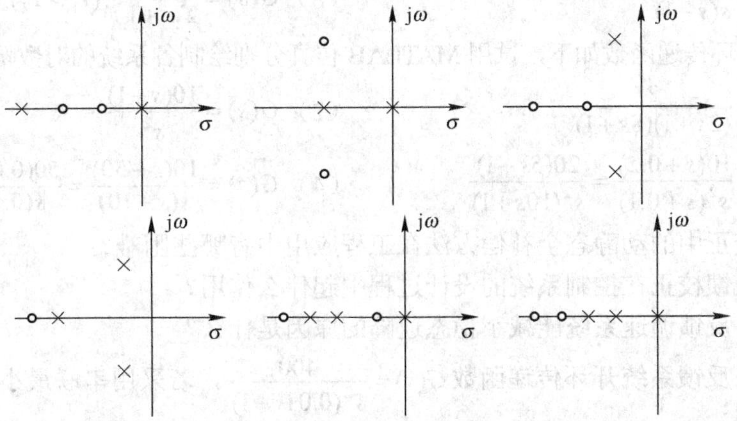


图 4-43　根轨迹草图

11．系统单位阶跃输入下的输出 $c(t)=1-1.8\mathrm{e}^{-4t}+0.8\mathrm{e}^{-9t}(t\geqslant 0)$，求系统的频率特性表达式。

12．单位负反馈系统的开环传递函数为 $G(s)=\dfrac{4}{s+1}$，试求当下列输入信号作用于闭环系统时，系统的稳态输出。

（1）$r(t)=\sin(t+30^{\circ})$；

（2）$r(t)=2\cos(2t+45^{\circ})$；

（3）$r(t)=\sin(t+30^{\circ})-2\cos(2t-45^{\circ})$。

13．试求图 4-44 所示网络的频率特性，并绘制其幅相频率特性曲线。

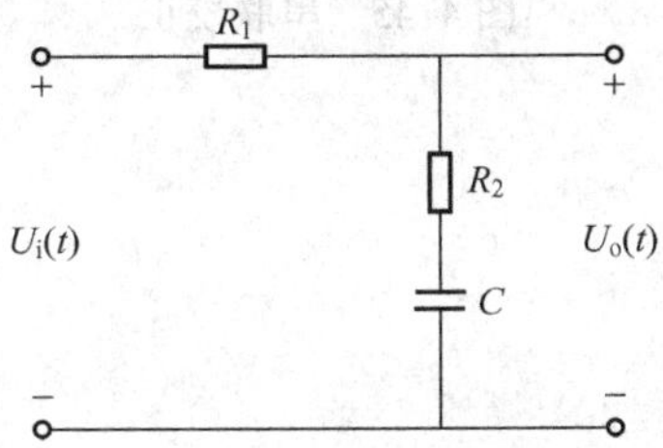


图 4-44　网络模型

14．已知某单位负反馈系统的开环传递函数为 $G(s)=\dfrac{K}{s(Ts+1)}$，在正弦信号 $r(t)=\sin 10t$ 作用下，闭环系统的稳态响应 $c_{\mathrm{s}}(t)=\sin\left(10t-\dfrac{\pi}{2}\right)$，试计算 $K,T$ 的值。

15．已知系统传递函数如下，试分别概略绘制各系统的幅相频率特性曲线。

（1）$G(s)=\dfrac{K}{(T_1s+1)(T_2s+1)}$

（2）$G(s)=\dfrac{K}{s(s+1)}$

（3）$G(s)=\dfrac{K(T_1s+1)}{s(T_2s+1)}\quad(T_1<T_2)$

（4）$G(s)=\dfrac{K(T_1s+1)}{s^2(T_2s+1)}\quad(T_1<T_2 \text{和} T_1>T_2)$

（5）$G(s)=\dfrac{250}{s(s+5)(s+15)}$

（6）$G(s)=\dfrac{50}{s(s^2+s+1)}$

（7） $G(s)=\dfrac{K}{s(s-1)}$ （8） $G(s)=\dfrac{T_1s-1}{T_2s+1}\quad(T_1>T_2)$

16．系统开环传递函数如下，试用 MATLAB 仿真分别绘制各系统的对数幅频特性曲线。

（1） $G(s)=\dfrac{2}{(2s+1)(8s+1)}$ （2） $G(s)=\dfrac{10(s+1)}{s^2}$

（3） $G(s)=\dfrac{10(s+0.2)}{s^2(s+0.1)}=\dfrac{20(5s+1)}{s^2(10s+1)}$ （4） $G(s)=\dfrac{10(s-50)}{s(s+10)}=\dfrac{50(0.02s-1)}{s(0.1s+1)}$

17．复合校正中的动静态全补偿方法在工程应用中有哪些困难？

18．局部反馈校正在控制系统的设计过程中起什么作用？

19．转速负反馈调速系统能减小稳态速降的原因是什么？

20．单位负反馈系统开环传递函数 $G(s)=\dfrac{400}{s^2(0.01s+1)}$，若采用串联最小相位校正装置，图 4-45a、b、c 分别为三种推荐的串联校正装置。试问：

（1）写出校正装置所对应的传递函数，用 MATLAB 绘制对数相频特性草图。

（2）这些校正装置哪一种可以使校正后的系统稳定性最好？

（3）哪一种校正装置对高频信号的抑制能力最强？

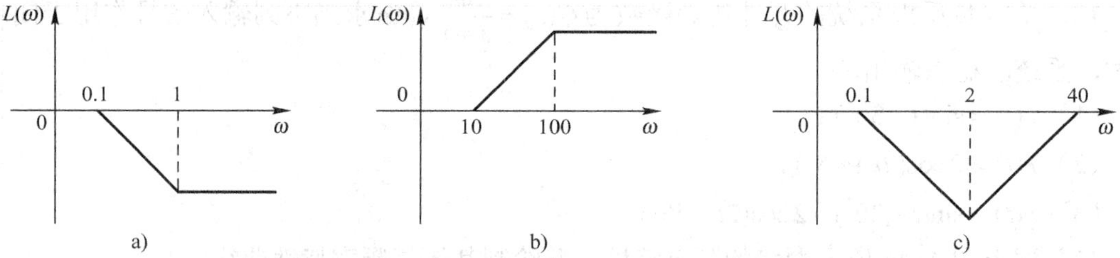


图 4-45 串联校正

# 项目5　交流变频调速系统分析与调试

## 5.1　工作任务

**1．工作任务类型**

学习型任务：分析、设计交流变频调速系统，使用MATLAB实现系统仿真。

**2．教学目标**

（1）能力目标：能理解交流变频调速系统的工作原理，能借助仿真软件测试输出波形，进一步掌握常用仪器仪表使用方法；

（2）知识目标：能掌握交流变频调速系统实际构成电路，能熟练使用MATLAB仿真软件，搭建模型，能正确选择电路参数，分析波形；

（3）素质目标：能培养仔细做事、独立思考的职业素养，能培养正确表述自己思想的能力，能培养安全、正确操作仪器的习惯。

**3．教学组织设计**

（1）学生角色：调试员；

（2）教学情境：企业研发部、生产部；

（3）教学材料：学习参考材料、常用电子仪器及工具。

**4．教学过程**

（1）任务导入；

（2）任务必备知识：变频调速、MATLAB输出响应曲线绘制；

（3）技能训练：交流变频调速系统设计，输出响应仿真分析；

（4）成果交流：小组成果展示、交流；

（5）教师点评：各组优点、改进处、作业。

## 5.2　知识链接1——变频器

引导问题：

1．交-直-交变频器中逆变和整流电路的工作原理。

2．MM440系列变频器参数及调节方法。

3．MM440变频器的功能。

### 5.2.1　变频器工作原理

**1．异步电动机调速方法**

直流调速系统具有较优良的静、动态性能指标，因此，在过去很长时期内，调速传动领域大多为直流电动机调速系统。如今，由于全控型电力电子器件（如BJT、IGBT）的发展、SPWM专用集成芯片的开发、交流电动机矢量变换控制技术以及单片微型计算机的应用，使得交流调速的性能获得极大的提高，在许多方面已经可以取代直流调速系统，特别是各类通用变频器的出现，使交流调速成为电气传动中的主流。

异步电动机转速为：

$$n = 60f(1-s)/p$$

式中，$f$——电源频率；$p$——磁极对数；$s$——转差率。

可知异步电动机调速有以下几种方法：

（1）改变磁极对数 $p$（变极调速）　定子磁场的磁极对数取决于定子绕组的结构。所以，要改变 $p$，必须将定子绕组制为可以换接成两种磁极对数的特殊形式。通常一套绕组只能换接成两种磁极对数。

变极调速的主要优点是设备简单、操作方便、机械特性较硬、效率高，既适用于恒转矩调速，又适用于恒功率调速；其缺点是有极调速，且极数有限，因而只适用于不需平滑调速的场合。

（2）改变转差率 $s$（变转差率调速）　以改变转差率为目的调速方法有：定子调压调速、转子变电阻调速、电磁转差离合器调速、串极调速等。

1）定子调压调速。当负载转矩一定时，随着电动机定子电压的降低，主磁通减少，转子感应电动势减少，转子电流减少，转子受到的电磁力减少，转差率 $s$ 增大，转速减小，从而达到速度调节的目的；同理，定子电压升高，转速增加。

调压调速的优点是调速平滑，采用闭环系统时，机械特性较硬，调速范围较宽；缺点是低速时，转差功率损耗较大，功率因数低，电流大，效率低。调压调速既非恒转矩调速，也非恒功率调速，比较适合于风机泵类特性的负载。

2）转子变电阻调速。当定子电压一定时，电动机主磁通不变，若减小定子电阻，则转子电流增大，转子受到的电磁力增大，转差率减小，转速降低；同理增大定子电阻，转速增加。

转子变电阻调速的优点是设备和线路简单，投资不高，但其机械特性较软，调速范围受到一定限制，且低速时转差功率损耗较大，效率低，经济效益差。目前，转子变电阻调速只在一些调速要求不高的场合采用。

3）电磁转差离合器调速。异步电动机电磁转差离合器调速系统以恒定转速运转的异步电动机为原动机，通过改变电磁转差离合器的励磁电流进行速度调节。

电磁转差离合器调速的优点是控制简单，运行可靠，能平滑调速，采用闭环控制后可扩大调速范围，运用于通风类或恒转矩类负载；其缺点是低速时损耗大，效率低。

4）串极调速。前面介绍的定子调压调速、转子变电阻调速、电磁转差离合器调速均存在着转差功率损耗较大、效率低的问题，是很大的浪费。如何能够将消耗于转子电阻上的功率利用起来，同时又能提高调速性能？串极调速就是在这样的思想指导下提出来的。

串极调速的基本思想是将转子中的转差功率通过变换装置加以利用，以提高设备的效率。串极调速的工作原理实际上是在转子回路中引入一个与转子绕组感应电动势频率相同的可控的附加电动势，通过控制这个附加电动势的大小，来改变转子电流的大小，从而改变转速。

串极调速具有机械特性比较硬、调速平滑、损耗小、效率高等优点，便于向大容量发展，但它也存在着功率因数较低的缺点。

（3）改变频率 $f$（变频调速）　当极对数 $p$ 不变时，电动机转子转速与定子电源频率成正比，因此，连续地改变供电电源的频率，就可以连续平滑地调节电动机的转速。

异步电动机变频调速具有调速范围广、调速平滑性能好、机械特性较硬的优点，可以方便地实现恒转矩或恒功率调速，整个调速特性与直流电动机调压调速和弱磁调速十分相似，并可与直流调速媲美。

对交流电动机实现变频调速的变频电源装置叫变频器（Variable-frequency Drive，VFD），其功能是将电网提供的恒压恒频交流电变换为变压变频交流电，变频伴随变压。变频器主要由整流（交流变直流）、滤波、逆变（直流变交流）、制动单元、驱动单元、检测单元微处理单元等组成。

目前市场主流的变频器种类有：ABB 公司的 ACS 系列，西门子公司的 Micromaster 系列和 6SE70 系列、富士电机公司的 FRN-G9S/P9S 系列、三菱电机公司的 FRA540/FR-E540 系列、安川公司的 VS-616G5 系列、三肯公司的 SAMCO-I/IP 系列等。几款变频器外观如图 5-1 所示。

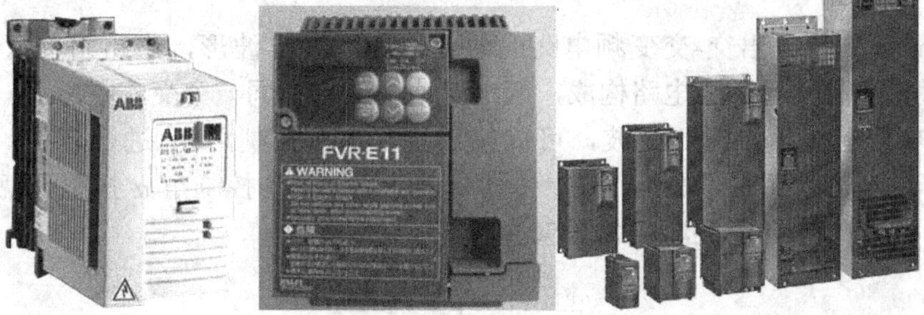


a) b) c)

图 5-1 变频器

a) ABB 系列变频器 b) 富士系列变频器 c) 西门子 MM440 系列变频器

**2．变频器结构**

异步电动机采用变频器调速运转时的结构图如图 5-2 所示。通常有变频器主电路（IGBT、BJT 或 GTO 做逆变元件）给异步电动机提供调压调频电源。此电源输出的电压或电流以及频率，有控制回路的控制指令进行控制。而控制指令则根据外部的运转指令进行运算获得。对于需要更精密速度或快速响应的场合，运算还应包含变频器主电路和传动系统检测出来的信号和保护电路信号，既要防止因变频器主电路的过电压、过电流引起的损坏，还要保护异步电动机及传动系统等。

**3．变频器工作原理**

变频器是利用电力半导体器件的通断作用将工频电源变换为另一频率的电能控制装置，根据变频方式不同可分为交-直-交变频器和交-交变频器两种。

（1）交-交变频器　交-交变频系统是一种可直接将固定频率交流变换成可调频率交流的电路系统，无需中间的直流环节。与交-直-交间接变频相比，提高了系统变换效率。又由于整个变频电路直接与电网相连，各晶闸管元件上承受的是交流电压，故可采用电网电压自然换流，无需强迫换流装置，简化了变频器主电路结构，提高了换流能力。

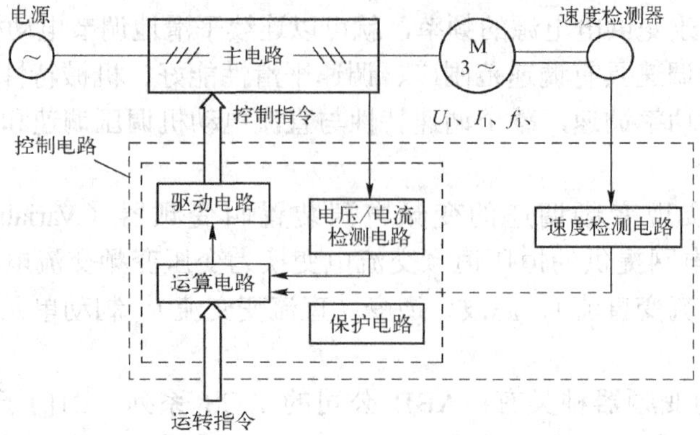


图 5-2　变频器的结构图

交-交变频电路广泛应用于大功率低转速的交流电动机调速传动。实际使用的交-交变频器为三相输入-三相输出电路，但其基础是三相输入-单相输出电路，因此首先介绍单相输出电路的工作原理。

图 5-3a 是单相输出交-交变频电路的原理框图和输出波形，电路由 P（正）组和 N（负）组反并联的晶闸管变流电路构成，两组变流电路接在同一个交流电源上，Z 为负载。为了使输出电压的波形接近正弦波，可以按正弦规律对控制角 $\alpha$ 进行调制，即可得到如图 5-3b 所示的波形。调制方法是，在半个周期内让变流器的控制角 $\alpha$ 按正弦规律从 90° 逐渐减小到 0° 或某个值，再逐渐增大到 90°。

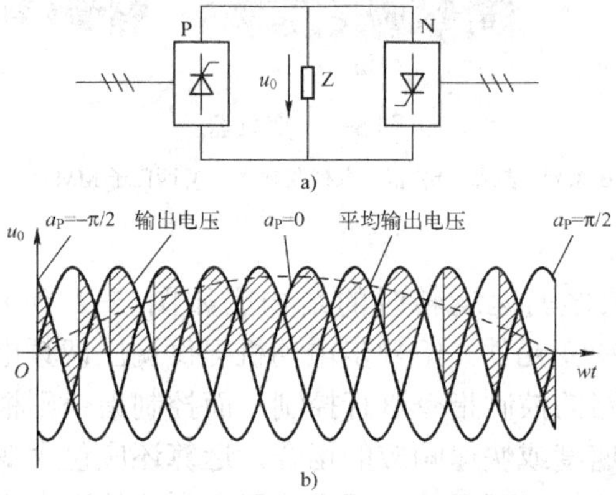


图 5-3　单相交-交变频电路原理图和输出电压波形

a）原理框图　b）输出波形

交-交变频电路主要应用于大功率交流电动机调速系统，使用的是三相交-交变频电路，由三组输出电压相位各差 120° 的单相交-交变频电路组成。电路接线方式主要有两种：公共交流母线进线方式和输出星形联结方式。

1）公共交流母线进线方式。公共交流母线进线方式是由三组彼此独立的、输出电压相位相互错开 120° 的单相交-交变频电路构成。电源进线通过进线电抗器接在公共的交流母线上。因为电源进线端公用，所以三组的输出端必须隔离。为此，交流电动机的三个绕组必须拆开。主要用于中等容量的交流调速系统。

2）输出星形联结方式。输出星形联结方式中三组的输出端是星形联结，电动机的三个绕组也是星形联结，电动机中点不和变频器中点接在一起，电动机只引出三根线即可。因为三组的输出连接在一起，其电源进线必须隔离，因此分别用三个变压器供电。

（2）交-直-交变频器　交-直-交变频器（Variable Voltage Variable Frequency，简称 VVVF 电源）是由 AC/DC、DC/AC 两类基本的变流电路组合形成，又称为间接交流变流电路，最主要的优点是输出频率不再受输入电源频率的制约。

交-直-交变频器的主电路框图如图 5-4 所示。主电路包括三个组成部分：整流电路、中间电路和逆变电路。交-直-交变频器是先把交流电经整流器整流成直流电，直流中间电路对整流电路的输出进行平滑滤波，再经过逆变器把这个直流电流变成频率和电压都可变的交流电。

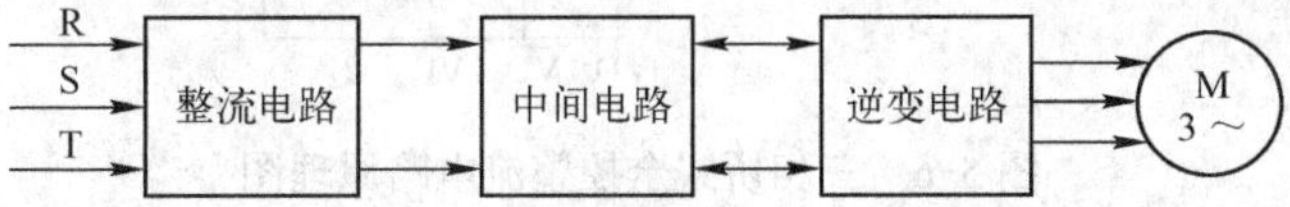


图 5-4　交-直-交变频器的主电路框图

1）整流电路。整流电路的功能是将交流电转换为直流电。整流电路按电源的相数可以分为单相和三相两类。这里以三相整流为例介绍整流电路的工作原理。整流电路按使用的元件不同又分为不可控整流电路和可控整流电路两类。

① 三相桥式不可控整流电路。不可控整流电路使用的元件为功率二极管，不可控整流电路按输入交流电源的相数不同分为单相整流电路、三相整流电路和多相整流电路。三相桥式整流电路如图 5-5a 所示。三相桥式整流电路共有六只整流二极管，其中 $VD_1$、$VD_3$、$VD_5$ 三只管子的阴极连接在一起，称为共阴极组；$VD_4$、$VD_6$、$VD_2$ 三只管子的阳极连接在一起，称为共阳极组。共阴极组三只二极管 $VD_1$、$VD_3$、$VD_5$ 在 $t_1$、$t_3$、$t_5$ 换流导通；共阳极组三只二极管 $VD_2$、$VD_4$、$VD_6$ 在 $t_2$、$t_4$、$t_6$ 换流导通。一个周期内，每只二极管导通 1/3 周期，即导通角为 120°。图 5-5b 给出了三相桥式整流电路输出电压的波形图。

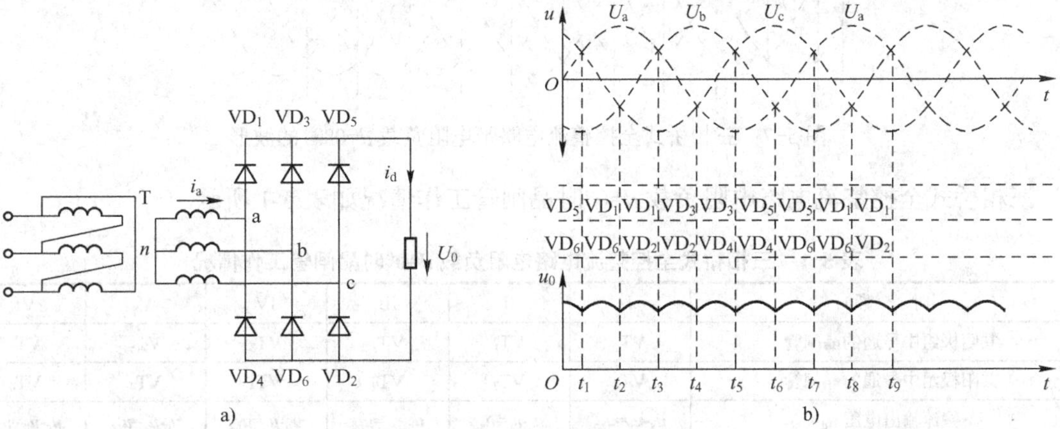


图 5-5　三相桥式整流电路

a）三相桥式不可控整流电路　b）输出电压波形

② 三相桥式可控整流电路。三相桥式全控整流电路由六只晶闸管组成，如图 5-6 所示。阴极连接在一起的 3 个晶闸管（$VT_1$、$VT_3$、$VT_5$）构成共阴极组，阳极连接在一起的 3 个晶闸管（$VT_2$、$VT_4$、$VT_6$）构成共阳极组。分析晶闸管的触发角 $\alpha$ =0°时的情况。对于共

阴极阻的 3 个晶闸管，阳极所接交流电压值最大的一个导通；对于共阳极组的 3 个晶闸管，阴极所接交流电压值最低（或者说"负得最多"）的导通。任意时刻共阳极组和共阴极组中各有 1 个晶闸管处于导通状态。

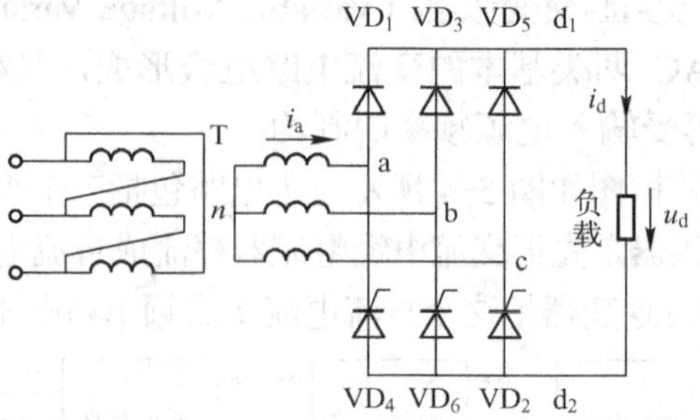


图 5-6　三相桥式全控整流电路原理图

从相电压波形（图 5-7）看，共阴极组晶闸管导通时，$u_{d1}$ 为相电压的正包络线；共阳极组导通时，$u_{d2}$ 为相电压的负包络线。$u_d=u_{d1}-u_{d2}$ 是两者的差值，为线电压在正半周的包络线。

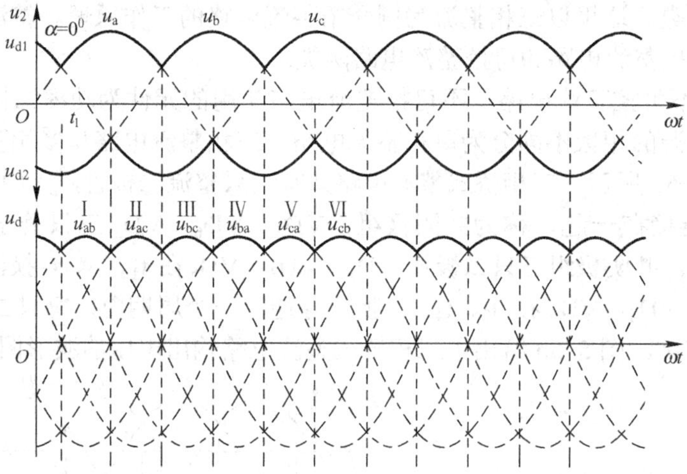


图 5-7　三相桥式全控整流电路带电阻负载 $d$=0°时的波形

三相桥式全控整流电路电阻负载 $d$=0°时晶闸管工作情况如表 5-1 所示。

**表 5-1　三相桥式全控整流电路电阻负载 $d$=0°时晶闸管工作情况**

| 时　段 | I | II | III | IV | V | VI |
|---|---|---|---|---|---|---|
| 共阴极组中导通的晶闸管 | $VT_1$ | $VT_1$ | $VT_3$ | $VT_3$ | $VT_5$ | $VT_5$ |
| 共阳极组中导通的晶闸管 | $VT_6$ | $VT_2$ | $VT_2$ | $VT_4$ | $VT_4$ | $VT_6$ |
| 整流输出电压 $u_d$ | $u_a$-$u_b$=$u_{ab}$ | $u_a$-$u_c$=$u_{ac}$ | $u_b$-$u_c$=$u_{bc}$ | $u_b$-$u_a$=$u_{ba}$ | $u_c$-$u_a$=$u_{ca}$ | $u_c$-$u_b$=$u_{cb}$ |

2）逆变电路。在交-直-交变频系统中，根据直流滤波方式逆变器可分为电压型与电流型两种。电压型主要采用大电容滤波，逆变器的直流电源阻抗小，类似于电压源，逆变输出的电压比较平直，波形为交变矩形波，而输出电流接近正弦波。电流型则主要采用大电感滤波，电源呈现高阻抗，类似于电流源。表 5-2 列出了电压型和电流型逆变器的特点。

表 5-2　电压型和电流型逆变器的特点

| 比较项目 \ 变频器类别 | 电压型 | 电流型 |
|---|---|---|
| 直流回路滤波环节（无功功率缓冲环节） | 电容器 | 电抗器 |
| 输出电压波形 | 矩形波 | 决定于负载，对异步电动机负载近似为正弦波 |
| 输出电流波形 | 决定于负载的功率因数，有较大的谐波分量 | 矩形波 |
| 输出阻抗 | 小 | 大 |
| 回馈制动 | 需在电源侧设置反并联逆变器 | 方便，主电路不需附加设备 |
| 调速动态响应 | 较慢 | 快 |
| 对晶闸管的要求 | 关断时间要短，对耐压要求一般要低 | 耐压高，对关断时间无特殊要求 |
| 适用范围 | 多电动机拖动，稳频稳压电源 | 单电动机拖动，可逆拖动 |

逆变电路的功能是将直流电转换为交流电的电路，首先以单相桥式逆变电路为例（如图 5-8 所示）说明最基本的工作原理。$S_1$～$S_4$是桥式电路的 4 个臂，由电力电子器件及辅助电路组成。

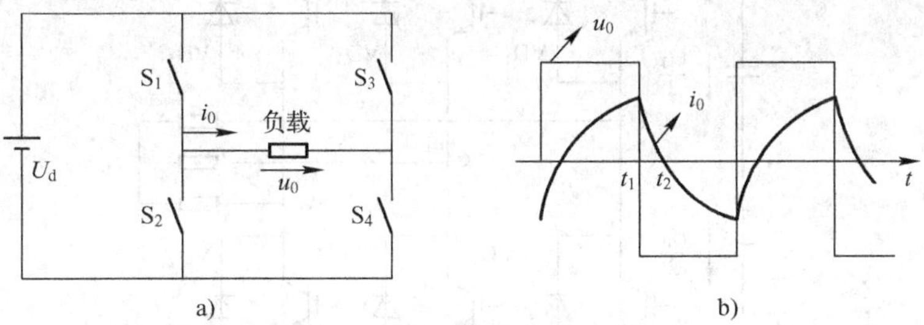


图 5-8　逆变电路及其波形

a) 逆变电路　b) 输出波形

当开关 $S_1$、$S_4$ 闭合，$S_2$、$S_3$ 断开时，负载电压 $u_0$ 为正；当开关 $S_1$、$S_4$ 断开，$S_2$、$S_3$ 闭合时，$u_0$ 为负，这样就把直流电变成了交流电。改变两组开关的切换频率，即可改变输出交流电的频率。当负载为电阻负载时，负载电流 $i_0$ 和 $u_0$ 的波形相同，相位也相同。当负载为阻感负载时，$i_0$ 相位滞后于 $u_0$，波形也不同。

① 单相半桥电压型逆变电路。单相半桥电压型逆变电路的电路结构以及它的工作过程如图 5-9 所示：直流电压 $U_d$ 加在 2 个串联的容量足够大的相同电容的两端，并使得 2 个电容的连接点为直流电源的中点，即每个电容上的电压为 $U_d/2$。由 2 个导电臂交替工作使负载得到交变电压和电流，每个导电臂由 1 个电力晶体管与 1 个反并联二极管所组成。

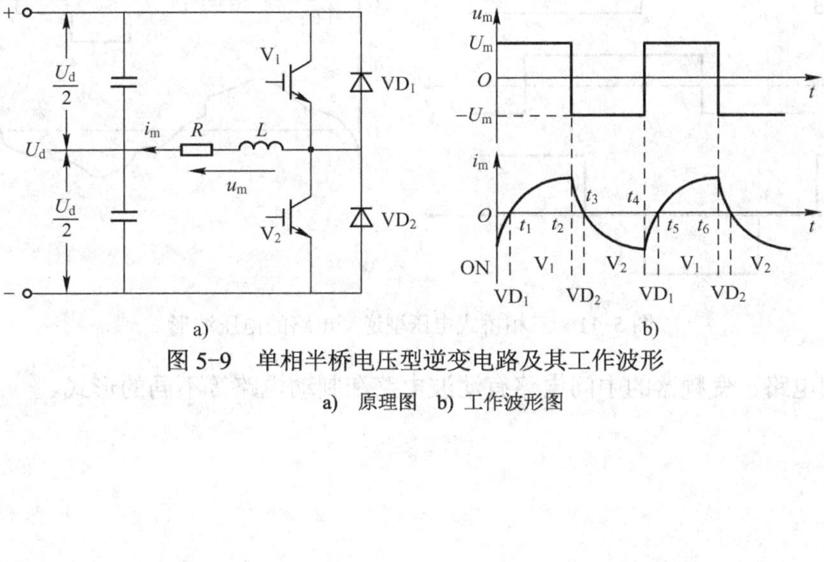


图 5-9　单相半桥电压型逆变电路及其工作波形

a) 原理图　b) 工作波形图

电路工作时，2 个电力晶体管 V1、V2 基极加交替正偏和反偏的信号，两者互补导通与截止。若电路负载为感性，其工作波形如图 5-9b 所示，输出电压为矩形波，幅值为 $U_m=U_d/2$。负载电流 $i_0$ 波形与负载阻抗角有关。V1 或 VD2 通时，$i_0$ 和 $u_0$ 同方向，直流侧向负载提供能量。VD1 或 V2 通时，$i_0$ 和 $u_0$ 反向，电感中储能向直流侧反馈。其中 VD1、VD2 称为反馈二极管，还使 $i_0$ 连续，又称续流二极管。

② 三相桥式电压型逆变电路。三相桥式电压型逆变电路的电路结构如图 5-10 所示。该电路可以看成是三个半桥逆变电路组成，采用电力晶体管作为开关器件，由 6 个桥臂组成。其基本工作方式是 180°导电方式，即每个桥臂的导电角度为 180°，同一相（即同一半桥）上下两臂交替导电，各相开始导电的角度差 120°，任一瞬间有三个桥臂同时导通。每次换流都是在同一相上下两臂之间进行，也称为纵向换流。

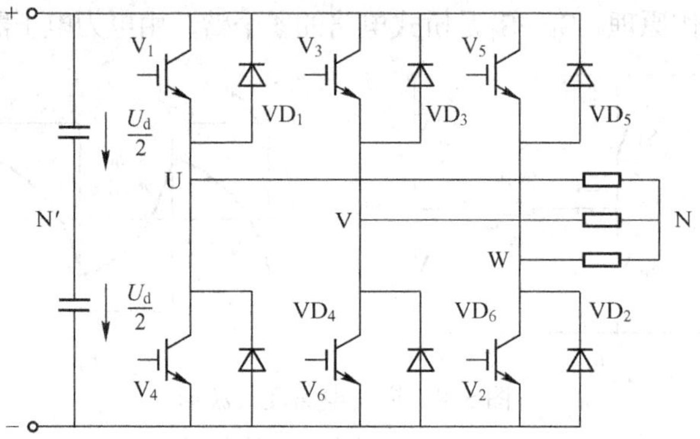


图 5-10 三相桥式电压型逆变电路

对于 U 相输出来说，当 V1 导通时，U 相与 N 相之间的电压为 $U_{UN}=U_d/2$，当 V4 导通时，$U_{UN}=-U_d/2$，$U_{UN}$ 的波形是幅值为 $U_d/2$ 的矩形波，V、W 两相的情况和 U 相类似。

其工作波形如图 5-11 所示。

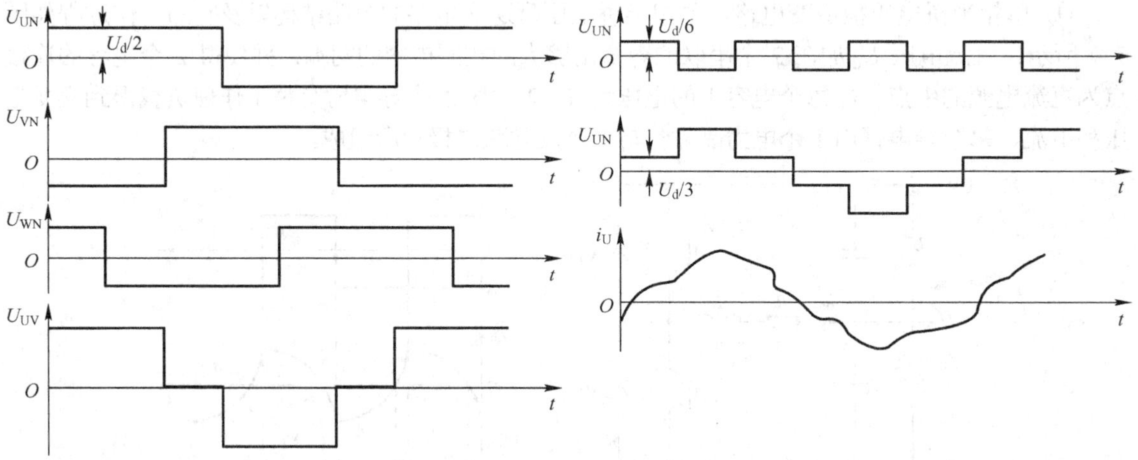


图 5-11 三相桥式电压型逆变电路的电压波形

3）中间电路。变频器的中间电路有滤波电路和制动电路等不同的形式。

① 滤波电路。虽然利用整流电路可以从电网的交流电源得到直流电压或直流电流，但是这种电压或电流含有频率为电源频率 6 倍的波纹，则逆变后的交流电压、电流也产生纹波。因此，必须对整流电路的输出进行滤波，以减少电压或电流的波动,这种电路称为滤波电路。

通常用大容量电容对整流电路输出电压进行滤波。由于电容量比较大，一般采用电解电容。二极管整流器在电源接通时，电容中将流过较大的充电电流(亦称浪涌电流)，有可能烧坏二极管，必须采取相应措施。图 5-12 给出几种抑制浪涌电流的方式。

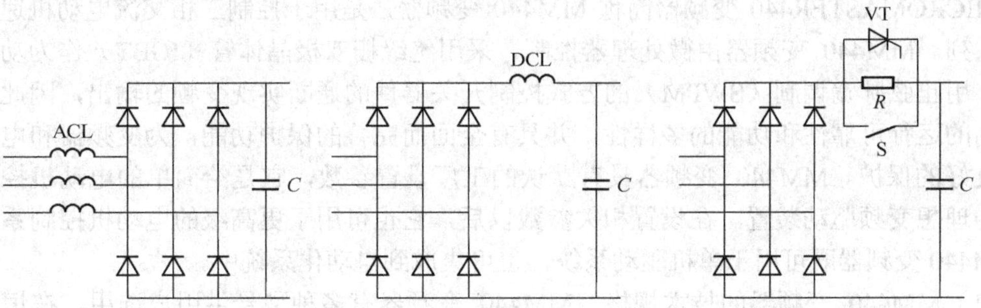


图 5-12　抑制浪涌电流的方式

a) 接入交流电抗　b) 接入直流电抗　c) 串联充电电阻

采用大电容滤波后再送给逆变器，这样可使加于负载上的电压值不受负载变动的影响，基本保持恒定。该变频电源类似于电压源，因而称为电压型变频器。电压型变频器的电路框图如图 5-13 所示。电压型变频器逆变电压波形为方波，而电流的波形经电动机负载滤波后接近于正弦波，如图 5-14 所示。

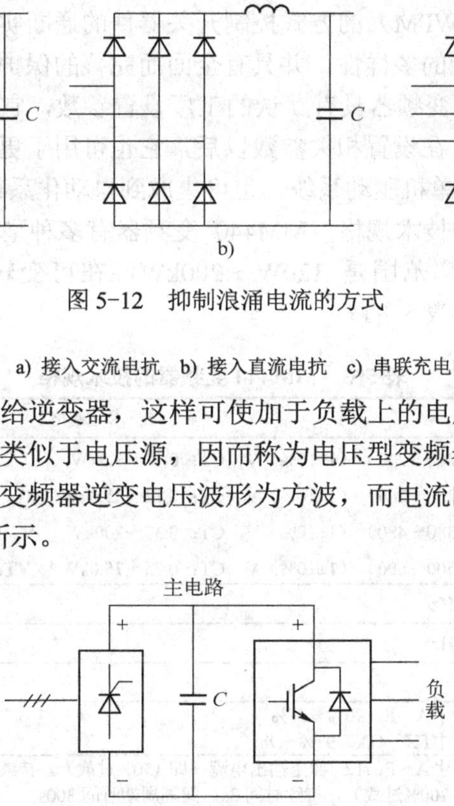


图 5-13　电压型变频器的电路框图

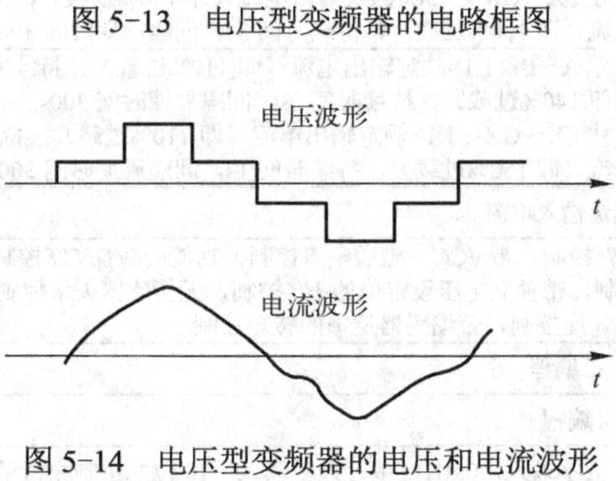


图 5-14　电压型变频器的电压和电流波形

采用大容量电感对整流电路输出电流进行滤波，称为电感滤波。由于经电感滤波后加于逆变器的电流值稳定不变，所以输出电流基本不受负载的影响，电源外特性类似电流源，因而称为电流型变频器。

② 制动单元。利用设置在直流回路中的制动电阻吸收电动机的再生电能的方式称为动力制动或再生制动。

## 5.2.2 变频器功能介绍

### 1．MM440 变频器简介

MICROMASTER440 变频器简称 MM440 变频器，是用于控制三相交流电动机速度的变频器系列。MM440 变频器由微处理器控制，采用绝缘栅双极晶体管（IGBT）作为功率输出器件，用正弦脉宽调制（SWPM）的方式控制开关器件的通断实现变频的输出，因此它们具有很高的运行可靠性和功能的多样性，并具有全面而完善的保护功能，为变频器和电动机提供了良好的保护。MM440 变频器具有默认的工厂设置参数，它是给简单的电动机控制系统供电的理想变频驱动装置。在设置相关参数以后，它也可用于更高级的电动机控制系统。所以 MM440 变频器既可用于单机驱动系统，也可集成到自动化系统中。

（1）MM440 变频器的技术规格　MM440 变频器有多种型号供用户选用，在恒定转矩（CT）控制方式下额定功率范围是 120W～200kW，在可变转矩(VT)控制方式下可达到 250kW，具体的技术规格见表 5-3。

**表 5-3　MM440 变频器的技术规格**

| 特　性 | | 技 术 规 格 |
|---|---|---|
| 电源电压和功率范围 | | 1～（200～240）（1±10%）V　CT：0.12～3.0kW<br>3～（200～240）（1±10%）V　CT：0.12～45.0kW　VT：5.5～45.0kW<br>3～（380～480）（1±10%）V　CT：0.37～200kW　VT：7.5～250kW<br>3～（500～600）（1±10%）V　CT：0.75～75.0kW　VT：1.50～90.0kW |
| 输入频率 | | 47～63Hz |
| 输出频率 | | 0～650Hz |
| 功率因数 | | 0.98 |
| 变频器的效率 | | 外形尺寸 A～F：96%～97%<br>外形尺寸 FX～GX：97%～98% |
| 过载能力 | 恒定转矩（CT） | 外形尺寸 A～F：1.5×额定输出电流（即 150%过载），持续时间 60s，间隔 300s 以及 2×额定输出电流（即 200%过载），持续时间 3s，间隔周期时间 300s<br>外形尺寸 FX～GX：1.36×额定输出电流（即 136%过载），持续时间 57s，间隔 300s 以及 1.6×额定输出电流（即 160%过载），持续时间 3s，间隔周期时间 300s |
| | 可变转矩（VT） | 外形尺寸 A～F：1.1×额定输出电流（即 110%过载），持续时间 60s，间隔 300s 以及 1.4×额定输出电流（即 140%过载），持续时间 3s，间隔周期时间 300s<br>外形尺寸 FX～GX：1.1×额定输出电流（即 110%过载），持续时间 59s，间隔 300s 以及 1.5×额定输出电流（即 150%过载），持续时间 1s，间隔周期时间 300s |
| 合闸冲击电流 | | 小于额定输入电流 |
| 控制方法 | | 线性 $U/f$ 控制，带 FCC（磁通电流控制）功能的线性 $U/f$ 控制，多点 $U/f$ 控制，使用于纺织工业的 $U/f$ 控制，带独立电压设定值的 $U/f$ 控制，无传感器矢量控制，无传感器矢量转矩控制，带编码器反馈的速度控制，带编码器反馈的转矩控制 |
| 固定频率 | | 15 个，可编程 |
| 跳转频率 | | 4 个，可编程 |
| 设定值的分辨率 | | 0.01Hz 数字输入，0.01Hz 串行通信输入，10 位二进制模拟量输入（电动电位计 0.1Hz） |
| 数字输入 | | 6 个，可编程（带电位隔离），可切换高电平/低电平有效（PNP/NPN） |

（续）

| 特　性 | 技 术 规 格 |
| --- | --- |
| 模拟输入 | 2 个，可编程，两个输入可作为第 7 和第 8 个数字输入进行参数化<br>0～10V,0～20mA 和-10～+10V（AIN1）<br>0～10V,0～20mA（AIN2） |
| 继电器输出 | 3 个，可编程直流 30V/5A（电阻性负载），交流 250V/2A（电感性负载） |
| 模拟输出 | 2 个，可编程（0～20mA） |
| 串行接口 | RS-485，可选 RS-232 |
| 制动 | 直流注入制动、复合制动、动力制动<br>外形尺寸 A～F 带内置制动单元<br>外形尺寸 FX 和 GX 带外接制动单元 |
| 防护等级 | IP20 |
| 温度范围 | 外形尺寸 A～F：-10～+50℃（CT）；-10～+40℃（VT）<br>外形尺寸 FX 和 GX：0～+55℃ |
| 存放温度 | -41～+70℃ |
| 相对湿度 | <95%，无结露 |
| 工作地区的海拔 | 外形尺寸 A～F：海拔 1000m 以下不需要降低额定值运行<br>外形尺寸 FX 和 GX：海拔 2000m 以下不需要降低额定值运行 |
| 保护特征 | 欠电压，过电压，过负载，接地，短路，电动机失步保护，电动机锁定保护，电动机过温，参数连锁 |
| 标准 | 外形尺寸 A～F：UL，CUL，CE，C-tick<br>外形尺寸 FX 和 GX：UL，CUL，CE |

注：NPN 是高电平有效，开关量的电源用 9 端口（+24V），PNP 是低电平有效，开关量的电源用 28 端口（0V）。AIN1 是第 1 路模拟量输入，AIN2 是第 2 路模拟量输入。

A～F 和 FX～GX 表示 MM440 外形尺寸。IP20 表示防护等级。

（2）MM440 变频器的主要性能特征

1）具有矢量控制性能。两种矢量控制方式：无传感器矢量控制；带编码器的矢量控制。

2）具有 *U/f* 控制性能。磁通电流控制，改善了动态响应和电动机的控制特性；多点 *U/f* 控制特性。

3）具有快速电流限制功能，避免运行中不应有的跳闸。

4）具有复合制动功能，改善了制动特性；具有内置的制动单元（仅限外形尺寸为 A～F 型的 MM440 变频器）。

5）加速/减速斜坡特性具有可编程的平滑功能；起始和结束段不带平滑圆弧。

6）具有比例、积分和微分（PID）控制功能的闭环控制。

**2．MM440 变频器的端子介绍**

MM440 变频器的电路分为两大部分：一部分是完成电能转换（整流、逆变）的主电路；另一部分是处理信息的收集、变换和传输的控制电路。其接线图如图 5-15 所示。

（1）主电路　主电路是由电源输入单相或三相恒压恒频的正弦交流电压，经整流电路转换成恒定的直流电压，供给逆变电路。逆变电路在 CPU 的控制下，将恒定的直流电压逆变成电压和频率均可调的三相交流电供给电动机负载。由图 5-15 可知，MM440 变频器直流环节采用电容滤波，属于电压型交-直-交变频器。

（2）控制电路　控制电路由 CPU、模拟输入、模拟输出、数字输入、数字输出继电器触头、操作面板等组成。

端子 1、2 是变频器为用户提供的一个高精度的 10V 直流稳压电源。当采用模拟电压信号输入方式输入给定频率时，为了提高交流变频调速系统的控制精度，必须配备一个高精度的直流稳压电源作为模拟电压输入的直流电源。

模拟输入端子 3、4 和 10、11 为用户提供了两对模拟电压给定输入端作为频率给定信号，

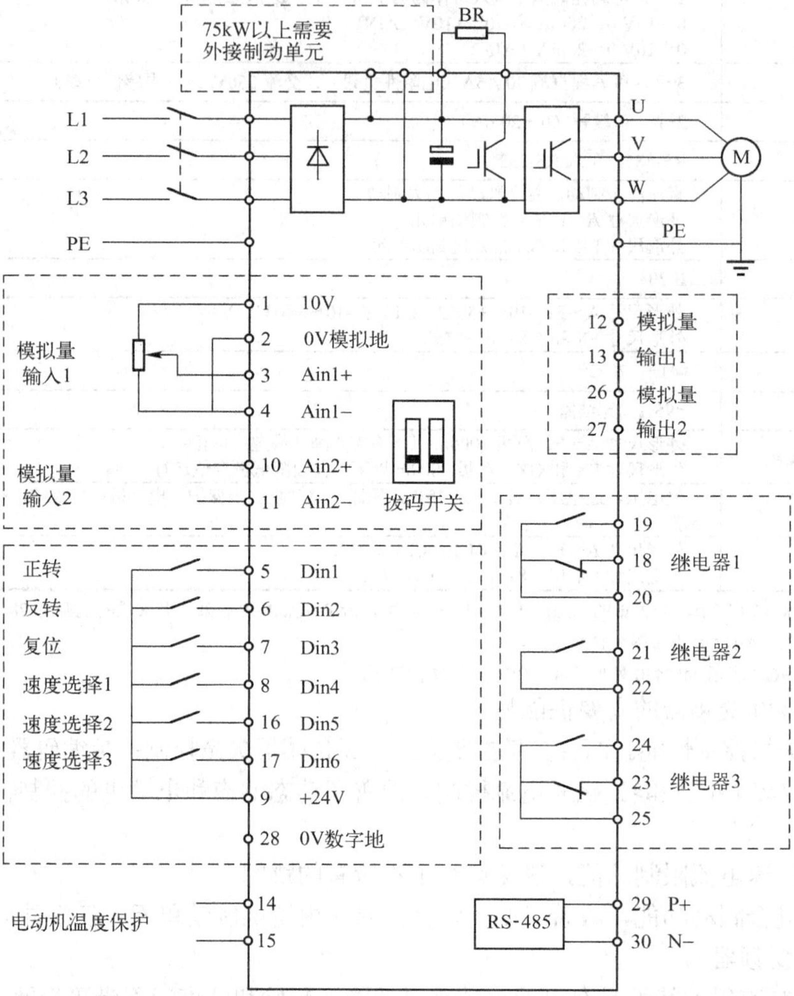


图 5-15　MM440 变频器的接线图

经变频器内模/数转换器，将模拟量转换成数字量，传输给 CPU 来控制系统。

数字输入 5、6、7、8、16、17 端为用户提供了 6 个完全可编程的数字输入端，数字输入信号经光耦隔离输入 CPU，对电动机进行正反转、正反向点动、固定频率设定值控制等。

输入 9、28 端是 24V 直流电源端，用户为变频器的控制电路提供 24V 直流电源。

输出 12、13 和 26、27 端为两对模拟输出端；输出 18、19、20、21、22、23、24、25 端为输出继电器的触头；输入 14、15 端为电动机过热保护输入端；输入 29、30 端为 RS-485（USS 协议）端。

**3．变频器的功能**

（1）过电流保护　过电流是指变频器的输出电流的峰值超出了变频器的允许值。由于逆变器的过载能力很差，大多数变频器的过载能力都只有 150%，允许持续时间为 1min。因此

变频器的过电流保护就显得尤为重要。

在大多数拖动系统中，由于负载的变动，短时间的过电流是不可避免的。为了避免频繁跳闸给生产带来的不便，一般的变频器都设置了失速防止功能（即防止跳闸功能），只有在该功能无法消除过电流或过电流峰值过大时，变频器才会跳闸，停止输出。

如果过电流发生在加、减速过程中，当电流超过时，变频器暂停加、减速（即维持不变），待过电流消失后再进行加、减速，如图 5-16 所示。

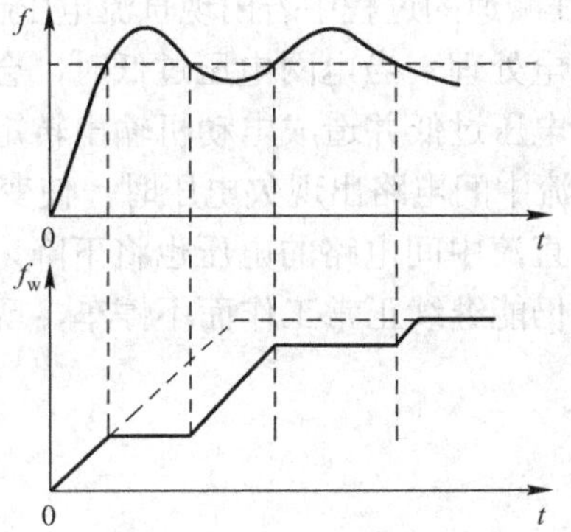


图 5-16　加/减速失速防止

如果过电流发生在恒速运行时，变频器会适当降低其输出频率，待过电流消失后再使输出频率返回原来的值，如图 5-17 所示。

（2）电动机过载保护。在传统的电力拖动系统中，通常采用热继电器对电动机进行过载保护。热继电器具有反时限特性，即电动机的过载电流越大，电动机的温升增加越快，允许电动机持续运行的时间就越短，继电器的跳闸也越快。

变频器中的电子热敏器，可以很方便地实现热继电器的反时限特性。检测变频器的输出电流，并和存储单元中的保护特性进行比较。当变频器的输出电流大于过载保护电流时，电子热敏器将按照反时限特性进行计算，算出允许电流持续的时间，如果在此时间内过载情况消失，则变频器工作依然是正常的，若超过此时间过载电流仍然存在，则变频器将跳闸，停止输出。使用变频器的该功能，只适用于一个变频器带一台电动机的情况。如果一个变频器带有多台电动机，则由于电动机的容量比变频器小得多，变频器将无法对电动机的过载进行保护，此时可在每个电动机上再加装一个热继电器。

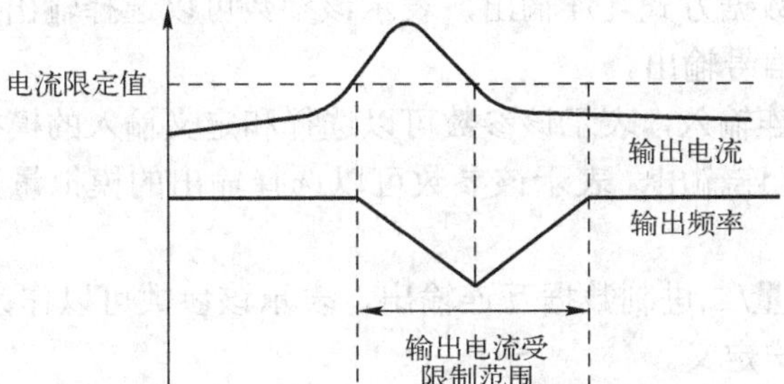


图 5-17　恒速失速防止

（3）过电压保护　产生过电压的原因，大致可分为两大类：一类是在减速制动的过程中，由于电动机处于再生制动状态，若减速时间设置得太短，因再生能量来不及释放，引起变频器中间电路的直流电压升高而产生过电压；另一类是由于电源系统的浪涌电压而引起的过电压。对于电源过电压的情况，变频器规定：电源电压的上限一般不能超过电源电压的10%。如果超过该值，则变频器将会跳闸。

对于在减速过程中出现的过电压，也可以采用暂缓减速的方法来防止变频器跳闸。可以由用户给定一个电压的限值，在减速的过程中若出现直流电压超过该限值，则暂停减速。

（4）欠电压保护和瞬间停电处理　当电网电压过低时，会引起变频器直流中间电路的电压下降，从而使变频器的输出电压过低并造成电动机输出转矩不足和过热现象。而欠电压保护的作用，就是在变频器的直流中间电路出现欠电压时，使变频器停止输出。

当电源出现瞬间停电时，直流中间电路的电压也将下降，并可能出现欠电压的现象。为了使系统在出现这种情况时，仍能继续正常工作而不停车，现代的变频器大部分都提供了瞬时停电再起动功能。

### 5.2.3　变频器参数与调试

变频器控制电动机运行，其各种性能和运行方式的实现均需要设定变频器参数，不同的参数都定义为某一具体功能，不同的变频器参数的多少也是不一样的。正确地理解并设置这些参数是应用变频器的基础。

**1．MM440 参数介绍**

变频器的参数只能用基本操作面板（BOP）、高级操作面板（AOP）或者通过串行通信接口进行修改。MM440 变频器的参数格式包括参数号、参数名称、用户访问级、数据类型、单位、最大值、最小值、默认值、使能有效等。

（1）参数号　参数号是指该参数的编号。参数号用 0000～9999 的 4 位数字表示。在参数号的前面冠以一个小写字母“r”时，表示该参数是“只读”的参数，其他所有参数号的前面都冠以一个大写字母“P”。这些参数的设定值可以直接在标题栏的“最小值”和“最大值”范围内进行修改。[下标]表示该参数是一个带下标的参数，并且指定了下标的有效序号。

（2）参数名称　参数名称是指该参数的名称。有些参数名称的前面冠以缩写字母 BI、BO、CI 和 CO，其意义如下：

1）BI=：二进制数据方式互连输入，表示该参数可以选择和定义输入的二进制数据信号源。

2）BO =：二进制数据方式互连输出，表示该参数可以选择输出的二进制数据功能，或作为用户定义的二进制信号输出。

3）CI=：模拟量互连输入，表示该参数可以选择和定义输入的模拟量数据信号源。

4）CO=：模拟量互连输出，表示该参数可以选择输出的模拟量数据功能，或作为用户定义的模拟量信号输出。

5）CO/BO=：模拟量/二进制数据互连输出，表示该参数可以作为模拟量信号/或二进制数据信号输出，或由用户定义。

（3）Cstat：Cstat 是指参数的调试状态。可能有三种状态：调试 C、运行 U 和准备运行 T。这是表示该参数在何时允许进行修改。对于一个参数，可以指定一种、两种或者全部三种状态。如果三种状态都指定了，就表示这一参数的设定值在变频器的上述三种状态下都可以进行修改。

（4）使能有效：使能有效表示该参数是否可以立即修改，或者通过按下操作面板上的[P]确认键以后才能使新输入的数据有效，即确认该参数。

（5）数据类型：数据类型包括：U16：16 位无符号数；U32：32 位无符号数；I16：16 位整数；I32：32 位整数；Float：浮点数。

（6）最小值：最小值是指该参数可能设置的最小数值。

（7）最大值：最大值是指该参数可能设置的最大数值。

（8）默认值：（也称缺省值） 默认值是指该参数的默认数据，如果用户不对该参数指定数值，变频器就采用出厂时设定的这一数值作为该参数的值。

（9）参数组：参数组是指具有特定功能的一组参数。参数 P004（参数过滤器）的作用是根据所选定的一组功能，对参数进行过滤（或筛选），并集中对过滤出的一组参数进行访问。

（10）访问级别：用户访问级是指允许用户访问参数的等级。变频器共有 4 个访问等级：标准级、扩展级、专家级和维修级。每个功能组中包含的参数取决于参数 P0003（用户访问等级）设定的访问等级。

**2．使用操作面板设置变频器的参数**

（1）设置普通变频器参数　以更改参数 P0004 数值为例，说明变频器普通参数的设置方法。具体步骤如表 5-4 所示。

**表 5-4　更改参数 P0004 数值的步骤**

| 操作步骤 | 显示结果 |
|---|---|
| 1 按[P]访问参数 | r0000 |
| 2 按[▲]直到显示出 P0004 | P0004 |
| 3 按[P]进入参数数值访问级 | 0 |
| 4 按[▲]或[▼]达到所需要的数值 | 7 |
| 5 按[P]确认并存储参数的数值 | P0004 |
| 6 使用者只能看到数字量 I/O 有关的参数 | |

（2）设置变频器的下标参数　以更改参数 P0719 数值为例，变频器下标参数的设置步骤如表 5-5 所示。

**表 5-5　更改参数 P0719 数值的步骤**

| 操作步骤 | 显示结果 |
|---|---|
| 1 按[P]访问参数 | r0000 |
| 2 按[▲]直到显示出 P0719 | P0719 |
| 3 按[P]进入参数数值访问级 | in000 |
| 4 按[P]显示参数的当前值 | 0 |
| 5 按[▲]或[▼]达到所需要的数值 | 12 |
| 6 按[P]确认并存储参数的数值 | P0719 |
| 7 按[▼]直到显示参数 r0000 | r0000 |
| 8 按[P]返回标准的变频器显示（由用户定义） | |

修改变频器的参数值，有时变频器会出现 busy，表明变频器正在处理优先级别更高的任务。

（3）设置变频器参数数值中的某一位数字　在设置变频器的参数中会遇到只需要修改参数中的某一位数字，为了快速修改参数中的一个数字，可以逐一选中显示参数中的每一位数字，然后根据需要修改其中的各个数字，具体操作步骤是：首先进入需要修改的参数数值访问级；接着按（功能键），最右面的一个数字闪烁，可以按或修改这位数字的数值；接着再按（功能键），相邻左面的一个数字闪烁，该位数字可以被修改；以此方法可以完成每一位数字的修改，直到显示出所需要的数值；最后按可以退出该参数数值访问级。

**3. MM440 变频器的调试**

通常一台新的 MM440 变频器一般需要经过如下三个调试步骤：参数复位、快速调试和功能调试。

（1）MM440 变频器参数复位　参数复位，是将变频器的参数恢复到出厂时的参数默认值。一般在变频器初次调试，或者参数设置混乱时，需要执行该操作，以便将变频器的参数值恢复到一个确定的默认状态。具体的操作步骤如图 5-18 所示。

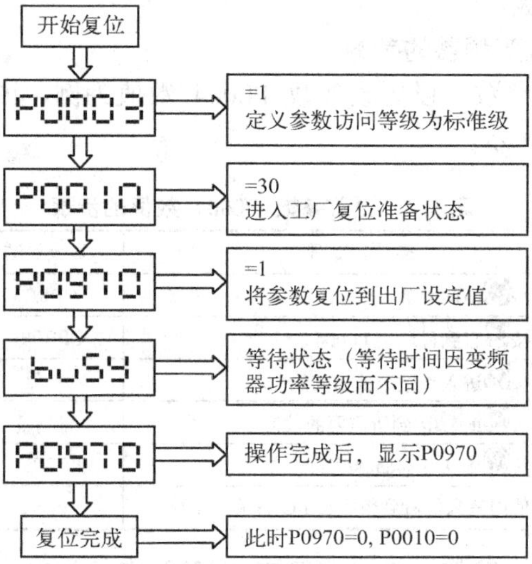


图 5-18　变频器参数复位操作步骤

在参数复位完成后，需要进行快速调试。根据电动机和负载具体特性，以及变频器的控制方式等信息进行必要的设置之后，变频器就可以驱动电动机工作了。

（2）变频器的快速调试　快速调试状态，需要用户输入电动机相关的参数和一些基本驱动控制参数，使变频器可以良好地驱动电动机运转。一般在复位操作后，或者更换电动机后需要进行此操作。变频器快速调试的步骤如表 5-6 所示。

**表 5-6　变频器的快速调试步骤**

| 参数号 | 参数描述 | 推荐设置 |
|---|---|---|
| P0003 | 设置参数访问等级<br>=1 标准级（只需要设置最基本的参数）；<br>=2 扩展级；<br>=3 专家级 | 3 |

（续）

| 参数号 | 参数描述 | 推荐设置 |
| --- | --- | --- |
| P0010 | =1 快速开始调试。并注意如下事项：<br>1.只有在 P0010=1 的情况下，才能修改电动机的主要参数，如：P0304,P0305<br>2.只有在 P0010=0 的情况下，变频器才能运行 | 1 |
| P0100 | 选择电动机的功率单位和电网频率<br>=0 单位 kW,频率 50Hz；<br>=1 单位 hp,频率 60Hz；<br>=2 单位 kW,频率 60Hz | 0 |
| P0205 | 变频器应用对象<br>=0 恒转矩（压缩机，传送带等）；<br>=1 变转矩（风机，泵类等） | 0 |
| P0300[0] | 选择电动机类型<br>=1 异步电动机；<br>=2 同步电动机 | 1 |
| P0304[0] | 电动机额定电压：<br>注意电动机实际接线（Y/△） | 根据电动机铭牌 |
| P0305[0] | 电动机额定电流：<br>注意电动机实际接线（Y/△）；如果驱动多台电动机，P0305 的值要大于电流总和 | 根据电动机铭牌 |
| P0307[0] | 电动机额定功率：<br>如果 P0100=0 或 2，单位是 kW；<br>如果 P0100=1，单位是 hp | 根据电动机铭牌 |
| P0308[0] | 电动机功率因数 | 根据电动机铭牌 |
| P0309[0] | 电动机的额定效率。并注意如下事项：<br>如果 P0309 设置为 0，则变频器自动计算电动机效率；<br>如果 P0100 设置为 0，看不到此参数 | 根据电动机铭牌 |
| P1000[0] | 设置频率给定源<br>=1 BOP 电动电位计给定（面板）；<br>=2 模拟量输入 1 通道（端子 3，4）；<br>=3 固定频率；<br>=4 BOP 链路的 $U_{SS}$ 控制；<br>=5 COM 链路的 $U_{SS}$(端子 29，30)；<br>=6 Profibus(CB 通信板)；<br>=7 模拟输入 2 通道（端子 10，11） | 2 |
| P1080[0] | 限制电动机运行的最小频率 | 0 |
| P1082[0] | 限制电动机运行的最大频率 | 50 |
| P1120[0] | 电动机从静止状态加速到最大频率所需时间 | 10 |
| P1121[0] | 电动机从最大频率降速到静止状态所需时间 | 10 |
| P1300[0] | 控制方式选择<br>=0 线性 V/F 控制；<br>=2 平方曲线 V/F 控制；<br>=20 无传感器矢量控制；<br>=21 带传感器的矢量控制 | 0 |
| P3900 | 结束快速调试<br>=1 电动机数据计算，并将除快速调试以外的参数恢复到出厂设定；<br>=2 电动机数据计算，并将 I/O 设定恢复到工厂设定；<br>=3 电动机数据计算，其他参数不进行工厂复位 | 3 |

（3）变频器的功能调试　功能调试，指用户按照具体生产工艺的需要进行的设置操作。这一部分的调试工作比较复杂，常常需要在现场多次调试。

## 5.3 知识链接 2——交流变频调速系统

引导问题：

1. 交流变频调速系统组成。
2. 交流变频调速系统工作原理。

### 5.3.1 交流变频调速系统组成

转速开环的电压型晶闸管变频调速系统是没有测速反馈的转速开环变频调速系统，适用于调速要求不高的场合。现以其为例介绍变频调速系统组成。

系统组成说明：

（1）控制部分分上、下两路，上路实现对晶闸管整流桥的变压控制，下路实现对晶闸管逆变桥的变频控制。

（2）主电路采用晶闸管交-直-交电压型变频器。

（3）有两个控制通道：上为电压控制通道，采用电压闭环控制整流器的输出电压；下为频率控制通道，控制逆变器的输出频率。电压和频率控制采用同一控制信号（来自绝对值运算器），保证二者之间的协调。

（4）因转速开环控制，不能让阶跃给定信号直接加到系统上，为此设置了给定积分器将阶跃信号转变成合适的斜坡信号，从而使电压和转速都能平缓地升高或降低。

（5）实现系统可逆只需改变变频电压的相序，并不需要在电压和频率的控制信号上反映极性，因此，设置了绝对值运算器将给定积分器的输出变换成只输出其绝对值的信号。电压控制采用电压、电流双闭环结构。内环设电流调节器，限制动态电流；外环设电压调节器，以控制变频器输出电压。电压-频率控制信号加到电压环以前，应补偿定子阻抗压降，以改善低速时的机械特性，提高带负载能力。频率控制环节主要由压-频变换器、环分器和脉冲放大器三部分组成。

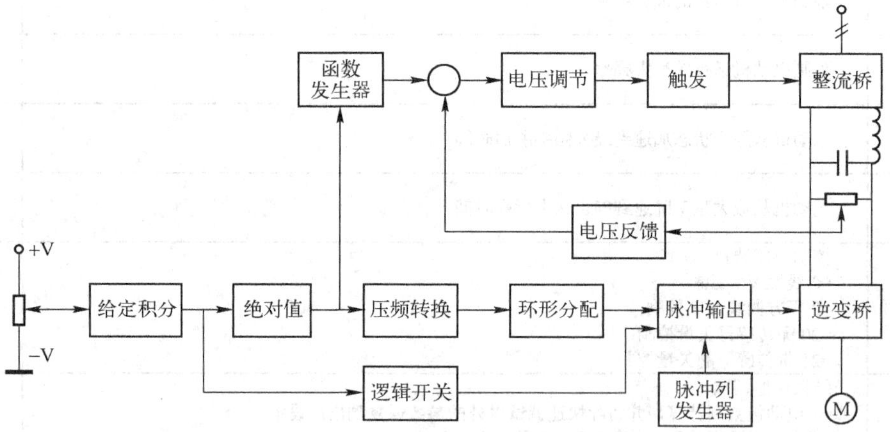


图 5-19 电压型晶闸管变频调速系统框图

### 5.3.2　交流变频调速系统工作原理

交流变频调速系统主要由变频器和控制单元组成。变频器的工作原理前面已做介绍，不再赘述。下面将详细介绍晶闸管变频调速系统中主要控制环节的工作原理。

**1．给定积分器**

给定积分器（软启动器）用来减缓突加阶跃给定信号造成的系统内部电流、电压的冲击。其输入输出信号对比如图 5-20 所示。

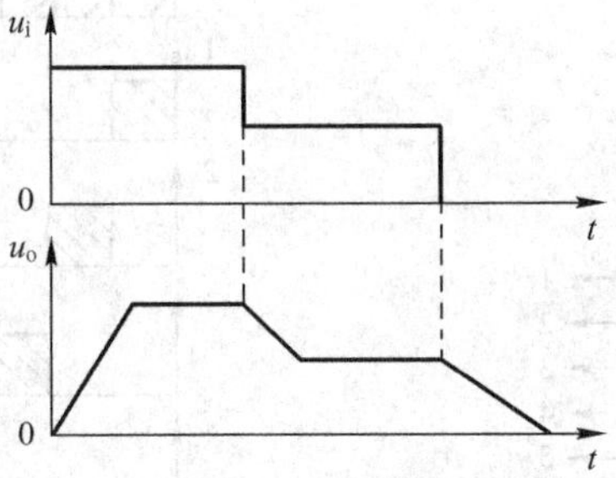


图 5-20　给定积分器输入输出

**2．绝对值运算器**

绝对值运算器可以把给定积分器送来的输入信号（正值或负值）均转换为正值。其输入输出关系如图 5-21 所示。

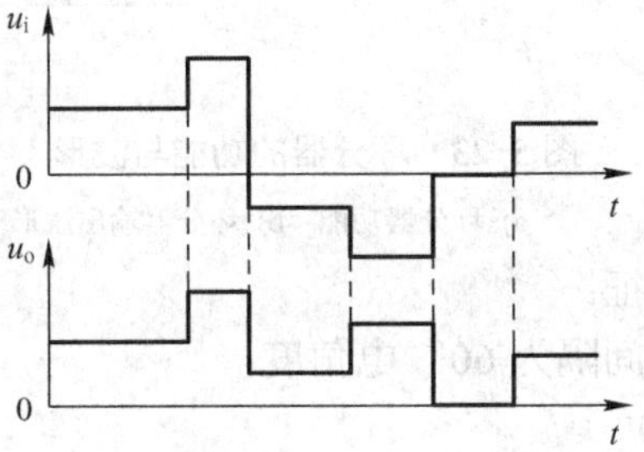


图 5-21　绝对值运算器的输入输出

**3．电压-频率变换器**

电压-频率（U/F）变换器就是用来将电压给定信号转换成脉冲信号的装置，输入电压越高，脉冲频率越高；输入电压越低，则脉冲频率越低。输入输出信号关系如图 5-22 所示。

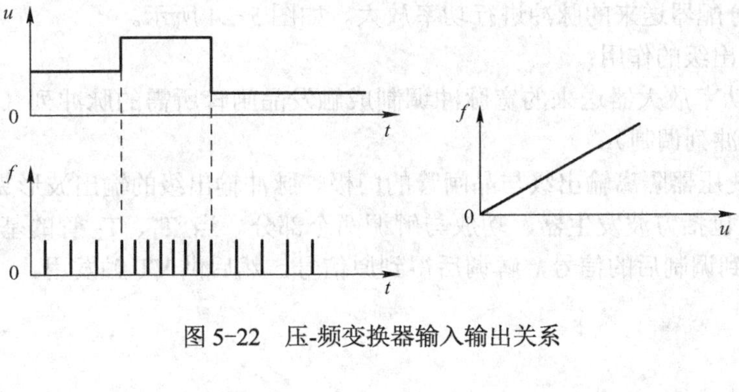


图 5-22　压-频变换器输入输出关系

**4. 环形分配器**

环形分配器又称 6 分频器，它将 U/F 变换器送来的压控振荡脉冲，每 6 个为一组，分 6 路输出，依次送给逆变桥的 6 个晶闸管元件。其输入输出信号波形如图 5-23a、b 所示。

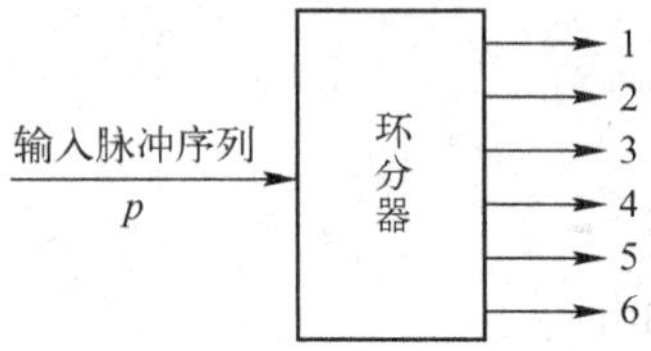


a)

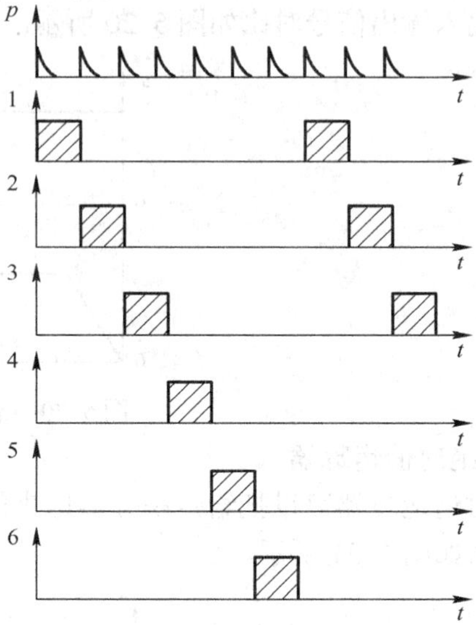


b)

图 5-23　环分器的功能与波形

a) 环分器功能　b) 环分器输出波形

环形分配器输出脉冲的特征：

（1）各路脉冲发出的时间间隔为 60° 电角度；

（2）各路脉冲的宽度为 60°。

**5. 脉冲功率放大与脉冲输出级**

（1）脉冲功率放大的作用是：

1）根据逻辑开关发出的指令，使功率放大管按照 $T_1 \rightarrow T_2 \rightarrow \cdots\cdots \rightarrow T_6 \rightarrow T_1 \cdots\cdots$ 或 $T_6 \rightarrow T_5 \rightarrow \cdots\cdots T_1 \rightarrow T_6 \cdots\cdots$ 的顺序导通；

2）将宽度为 60° 的脉冲拓宽为 120° 的宽脉冲；

3）将环形分配器送来的脉冲进行功率放大。如图 5-24 所示。

（2）脉冲输出级的作用：

1）将脉冲功率放大器送来的宽脉冲调制成触发晶闸管所需的脉冲列（用方波发生器产生的脉冲进行脉冲列调制）；

2）用脉冲变压器隔离输出级与晶闸管的门极。脉冲输出级的输出波形见图 5-25。

脉冲输出级包括方波发生器、功放与解调两个部分。当 $T_1$、$T_2$ 管的基极均为高电平，在 TB 的原边得到调制后的信号，解调后得到原信号，然后供 VT 触发用。

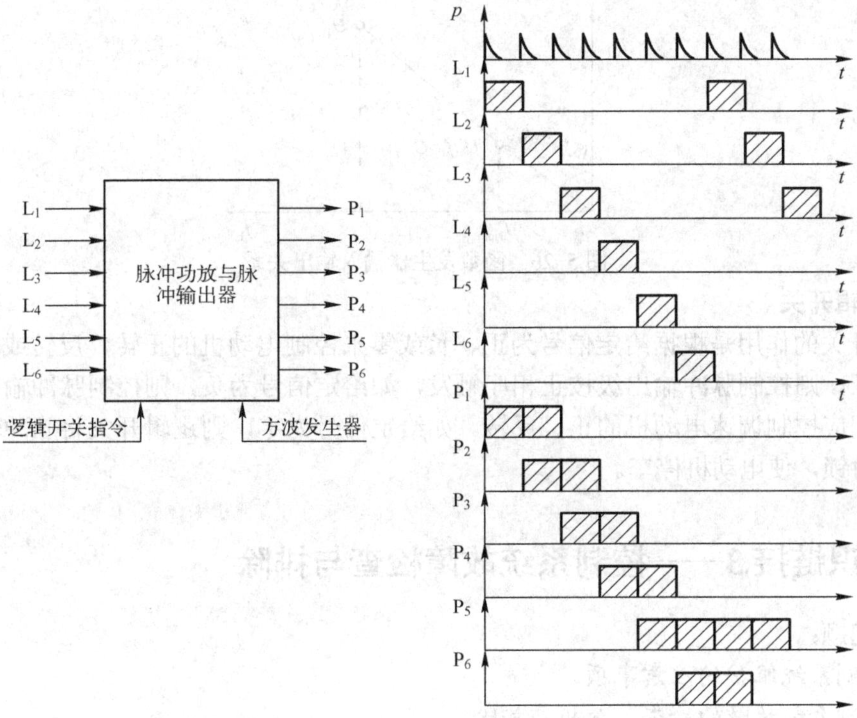


a)　　　　　　　　　　b)

图 5-24　脉冲功放与输出级的功能原理图及输出波形

a）功放与输出级功能原理图　b）功放器的输出波形

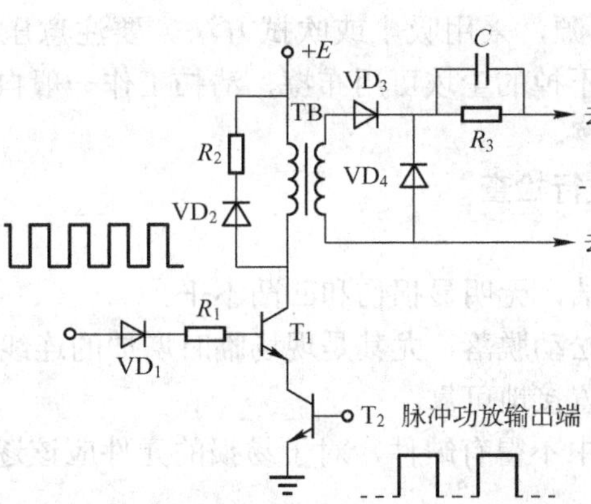


图 5-25　脉冲输出级电路图

**6．函数发生器**

作用：①在 $f_{1min}$～$f_{1n}$ 的范围内，将频率给定信号正比例转换为电压给定信号，确保恒转矩调速，并在低频段将电压适当提升，实现低频电压补偿，保证 $E_g/f_1$=常数；②在 $f_{1n}$ 以上，频率给定信号变化，电压给定信号保持不变，使输出电压 $U_1=U_{1n}$ 不变。其输入、输出关系如图 5-26 所示。

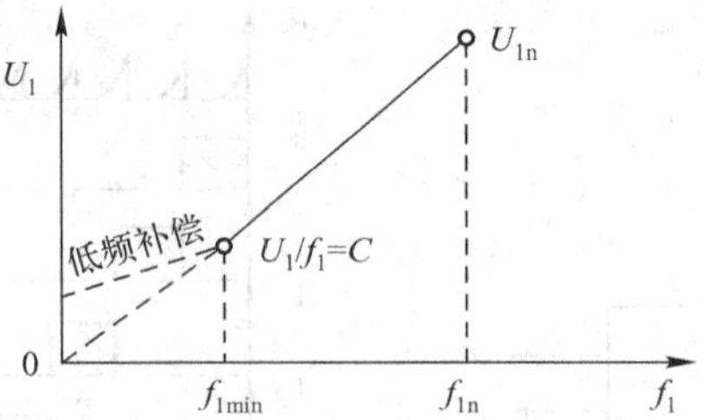

图 5-26　函数发生器输入输出关系

**7．逻辑开关**

逻辑开关的作用是根据给定信号为正、负或零来控制电动机的正转、反转或停车。如给定信号为正，则控制脉冲输出级按正相序触发，如给定信号为负，则控制脉冲输出级按负相序触发，相应控制调速电动机的正、反转。如给定信号为零，则逻辑开关将脉冲输出级的正负脉冲都封锁，使电动机停车。

## 5.4　知识链接 3——控制系统故障检查与排除

引导问题：

1．控制系统维护的注意事项。

2．控制系统故障的检查、分析与排除。

### 5.4.1　自动控制系统的维护使用

**1．一般维护—保持清洁，定期清理**

定期清扫尘埃时，要断开电源，采用吸尘或吹拭方法。要注意压缩空气的压力不能太大，以防止吹坏零件和断线。吹不掉的尘埃可用布擦，清扫工作一般自柜体上部向下进行，接插件部分可用酒精或香蕉水揩擦。

**2．长期停机再使用时要先进行检查**

检查项目如下：

（1）外表检查：要求外表整洁，无明显损伤和凹凸不平。

（2）接线检查：是否有接头松动脱落，尤其是现场临时增加的连线。

（3）接地检查：必须保证装置接地可靠。

（4）器件完整性检查：装置中不得有缺件，对于易损的元件应该逐一核对，已经损坏或老化失效的元件应及时更换。

（5）绝缘性能检查：由于装置长期停机，可能带有灰尘和其他带电的尘埃，而影响绝缘性能。

（6）电气性能检查：根据电气原理，进行模拟工作检查，并且模拟制造动作事故，查看保护系统是否有效。

（7）主机运转前电动机空载试验检查：可以参照系统调试中的电动机空负荷试验方法进行。

（8）主机运转时系统的稳态和动态性能指标的检查：用慢扫描示波器查看主机起动、升速及降速瞬间的电流和速度波形，用双踪或同步示波器查看装置直流侧的电压波形。检查系统性能精度和主要参量的波形是否正常，是否符合要求。

**3．日常维护**

经常查看各类熔丝，特别是快速熔断器。快速熔断器一般都有信号指示，但信号部分也有可能失效，因此可以在停电情况下用万用表 R×1 档测量熔丝电阻是否为 0Ω。有些连续生产的设备，可以带电检查，只要用万用表交流电压档测量，若熔丝两端有高电压，则说明熔丝已经熔断。对大电流部分也要经常注意是否有过热部件，是否有焦味、变色等现象。

**4．定期检修**

对于紧固件（电力电子开关元件本身除外），运行约 6 个月需检查一次，其后 2～3 年再进行一次紧固。对保护系统，1～2 年需进行测试， 检查其工作情况是否正常。这可在停机情况下，由控制部分通电进行检查，并根据其原理，制造模拟事故，看其是否能进行有效保护。导线部分要查看是否有过热、损伤及变形等，有些地方需用 500V 或 1000V 兆欧表检查其绝缘电阻。有条件的地方，需经常用示波器查看直流侧的输出波形，如发现波形缺相不齐，要及时处理，排除故障。对于大型自动控制系统，在生产商出厂时，都备有使用说明和运行维护手册，用户可对照故障现象，检查故障原因。

### 5.4.2 系统故障的检查与排除

自动控制系统运行过程出现故障时，首先要仔细观察和记录故障的情况，然后分析产生故障的各种可能的原因，在这基础上逐一进行分析检查，排除其中的非故障原因，逐渐缩小"搜索圈"，最后找出产生故障的真正原因。再针对原因，采取相应的措施，把故障排除，使系统恢复正常。

表 5-7 为晶闸管直流调速系统的常见故障、产生这些故障的可能原因、检查的方法和处理建议。表 5-8 是 FRN - G95/P9S 系列变频器的故障情况、保护功能、检查要点和处理方法。

**表 5-7 晶闸管直流调速系统的常见故障**

| 故障情况 | 可能原因 | 检查和处理 |
|---|---|---|
| 1. 电源电压正常，但晶闸管整流桥输出波形不齐 | 1. 有误触发<br>① 由于布线强电和弱电线混杂一起引起干扰<br>② 触发单元本身插件有虚焊、元件质量等引发触发部分故障 | 1. 查看电缆沟中强、弱电的布局，适当分开<br>2. 用示波器看触发板波形，发现不正常处，可先把好的备件插上，然后再修理有毛病的板子，若正常线路板换上仍无效，说明其他方面有问题 |
| | 2. 相位不对<br>① 同步电源的相位有可能造成滤波器移相部分 $R$、$C$ 的影响而出现的异常情况<br>② 调节单元故障<br>③ 进线电源相序不对 | 1. 触发电路中，检查同步电压相位与主电路是否匹配<br>2. 调节电源的静态和动态性能可以通过万用表和示波器检查<br>3. 用示波器查看三相波形，重新对准相序 |
| 2. 交、直流侧过电压保护故障 | 1. 过电压吸收部分元件有击穿<br>2. 能力过大引起元件损坏 | 1. 停电后，用万用表检查过电压吸收部分的 $R$、$C$ 及二极管、压敏电阻等元件是否有损坏<br>2. 若保护元件损坏，应及时更换 |
| 3. 快熔烧断 | 1. 晶闸管元件击穿<br>2. 误触发<br>3. 控制部分有故障<br>4. 过电压吸收电路有不良<br>5. 电网电压或频率波动过大 | 1. 检查晶闸管元件<br>2. 检查晶闸管有无不触发、误触发、丢脉冲或脉冲宽度过小，检查逆变保护有无误动作<br>3. 检查保护电路<br>4. 查看稳压源电路是否正常、电网电压是否正常<br>5. 检查外电路有无短路或过载 |
| 4. 晶闸管元件不良 | 晶闸管元件耐压下降或者阻容吸收部分故障 | 晶闸管元件质量下降，保护元件损坏，应更换 |

（续）

| 故 障 情 况 | 可 能 原 因 | 检查和处理 |
| --- | --- | --- |
| 5. 过电流（有过电流信号或跳闸） | 1. 过负荷<br>2. 调节器不正常<br>3. 电流反馈断线或接触不良<br>4. 保护环节故障<br>5. 脉冲部分不正常<br>6. 有损坏元件或缺相等情况 | 1. 检查机械方面有无卡死或阻力矩过大<br>2. 检查调节电流输出电压<br>3. 检查电流反馈信号数值和波形<br>4. 干扰影响、更换屏蔽线<br>5. 用示波器检查各种触发脉冲波形<br>6. 检查接触器等有无误动作 |
| 6. 速度不稳定 | 1. 测速机连接不好<br>2. 测速机内部有断线或电刷接触不良或反馈滤波电容太小<br>3. 缺相、丢脉冲等<br>4. 干扰<br>5. 动态参数未调好<br>6. 电动机失磁或磁场过弱 | 1. 检查测速机发电机的接线、测量电压的数值与波形或加大滤波电容<br>2. 检查输出电压波形，有无缺相，若缺相，则再检查快熔及触发器<br>3. 检查调节器参数<br>4. 增设微分负反馈环节<br>5. 检查励磁电压、电流 |

**表 5-8　FRN - G95/P9S 系列变频器的故障**

| 面　板 | 保 护 功 能 | 故 障 情 况 | 检 查 要 点 | 处 理 方 法 |
| --- | --- | --- | --- | --- |
| OC | 过电流 | 电动机过载，输出端短路，负载突然增大，加速时间太快 | 电源电压是否在允许的极限内输出回路短路，不合适的转矩提升，不合适的加速时间，其他情况 | 调整电源电压，输出回路绝缘，减轻突加负载，延长加速时间，增大变频器容量或减轻负载 |
| OU | 过电压 | 电动机的感应电动势过大，逆变器的输入电压过高(内部无法提供保护) | 电源电压是否在允许的极限内，输出回路短路，加速时间负载突然改变 | 调整电源电压，输出回路绝缘，延长加速时间，连接制动电阻 |
| LU | 欠电压 | 电源终端，电源电压降 | 电源电压是否在允许的极限内，KM、QF 闭合状态电源断相、在同一电源系统有较大启动电流负载 | 调节电源电压，闭合 KM、QF 改变供电系统，改正接线，检查电源电容 |
| OH1<br>OH3 | 过热 | 冷却风扇发生故障，二极管，IGBT 管散热板过热，逆变器主控制板过热 | 环境温度是否在允许极限内，冷却风扇的运行(1.5kW 以上)，负载超过允许极限 | 调整到合适的温度，清除散热片堵塞，更换冷却风扇，减轻负载，增大变频器容量 |
| OH2 | 外部报警输入 | 当控制电路端子 THR-CM 间连接制动单元、制动电阻及外部热过载继电器等设备的报警常闭接点断开时，按接到的信号使保护环节制动 | THR-CM 间接线有无错误，检查外部制动单元端子 1-2 | 重新接线，减轻负载，调整环境温度，降低制动频率 |
| OL | 电动机过载 | 电动机过载，电流超过热继电器设定值 | 电动机是否过载，电子热继电器设定值是否合适 | 减轻负载，调整热继电器动作值 |
| OLU | 逆变器过载 | 当逆变器输出电流超过规定的反时限特性的额定过载电流时，保护动作 | 电子热过载继电器设定不正确，负载超过允许极限 | 适当设定热过载继电器，减轻负载，增大变频器容量 |
| FUS | 熔断器烧断 | IGBT 功率模块烧损、短路 | 变频器内主电路是否短路 | 排除造成短路的故障，更换熔断器 |
| Er1 | 存储器出错 | 存储器发生数据写入错误 | 存储出错 | 切断电源后重新给电 |
| Er2 | 通信出错 | 当由键盘面板输入 RUN 或 STOP 命令时，如键盘面板和控制部分传递的信号不正确或者检测出传送中止 | 关闭出错 | 将功能单元插好 |
| Er3 | CPU 出错 | 如由于噪声等原因，CPU 出错 | CPU 出错 | 变频器故障请维修 |

## 5.5 知识链接 4——MATLAB 仿真交变调速系统

引导问题：

1. 交-直-交变频调速系统的仿真建模步骤。
2. 整流器参数选定方法。
3. 逆变器的特性分析。

### 5.5.1 交变调速系统的仿真模型搭建

交-直-交变频电路由整流电路和逆变电路构成。在经过整流和逆变之后，带动三相异步电动机负载运转。

**1. 三相交流电源的建模**

首先从图 5-27 中的电源模块组中选取一个交流电压源模块，再用复制的方法得到三相电源的另两个电压源模块，并把模块名称分别修改成 A 相、B 相、C 相。然后在连接器模块组中选取“ground”元件也复制成三份，按图 5-28 所示连接即可。

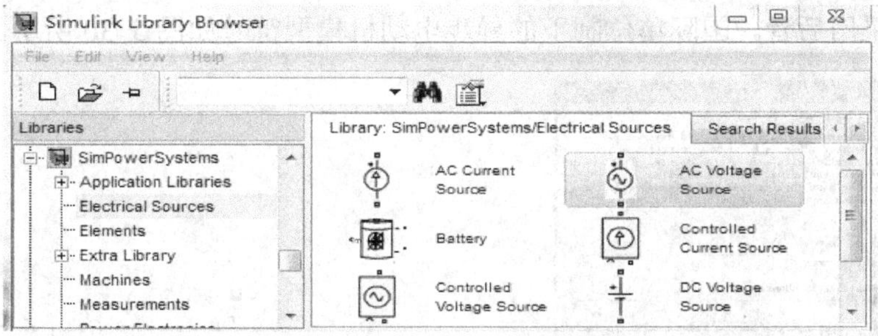


图 5-27 Simulink 中的电源模块

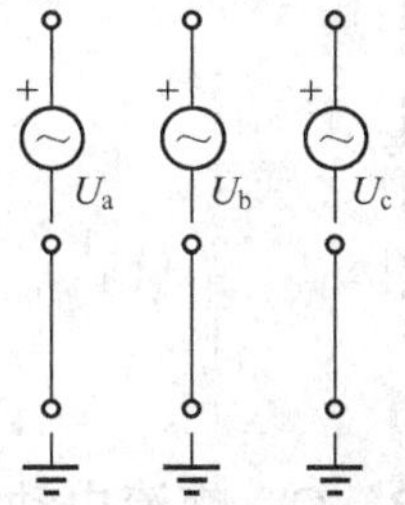


图 5-28 三相交流电源的模型

为了得到三相对称交流电压源，对其参数设置：

双击 A 相交流电压源图标，打开参数设置对话框，A 相的参数设置分别是：幅值（peak amplitude）取 220V、初相位(Phase)设置成 0°、频率(Frequency)设置为 50Hz，其他为默认值。B、C 的参数设置方法与 A 相相同，除了将初相位设置成互差120°以外，其他参数都与 A 相相同。由此可得到三相对称交流电源。

**2. 三相整流电路的建模**

三相桥式全控整流电路通过对两组桥臂晶闸管元件有序控制，可构成电源系统对负载供电的 6 条整流回路。每条整流回路中含有 2 只晶闸管元件，1 只为共阴极组的某相元件，另一只则应为共阳极组的另一相元件。三相整流桥选用了 PowerSystem 模块库中的 Universal Bridge 模块，其中功率器件选用晶闸管，经脉冲触发器与三相整流桥的脉冲输入端相连，给三相整流桥提供触发脉冲。

**3．逆变电路的建模**

这里采用的电压型逆变电路，根据三相电压型桥式逆变电路的原理，在模型窗口中引入模块并设置参数如下：

（1）从 Electrical Sources 模块库中复制直流电压源模块到模型窗口中。电压 Phase-to-phase rms voltage 值设置为 600V，其他值采用默认值。

（2）从 Power Electronics 模块库中复制一个通用三相电桥模块。参数设置为 $R_{on}=0.0001$，其他采用默认值，设置 Power electronic device 为 IGBT-Diode bridge，如图 5-29 所示。

**4．交流异步电动机的建模**

在 Power System 工具箱中有一个电动机模块库，它包含了直流电动机、异步电动机、同步电动机以及其他各种电动机模块。其中，模块库中有两个异步电动机模型，一个是标准单位制（PI unit）下的异步电动机模型，另一个是国际单位制（SI unit）下的异步电动机模型，本设计中采用后者。国际单位制下的异步电动机模型符号如图 5-30 所示。

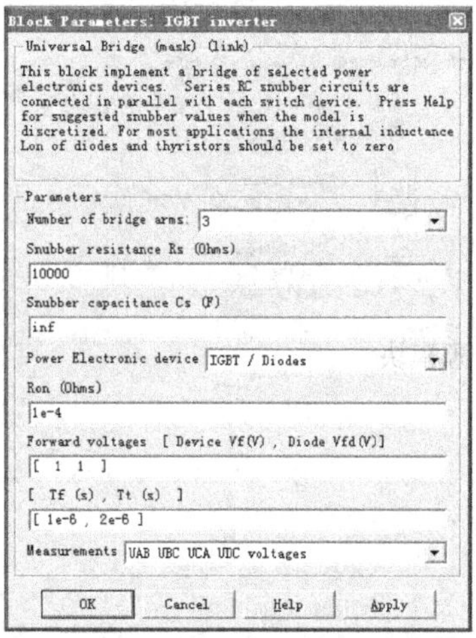


图 5-29　三相电桥模块参数设置

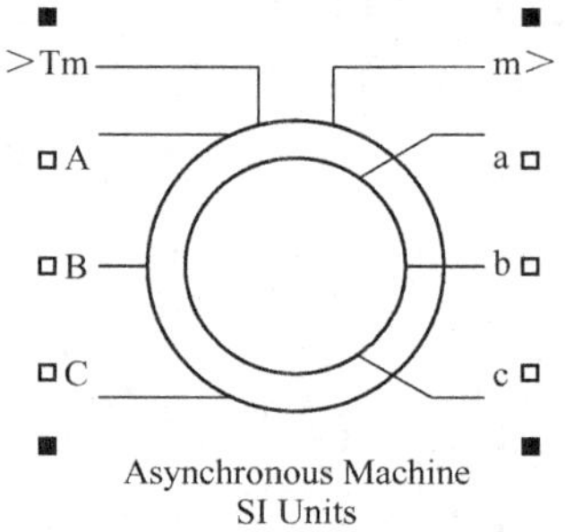


图 5-30　异步电动机模块

其电气连接和功能分别为：A，B，C：交流电动机的定子电压输入端子；$T_m$：电动机负载输入端子，一般是加到电动机轴上的机械负载；a,b,c:绕线式转子输出电压端子，一般短接，而鼠笼式电动机为此输出端子；m:电动机信号输出端子，一般接电动机测试信号分配器观测电动机内部信号，或引出反馈信号。

异步电动机模型参数设置如下。双击异步电动机的模型，即得到了参数设置对话框。分别对其进行如下参数设置：

（1）绕组类型（Rotor type）：转子类型列表框，分别可以将电动机设置为绕线式（Wound）和笼型（Squirrel－cage）两种类型。在本文中用笼型（Squirrel－cage）异步电动机；

（2）参考坐标系（Reference Frame）：参考坐标列表框，可以选择转子坐标系（Rotor）、静止坐标系（Stationary）、同步旋转坐标系（Synchronous）。在本文中选择同步旋转坐标系（Synchronous）；

（3）额定参数：额定功率 $P_n$（kW）取 30kW，线电压 $V_n$（V）为 380V，频率 $f$（赫兹）为 50Hz；

（4）定子电阻 $R_s$（Stator）（ohm）取 0.087Ω。漏感 $L_{ls}$（H）取为 0.8mH；

（5）转子电阻 $R_r$（Rotor）（ohm）为 0.028Ω。漏感 $L_{lr}$（H）取为 34.7mH。

其他设置为默认值。

**5. 电动机测试信号分配器的建模**

电动机测试信号分配器模块的模型图如图 5-31 所示。

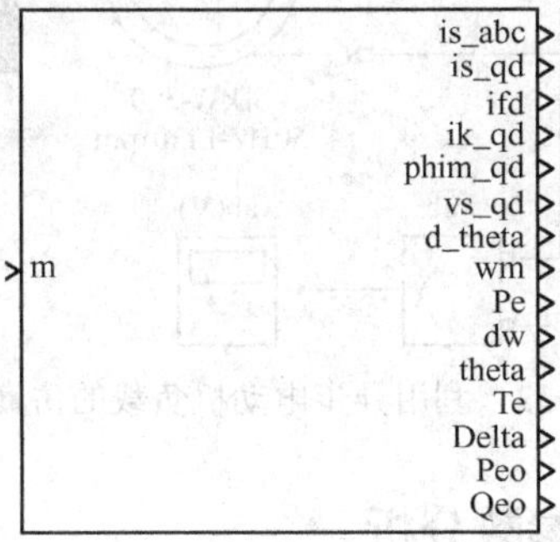


图 5-31 电动机测试信号分配器模块

双击电动机测试信号分配模块得到图 5-32 所示电动机测试信号分配器参数设置图。

图中：ir_abc：转子电流 ira、irb、irc；ir_qd：同步 d-q 坐标下 q 轴下的转子电流 ir_q 和 d 轴下的转子电流 ir_d；phir_qd：同步 d-q 坐标下 q 轴下的转子磁通 phir_q 和 d 轴下的转子磁通 phir_d；vr_qd：同步 d-q 坐标下 q 轴下的转子电压 vr_q 和 d 轴下的转子电压 vr_d；is_abc：定子电流 isa、isb、isc；

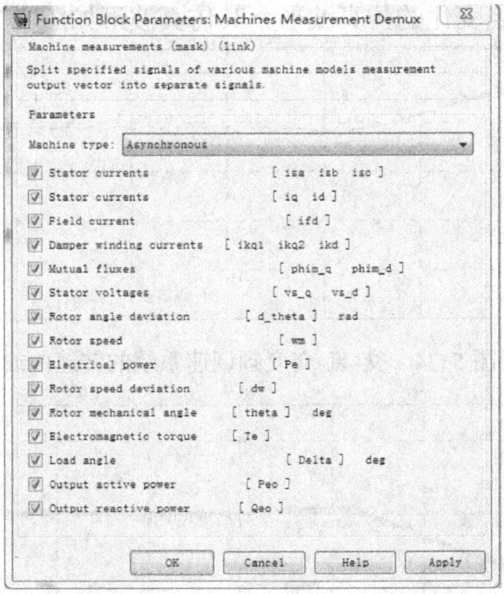


图 5-32 电动机测试信号分配器参数设置对话框及参数选择

is_qd：同步 d-q 坐标下 q 轴下的定子电流 is_q 和 d 轴下的定子电流 is_d；phir_qd：同步 d-q 坐标下 q 轴下的定子磁通 phis_q 和 d 轴下的定子磁通 phis_d；vs_qd：同步 d-q

坐标下 q 轴下的定子电压 vs_q 和 d 轴下的定子电压 vs_d；wm：电动机的转速 wm；Te：电动机的机械转矩 Te；Thetam：电动机转子角位移 Thetam。

**6．交流变频调速系统仿真模型**

在上述各项电路仿真模型基础上得到异步电动机交-直-交变频电路的仿真模型，如图 5-33 所示：

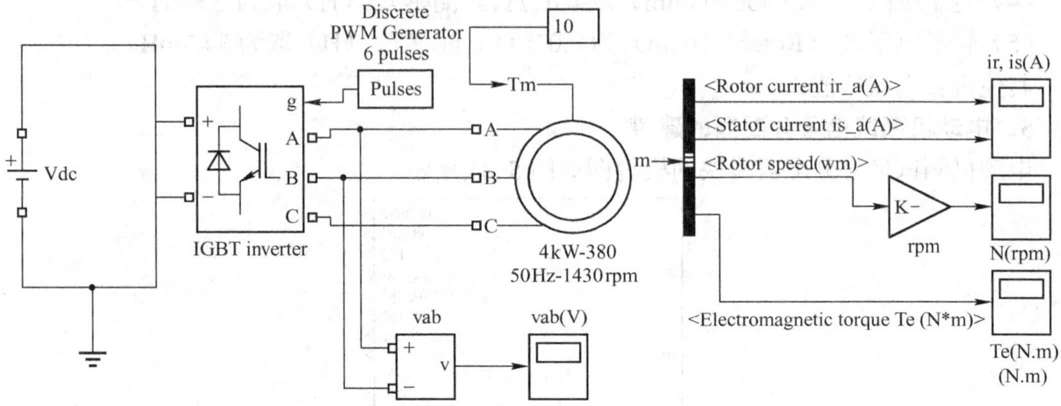


图 5-33　利用异步电动机负载的仿真模型

## 5.5.2　交变调速系统的性能参数分析

当建模和参数设置完成后，即可开始进行仿真。

在 MATLAB 的模型窗口打开“Simulink”菜单，单击“Start”命令后，系统开始进行仿真，仿真结束后可输出仿真结果。

打开仿真/参数窗口，选择 ode23tb 算法，将相对误差设置为 1e-3，停止时间设置为 0.1s，单击工具栏中的“开始”按钮开始仿真。仿真结束后双击示波器模块可观测被测量的波形，改变模块参数可得到随之变化的仿真波形。其仿真波形如图 5-34～图 5-36 所示。

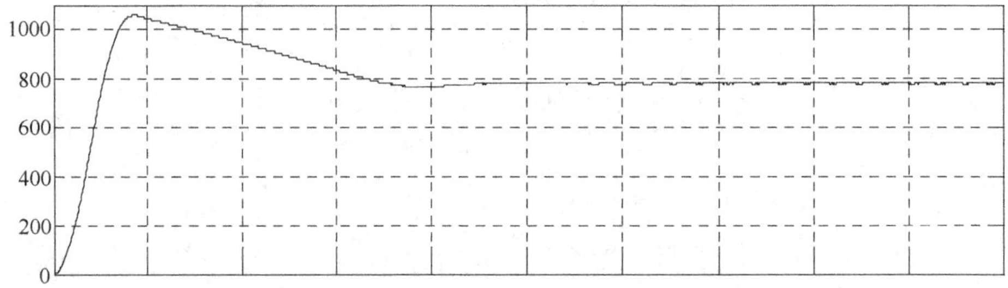


图 5-34　交-直-交变频调速系统的转速曲线

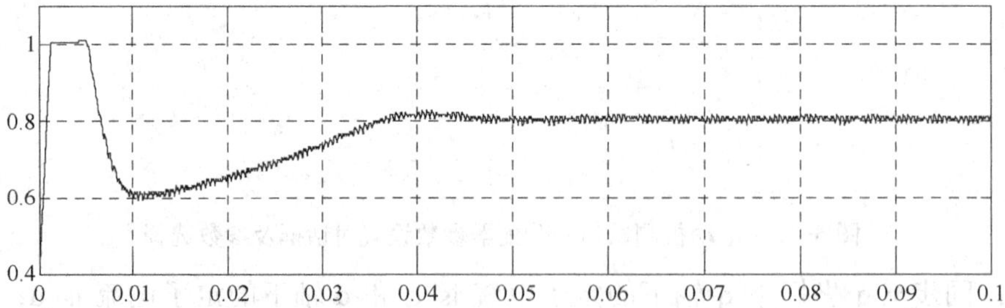


图 5-35　异步电动机的电磁转矩

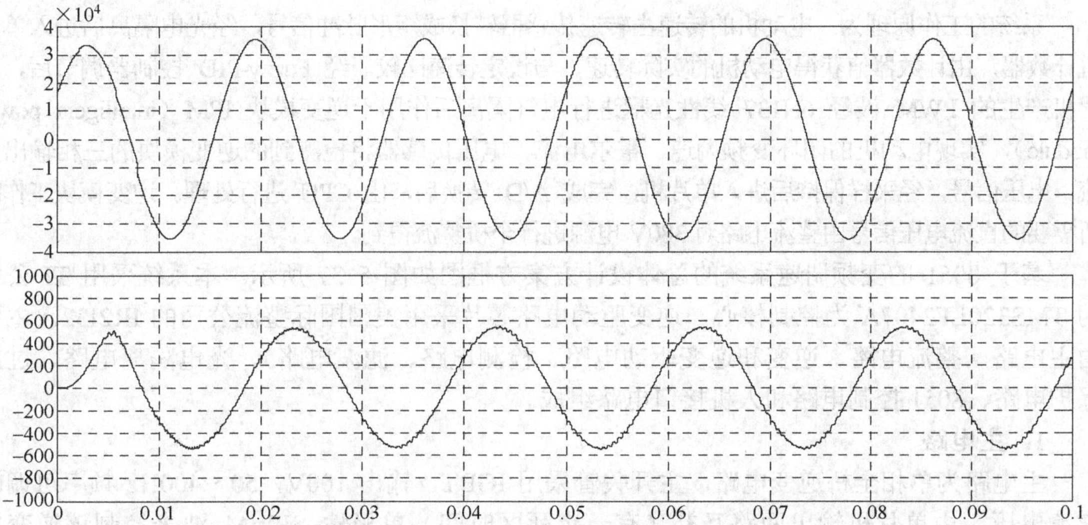


图 5-36　变频前后电压波形（取一相）

通过搭建的交-直-交变频调速系统的仿真结果分析可知，三相的交流电在经过整流之后变成电压恒定的直流电压源，电压波形基本趋于恒定的直线。在经过逆变部分之后的波形是脉宽可调的方波。而经过反馈和 LC 滤波之后变成频率可变的正弦波。

## 5.6　实践操作——交变调速系统分析与调试

引导问题：

1. 单片机控制的变频调速系统结构。
2. 整流电路二极管选择。
3. 逆变电路 IGBT 参数。
4. 仿真结果与实测波形的分析。

### 5.6.1　交变调速系统分析

交流变频调速系统原理框图如图 5-37 所示，从结构上主要分为控制部分和执行部分。控制部分由单片机、时钟电路、通信接口电路、键盘与显示电路、光电耦合电路、IPM 逆变器、整流模块、转速检测和故障检测、报警电路等组成。执行部分为三相异步交流电动机。

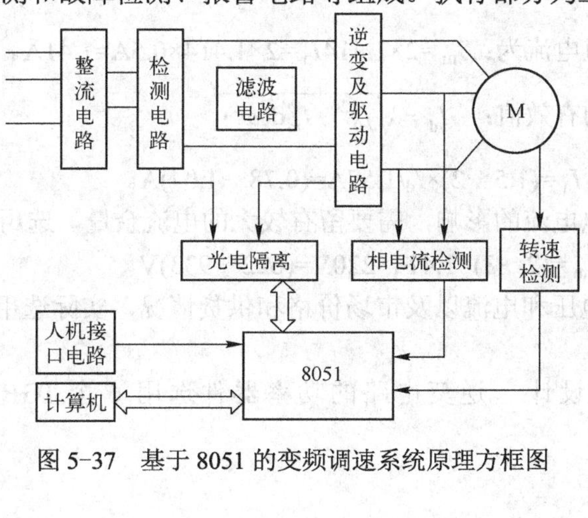


图 5-37　基于 8051 的变频调速系统原理方框图

系统的工作原理为：电动机的转速由转速传感器转换成矩形脉冲信号，经光电隔离后进入单片机计数器，由计数器值获得电动机的实际转速，与设定转速比较，经 Fuzzy-PID 控制器调节后，单片机产生的 PWM 波经 6N137 线性光耦进行电气隔离后作用于逆变模块 IPM（intelligent power module），实现电动机的闭环变频调速。霍尔电流、电压传感器将检测到的逆变模块的三相输出电流、电压信号，经采样保持后进入单片机，完成 A/D 转换后，由 CPU 进行处理。逆变模块工作时所需要的直流电压信号由整流电路对 380V 电源进行全桥整流得到。

基于 8051 的变频调速系统的总体设计方案方框图如图 5-37 所示。本系统采用 TI 公司的 TMS320LF2407A 为控制核心，逆变驱动电路芯片采用美国国际整流公司的 IR2I32。主要由主电路（整流电路、逆变和逆变驱动电路、检测电路、滤波电路）、光电隔离电路、过压保护电路、8051 控制电路和人机接口电路组成。

**1．主电路**

主电路为单相全桥逆变电路，主开关管采用 IGBT，输出 100V，50～400Hz 频率可调的交流电压。由单片机输出两路互补（有一定死区时间）单极性 SPWM 波来控制该逆变电源。对输出 SPWM 波的最小脉冲问题进行了处理，采用汇编语言对中断服务子程序进行编程，使得 SPWM 波形中最小脉冲的宽度达到了 3μs，这个宽度（时间）基本达到实验中所用 IGBT 的最小开关周期。该系统主电路如图 5-38 所示，以 8051 为控制核心，采用交-直-交电压源变频器结构。

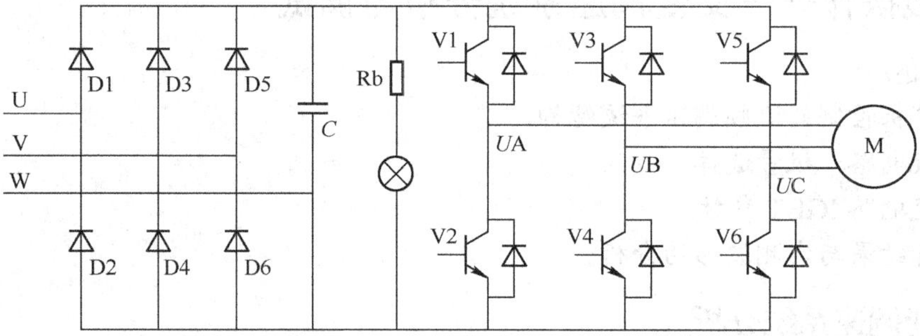


图 5-38　电压型交-直-交变频主电路

（1）整流电路设计　采用三相桥式不可控整流电路将交流电整流为直流电，电路由 6 个二极管组成。

通过二极管的峰值电流为：$I_m = 2\times1.414I_n = 2\times1.414\times0.5A = 1.41A$。

流过二极管电流的有效值：$I_d = \sqrt{f_0^{120} \cdot I_m^2 d(\omega t)}$。

二极管电流定额：$I_n = (1.5\sim2)\times I_d/1.57A = (0.78\sim1.04)A$。

考虑滤波电容充电电流的影响，需要留有较大的电流余量，选用 $I_n$=2A，整流二极管电压定额：$U_d = (2\sim3)\times U_m = (2\sim3)\times1.414\times220V = (622\sim933)V$

根据上面计算的电压和电流以及市场价格和供货情况，实际选用的整流二极管为 5A、1000V。

（2）逆变电路的设计　逆变电路的功率器件选用 6 个 IGBT 和 6 个快速续流二极管。

IGBT 正反向峰值电压为：$U_m$=1.414×220V=311V

考虑到 2～3 倍安全系数，取耐压值为 1000V。

通态峰值电流：$I_m$=2×1.414×$I_n$=2×1.414×0.5A=1.41A

考虑 1.5～2 倍安全系数，取电流定额为 5A。续流二极管的耐压和续流计算与上相同，考虑到市场价格供货和价格的情况实际选用 IGBT 为 GT25Q101，续流二极管为 MUR860。

（3）逆变驱动电路的设计　在功率变换装置中，根据主电路的结构，其功率开关器件一般采用直接驱动和隔离驱动两种方式，采用隔离驱动方式时需要将多路驱动电路、控制电路、主电路互相隔离，以免引起灾难性的后果。隔离驱动可分为电磁隔离和光电隔离两种方式。

光电隔离具有体积小，结构简单等优点，但共模抑制能力差，传输速度不是很快，一般高速光耦合器的速度可达几十 kHz。

电磁隔离用高频脉冲变压器作为隔离元件，响应速度快（脉冲的前沿和后沿），原副边的绝缘强度高，d$v$/d$t$ 共模干扰抑制能力强。但信号的最大传输速度受磁饱和特性的限制，因而信号的顶部不易传输。而且最大占空比受到限制。

IR2132 可用来驱动工作在母线电压不高于 600V 的功率 MOS 门器件电路中，其可输出的最大正向峰值驱动电流为 250mA，而反向峰值驱动电流为 500mA。它内部设计有过流、过压及欠压保护、封锁和指示网络，使用户可方便地用来保护被驱动的 MOS 门功率管，加之内部自举技术的巧妙运用使其可用于高压系统。它还可对同一桥臂上下 2 个功率器件的门极驱动信号产生 0.8μs 互锁延时时间。它自身工作和电源电压的范围较宽（3～20V），在它的内部还设计有与被驱动的功率器件所通过的电流成线性关系的电流放大器，电路设计还保证了内部的 3 个通道的高压侧驱动器和低压侧驱动器可单独使用，亦可只用其内部的 3 个低压侧驱动器，并且输入信号与 TTL 及 COMS 电平兼容。如图 5-39 所示。

综上所述，本系统电路选取 $C_1$=0.22 μF，且耐压大于 35V 的钽电容。

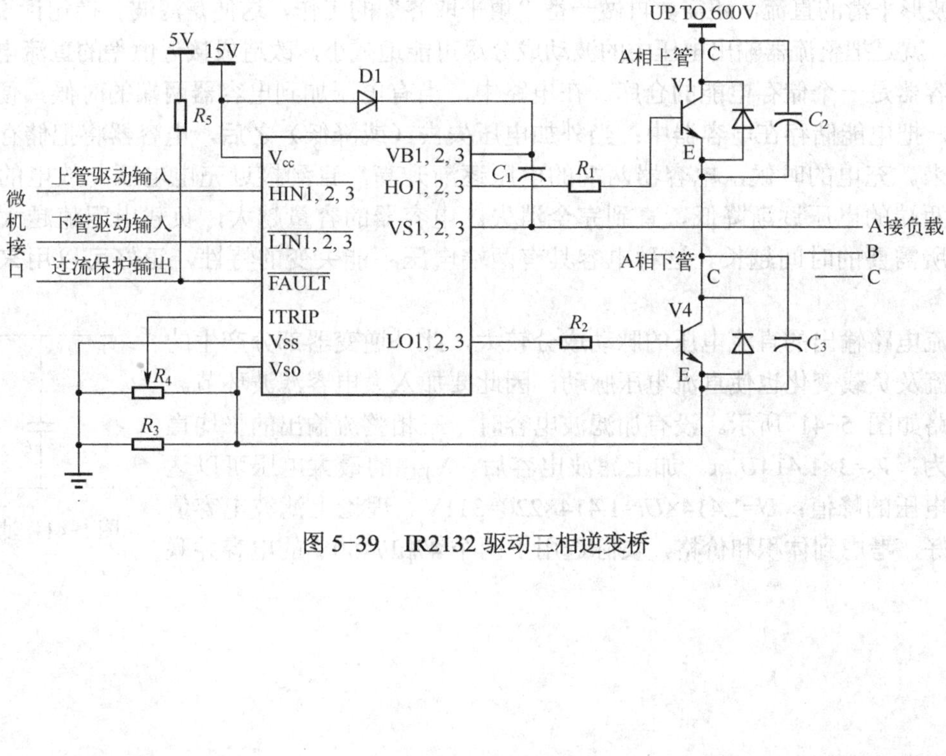


图 5-39　IR2132 驱动三相逆变桥

（4）转速检测电路　电动机的转速是通过光电脉冲编码器检测的，电动机转速检测的正确性和精度将直接影响调速系统的控制精度和稳定性。影响转速测量性能的因数有两个：一是系统硬件本身，主要包括单位周期内光电脉冲编码器的脉冲数和微处理器的精度，系统一旦确定，由硬件引起的速度检测性能的差异是难以更改的。二是速度估计算法，不同的速度估计算法可以得到不同的速度检测性能。本系统采用的是 M 法测速原理，即在某一采样时间内，通过对脉冲的计数来确定电动机转速的大小。设采样时间为 $T_c$，光电码盘的脉冲数为 $P_n$，在采样时间内所测到的脉冲数为 $m$，则电动机转速 $N$ (r/min)为：$N=60m/T_c \times P_n$。

本系统采用欧姆龙公司的旋转编码器，型号是 E6B2-CWZ6C，1200P/R，它由 5～24V 供电，有三路输出，分别为 A 相、B 相、Z 相; 其中 A 与 B 用于测速，它们的相位差为 90°，每转一圈输出 1200 个脉冲；而 Z 脉冲为每转一圈输出一个脉冲，用于伺服控制系统中的定位。本来光电脉冲编码器的 A、B 输出可以直接接到 TMS320F2407 的 QEP1、QEP2 上，但为了保护起见，还是加上光电隔离电路，电路如图 5-40 所示。

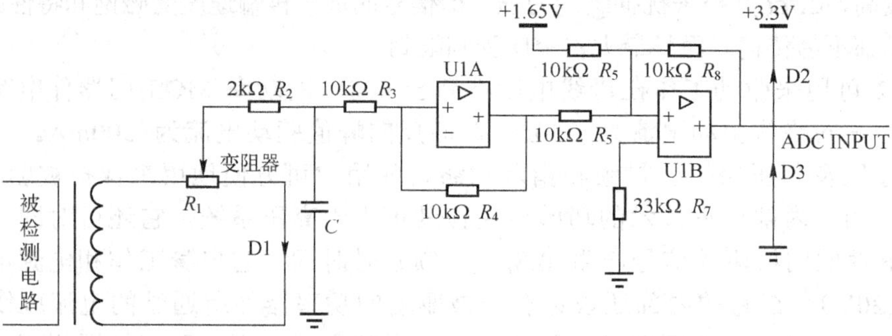


图 5-40　电流检测电路

（5）滤波电路的设计　交流电经过二极管整流之后，方向单一了，但是大小（电流强度）还是处在不断变化之中。这种脉动直流一般是不能直接用来给无线电供电的。要把脉动直流变成波形平滑的直流，还需要再做一番“填平取齐”的工作，这便是滤波。换句话说，滤波的任务，就是把整流器输出电压中的波动成分尽可能地减小，改造成接近恒稳的直流电。

电容器是一个储存电能的仓库。在电路中，当有电压加到电容器两端的时候，便对电容器充电，把电能储存在电容器中；当外加电压失去（或降低）之后，电容器将把储存的电能再放出来。充电的时候，电容器两端的电压逐渐升高，直到接近充电电压；放电的时候，电容器两端的电压逐渐降低，直到完全消失。电容器的容量越大，负载电阻值越大，充电和放电所需要的时间越长。这种电容具有两端电压不能突变的特性，正好可以用来承担滤波的任务。

整流电路输出的直流电压的脉动成分较大，此外逆变器部分产生的脉动电流及负载变化也使直流电压脉动，因此要加入大电容滤波环节。滤波电路如图 5-41 所示。没有加滤波电容时，三相整流输出的平均直流电压为：$V_c=3\times1.414Ui/\pi$。加上滤波电容后，$V_{DC}$ 的最大电压可以达到交流电压的峰值：$U=1.414\times Ui=1.414\times220=311$V。理论上滤波电容值越大越好，考虑到体积和价格，实际选用了两个 47μF/450V 的电容并联使用。

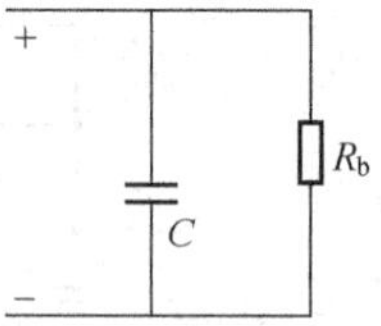


图 5-41　滤波电路

**2．光电隔离电路**

为了使控制电路和主电路可靠隔离，系统又另外采用了高速光耦合器 6N137 进行主电路和控制电路的进一步隔离。6N137，其隔离电压为 3kV，频率在 10MHz 以上，具有体积小、寿命长、抗干扰性强、隔离电压高、速度快、能与 TTL 逻辑电平兼容等优点。考虑到光耦合器采用集电极输出，当输入在默认状态都为低电平的时候，光耦合器输出都为高电平。若这样直接接 IR2132 半桥电路时，会使上、下桥臂 IGBT 同时导通，即直通，因此在光耦合器输出后面接有 CD4049 反相器，使初始输出状态为低电平。

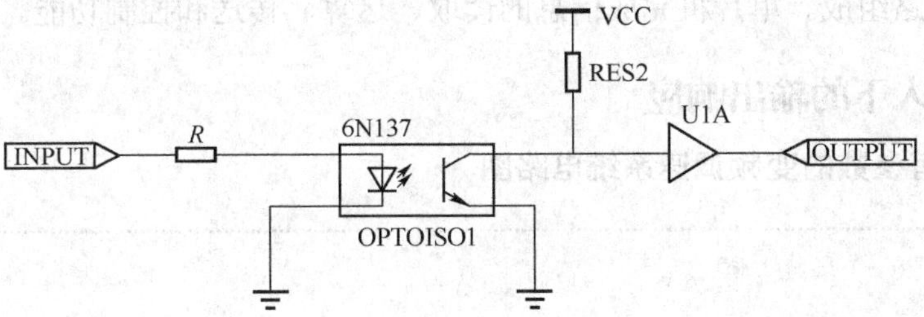


图 5-42　光耦隔离电路

**3．过压保护电路**

电压保护功能分为过电压保护和欠电压保护两大类，对于通常电压型逆变器，直流回路是能量传递和转换的通道，电网电压波动通过三相整流桥影响直流电压 $U_{DC}$，减速时因反馈能量来不及释放而生成的再生过电压，使直流电压 $U_{DC}$ 升高，如不采取相应的保护措施，很容易造成逆变桥的损坏。过压、欠压保护电路如图 5-43 所示。

电压检测信号取自直流母线电压 $U_{DC}$，即图中 P、N 两点之间的电压。根据所选 IGBT 的规格和用户对系统的性能要求，来设定过压与欠压的限值，然后选择 $R_1$、$R_2$、 $R_3$ 的阻值来获得适当的采样电压信号，再经 T 型滤波器分别送入两比较器的同相端和反相端。

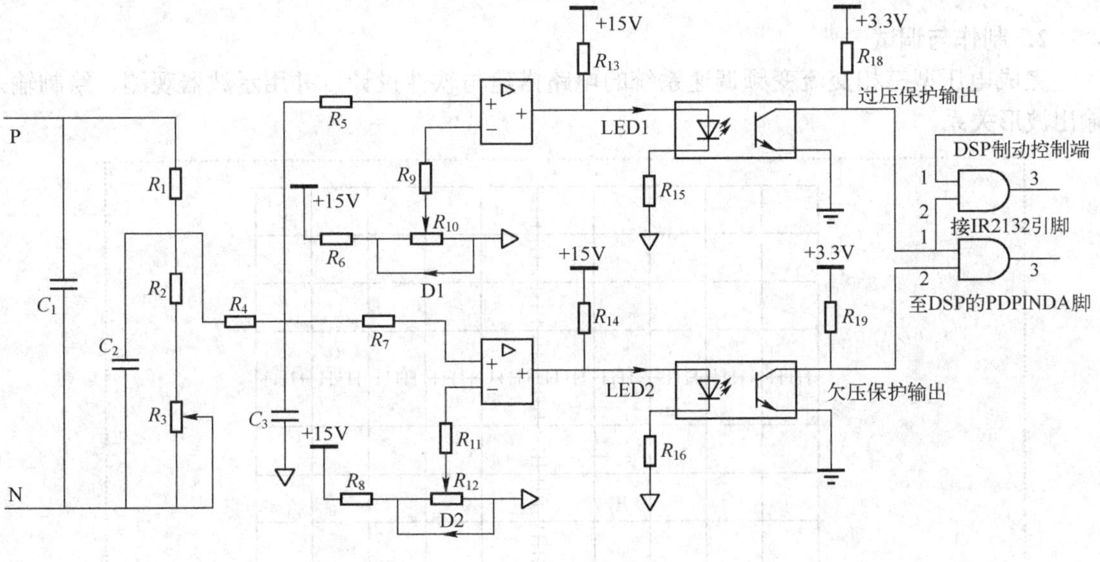


图 5-43　过压、欠压保护电路

正常时，过压和欠压保护都输出高电平，经两与门后还是高电平，DSP 的保护控制不动作：过压时，上面的同相比较器动作，输出高电平，发光二极管 LED1 亮，同时经光耦隔离后过压保护输出低电平，经两与门后，DSP 的 PDPINTA 引脚获得一个下降沿信号，引起 DSP 的功率驱动保护中断，立刻封锁六路 PIWM 信号输出，同时 IR2132 的 FAULT 引脚也获得了一个低电平信号，制动 IGBT 开通，系统进行能耗制动；欠压时，下面的反相比较器动作，输出高电平，发光二极管 LED2 亮，经光耦隔离后输出低电平。

控制部分是以 MCS-51 系列 8 位单片机的典型产品 8051 为核心，配以输入输出控制接口和相应的外围电路组成。单片机完成信息的读取、运算、传送和控制功能。

## 5.6.2 典型输入下的输出响应

**1．绘制标有参数的变频调速系统电路图**

电路图　　电路参数

**2．制作与调试**

完成电压型三相交流变频调速系统的电路搭建与软件设计，并用示波器观测、绘制输入输出波形关系。

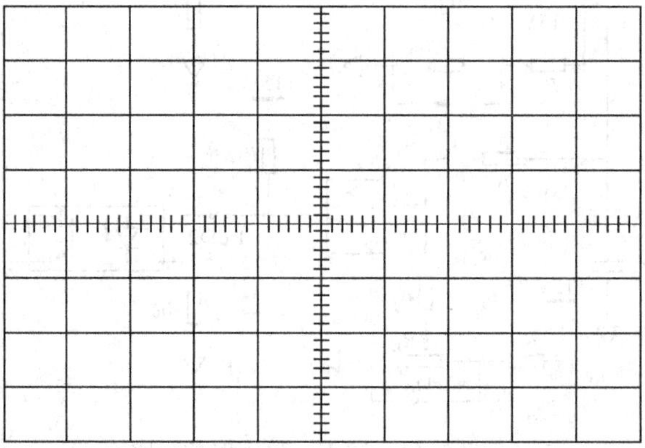

波形绘制

**3. 实测参数与仿真数据比较分析**

（1）与前面学习的MATLAB仿真波形进行比较分析，总结相同与不同处，其各自特点。

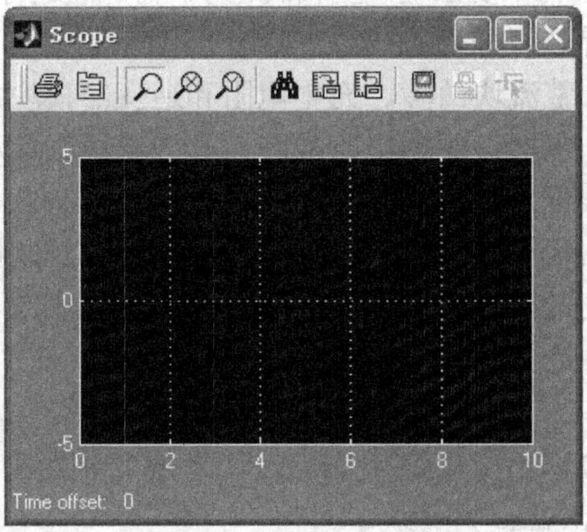


相同点：

不同点：

（2）评估展示

小组成果展示。人员为教师指定或小组推荐。

包括：设定参数的比例积分控制器电路图；示波器观测的输入输出波形、特性。实测数据与仿真数据的区别与联系。

**4. 课外作业**

（1）设计一个基于 IGBT 逆变电路的异步电动机变频调速系统，并完成制作、调试工作。

（2）实测数据与仿真波形进行分析比较，总结相同与不同之处。

### 5.6.3 常见故障的调试步骤

变频调速系统工作过程中不可避免会出现故障，总体而言主要分为变频器故障和电力系统故障。

**1. 变频器故障分析**

变频器故障分类：根据变频器发生故障或损坏的特征，一般可分为两类；

一种是在运行中频繁出现的自动停机现象，并伴随着一定的故障显示代码，其处理措施可根据随机说明书上提供的指导方法，进行处理和解决。这类故障一般是由于变频器运行参数设定不合适，或外部工况、条件不满足变频器使用要求所产生的一种保护现象。

另一类是由于使用环境恶劣，高温、导电粉尘引起的短路、潮湿引起的绝缘能力降低或击穿等突发故障（严重时，会出现打火、爆炸等异常现象）。这类故障发生后，一般会使变频器无任何显示，其处理方法是先对变频器解体检查，重点查找损坏件，根据故障发生区，进行清理、测量、更换，然后全面测试，再恢复系统，空载试运行，再加载运行，达到解决故障的目的。

如果从故障部位来看又可分为：

主电路故障，包括：整流块故障、充电电阻和逆变器模块故障等。

辅助控制电路故障，包括：驱动电路故障、开关电源损坏和反馈、检测电路故障等。

（1）主电路故障　根据对变频器实际故障发生次数和停机时间统计，主电路的故障率占60%以上；运行参数设定不当，导致的故障占20%左右；控制电路板出现的故障占15%；操作失误和外部异常引起的故障占5%。从故障程度和处理困难性统计，此类故障发生必然造成元器件的损坏和报废。是变频器维修费用的主要消耗部分。

故障现象1：

某变频器系统停电检修，检修完毕送电时，发现变频器主控制板 PCB 上的充电信号灯不亮，测量变频器无输出电压。

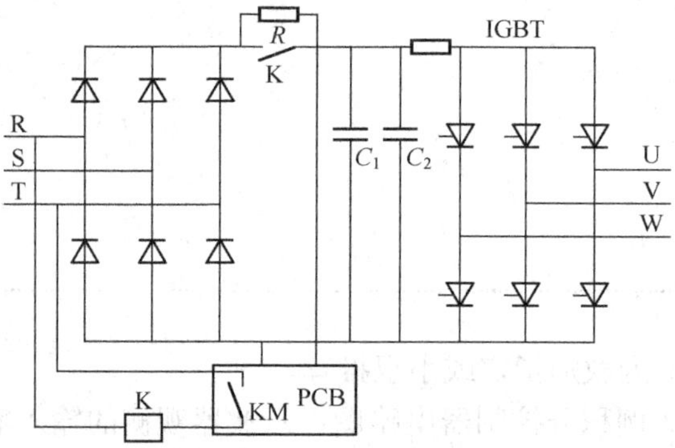


图5-44　变频器电路

故障分析：

正常情况下，三相交流电经整流后通过 $R$ 给 $C$ 充电。$R$ 的参数要选取合适，以获得恰当的电压、电流上升率，否则，可能损坏整流桥电路等。当充电电压达到一定值后，PCB 因内部电源起动，开始工作，使 PCB 上的 KM 吸合，K 闭合将 $R$ 短接，变频器进入正常的整流逆变工作过程，当主回路充电时间常数非常大，而放电回路充电时间常数非常小，使 $C$ 上的直流电压建立不起来，PCB 就不能工作。这样看似 PCB 问题，实为主回路上的故障。

故障处理：

市面无此型号大功率电阻，功率最大仅有 10W，为尽快恢复生产，将 4 只 10W、270Ω 电阻并联后使用，上机送电，则 PCB 上的通电信号灯亮，K 吸合，变频器输出正常。

（2）逆变器模块烧坏　中、小型变频器现在一般使用三组 IGBT；大容量的机种均采用多组 IGBT 并联，故测量检查时应分别进行检测。IGBT 的损坏也可引起变频器 OC 保护功能动作。逆变器模块的损坏原因很多：如输出负载发生短路；负载过大，大电流持续运行；负载波动很大，导致浪涌电流过大；冷却风扇效果差，致使模块温度过高，导致模块烧坏、性能变差、参数变化等问题，引起逆变器输出异常。

（3）辅助控制电路故障　变频器驱动电路、保护信号检测及处理电路、脉冲发生及信号处理电路等控制电路称为辅助电路。辅助电路发生故障后，其故障原因较为复杂，除固化程序丢失或集成块损坏（这类故障处理方法一般只能采用控制板整块更换或集成块更换）外，其他故障较易判断和处理。

（4）驱动电路故障　驱动电路用于驱动逆变器 IGBT，也易发生故障。一般有明显的损坏痕迹，诸如器件（电容、电阻、三极管及印制板等）爆裂、变色、断线等异常现象，但不会出现驱动电路全部损坏情况。处理方法一般是按照原理图，每组驱动电路逐级逆向检查、测量、替代、比较等方法；或与另一块正品（新的）驱动板对照检查、逐级寻找故障点。处理故障步骤：首先对整块电路板清灰除污。如发现印制电路断线，则补线处理；查出损坏器件即更换；根据经验分析，对怀疑的元器件，进行测量、对比、替代等方法判断，有的器件需要离线测定。驱动电路修复后，有条件的还要应用示波器观察各组驱动电路信号的输出波形，如果三相脉冲大小、相位不相等，则驱动电路仍然有异常处（更换的元器件参数不匹配，也会引起这类现象），应重复检查、处理。大功率晶体管工作的驱动电路的损坏也是导致过流保护功能动作的原因之一。驱动电路损坏表现出来最常见的现象是缺相，或三相输出电压不相等、三相电流不平衡等特征。

（5）开关电源损坏　开关电源损坏的一个比较明显的特征就是变频器通电后无显示。如：富士 G5S 变频器采用了两级开关电源，其原理是主直流回路的直流电压由 500V 以上降为 300V 左右，然后再经过一级开关降压，电源输出 5V，24V 等多路电源。开关电源的损坏常见的有开关管击穿，脉冲变压器烧坏，以及次级输出整流二极管损坏，滤波电容使用时间过长，导致电容特性变化（容量降低或漏电电流较大），稳压能力下降，也容易引起开关电源的损坏。富士 G9S 则使用了一片开关电源专用的波形发生芯片，由于受到主回路高电压的窜入，经常会导致此芯片的损坏，由于此芯片市场很少能买到，引起的损坏较难修复。另外，变频器通电后无显示，也是较常见的故障现象之一。这类故障原因多数也是由于开关电源的损坏所致。如 MF 系列变频器的开关电源采用的是较常见的反激式开关电源控制方式，开关电源的输出级电路发生短路也会引起开关电源损坏，从而导致变频器无显示。

（6）反馈、检测电路故障　在使用变频器过程中，经常会碰到变频器无输出现象。驱动电路损坏、逆变模块损坏都有可能引起变频器无输出，此外输出反馈电路出现故障也能引起此类故障现象。有时在实际中遇到变频器有输出频率，没有输出电压（实际输出电压非常小，可认为无输出），这时则应考虑一下是不是反馈电路出现了故障所致。在反馈电路中用于降压的反馈电阻是较容易出现故障的元件之一；检测电路的损坏也是导致变频器显示 OC 保护功能动作的原因，检测电流的霍尔传感器由于受温度、湿度等环境因数的影响，工作点容易发生飘移，导致 OC 报警。

故障现象：

某厂高压聚乙烯装置一台变频器（2800kVA）调速的挤压机电动机（1400kW）转速突然从正常运行的 900r/min 左右降到 10r/min（变频器设定的最低转速）左右，变频器柜面没有任何故障指示。调节现场速度设定，电动机转速没有变化，将速度设定转到控制柜上，用控制柜上的速度调节电动机转速，电动机转速依然不变。打开变频器柜门检查，变频器运行信号正常，再仔细检查，发现运行测速板的 A 通道灯未亮。

故障分析：

停掉变频器，拆下变频器编码器。该编码器的型号为 14－14401/1024，工作电压为

11～30V。用示波器对编码器进行波形检查，发现编码器 A 通道波形异常，如图 5-45a 所示。表现为：信号很弱，只有 5V 左右。编码器工作电压为 24V，波形正常幅值应为 24V 左右；A 通道波形与 B 通道波形在相位上相差 180°（即反相）。

正常波形如图 5-45b 所示，A 波形与 B 波形相差 90°。因此，初步判断是编码器损坏，导致变频器速度闭环无法正常工作，只能维持在设定的最低转速上运行。

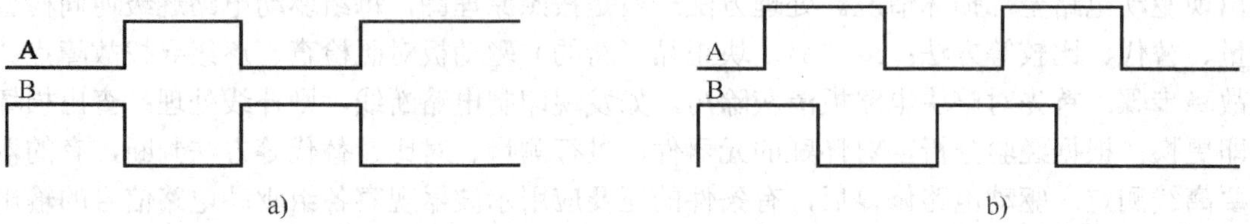


图 5-45　故障波形与正常波形

a) 故障波形　b) 正常波形

故障现象：

一台 FRN7.5G9S－4 型恒压供水系统变频器在起动时电动机没有反应，变频器 LED 无故障码显示。此台变频器安装在控制室内，变频器与电动机相距 60m，变频器利用外部端子控制起停，FRN7.5G9S－4 型变频器起动按钮自身无保护功能，变频器接线如图 5-46 所示。

故障分析：

这种故障首先考虑是变频器本身问题还是外部故障。在控制室卸下变频器前面板，将正向运转和停止指令端子 FWD 与 CM 短接，将功能码 01 由 1（基于外部信号 FWD，REV 端子的运转指令）更改为 0（用触摸面板 RUN 键 STOP 键输入运转指令），此时按下 RUN 键电动机运转，恒压供水系统正常。初步认为可能是外部起动按钮接触不良所致。断开断路器 QF，打开按钮，检查发现按钮接触良好，再进一步检查线路、接触器、触点均完好。看来该变频器端子与接口电路可能有问题。通过仔细阅读该变频器使用说明书：FWD 与 CM 通为正转指令，断则为停止指令，而 REV 与 CM 通为反转指令，断为停止指令。考虑到水泵为单向负载，只有一个运转方向，可否用反转指令让电动机转进来，再调节电动机电源相序，使电动机保持原有的方向运转。将变频器输出线拆除，使用 REV 与 CM 反转指令，空试变频器，合 QF，变频器通电，一切正常，按下 SB1，接触器 KM 工作，测量变频器输出正常。

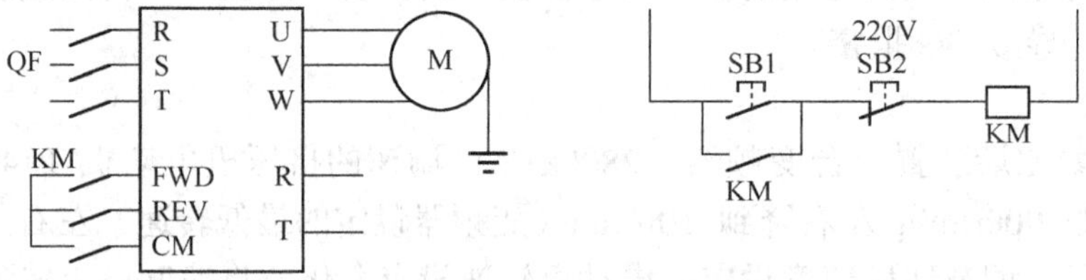


图 5-46　恒压供水系统接线图

故障处理：

断 QF，接上负载，只把 FWD 上的控制线转接到 REV 上，同时原负载相序调整一下，不花一分费用解决实际生产问题。

**2. 电力系统故障**

电力系统的故障一般分为简单故障和各种复杂故障。简单故障是指电力系统正常运行时某一处发生短路或断线故障的情况，其又可分为短路故障（横向故障）和断线故障（纵向故障），而复杂故障则是指两个或两个以上简单故障的组合。短路故障有 4 种类型：三相短路（$K^{(3)}$）、两相短路（$K^{(2)}$）、单相接地短路（$K^{(1)}$）和两相短路接地（$K^{(1.1)}$）；断线故障分为一相断线和两相断线。其中发生单相接地短路故障的概率最高，占 65%，下面以单相短路为例，介绍利用 MATLAB 仿真软件对系统建模实现故障仿真与分析。

恒定电压源电路模型如图 5-47 所示。使用理想三相电压源作为电路的供电电源；使用分布参数输电线路作为输电线路，输电线 line1 的长度为 100km，输电线路 line2 的长度为 100km；使用三相电路短路故障发生器进行不同类型的短路。电压源为星形联结，输电线路 line2 端为中性点接地。拟定仿真的电力系统如图所示,使用理想三相电压源作为电路的电源，电压源为星形联结，中性点不接地；使用分布参数输电线作为输电线路，两条输电线路的参数设置相同，Line1 末端为中性点接地；使用三相短路故障发生器使电路发生 A 相接地短路。

（1）仿真参数设置　当电路图设计完成后，对其进行仿真，达到观察短路接地电路中暂态变化情况。

1）在设置的三相电路短路故障发生器上，将接地短路时间设置为[0.01,0.04]之间。根据接地短路发生时间设置仿真参数。

2）在电路图的菜单选项中，选择仿真菜单，激活仿真参数命令，弹出参数对话框。

根据对暂态过程时间估算，对仿真参数进行如下设置：三相电源：电压初始相位为 0，频率为默认 50Hz 不变，星形联结。

输电线路：线路长度为 100km，其余参数保持为默认值不变。

三相短路故障发生器：A 相接地短路，0.01s 发生短路，0.04s 排除故障。

仿真参数的设置：起始时间为 0s，终止时间为 0.1s，变步长。

（2）仿真结果分析　将三相电路短路故障发生器中的故障相选择为 A 相故障，并选择故障相接地选项。设置完电路图和仿真参数后，下面进行电路仿真。激活仿真按钮，查看仿真波形图。

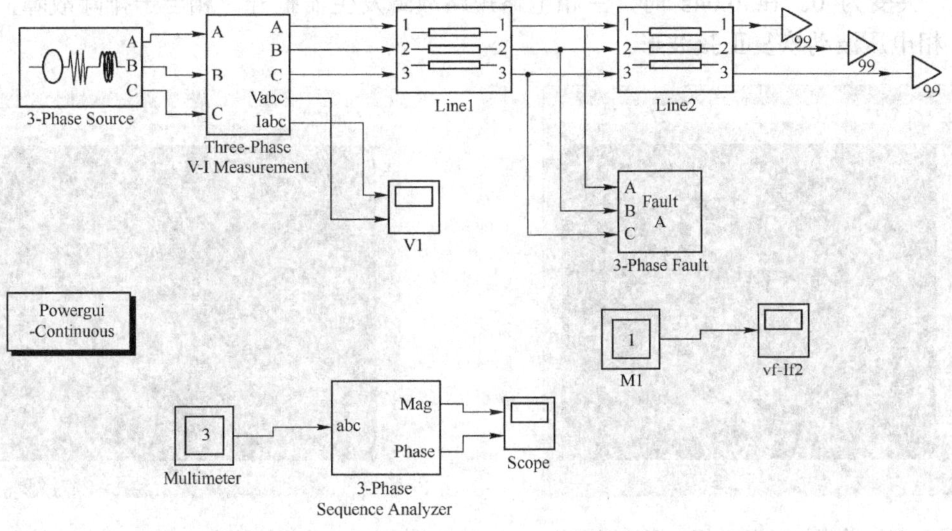


图 5-47　仿真模型的设计与实现

1）故障点电流波形图。在万用元件 M1 中选择故障点 A 相电流，作为测量电气量。激活仿真按钮，则故障点 A 相电流波形图如图 5-48 所示。在稳态时，故障点 A 相电流由于三相电路短路故障发生器处于断开状态，因而电流为 0A。在 0.01s 时，三相电路短路故障发生器闭合，此时电路发生 A 相接地短路，故障点 A 相电流发生变化，由于闭合时有初始输入量和初始状态量，因而故障点 A 相电流波形上移。在 0.04s 时，三相电路短路故障发生器打开，相当于排除故障，此时故障点 A 相电流迅速下降为 0A。

选择故障点 B 相和 C 相电流，作为测量电气量。激活仿真按钮，则故障点 B 和点 C 相电流波形如图 5-49 所示。由图形可以得出以下结论：在 A 相发生单相短路时，故障点 B 和点 C 相电流没有变化，始终为 0。

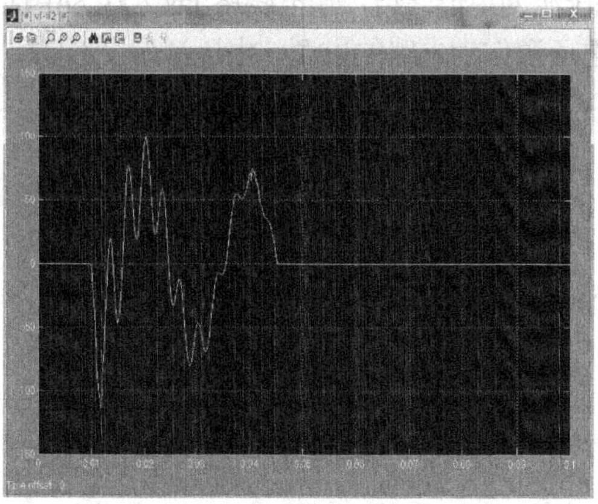

图 5-48　单相故障点 A 相电流波形图

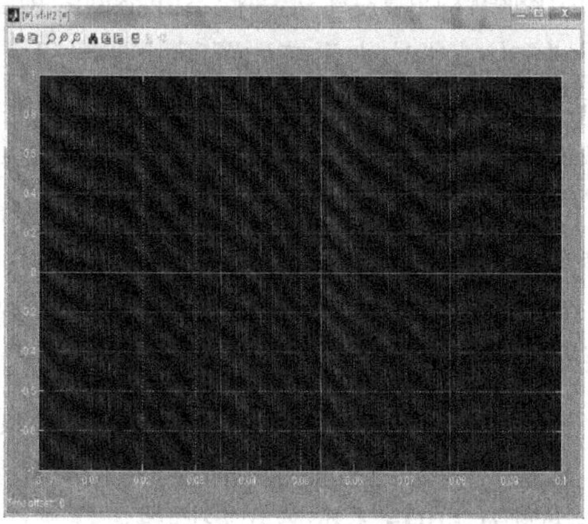

图 5-49　单相故障点 B 相电流波形图

2）故障点电压波形图。在万用元件 M1 中选择故障点 A 相电压,作为测量电气量。激活仿真按钮，则故障点 A 相电压波形图如图 5-52 所示。由图形可以得出以下结论：在稳态时，故障点 A 相电压由于三相电路短路故障发生器处于断开状态，因而电压为正弦波形。在 0.01s 时，三相电路短路故障发生器闭合，此时电路发生 A 相接地短路，故障点 A 相电压发生变化，突变为 0。在 0.04s 时，三相电路短路故障发生器打开，相当于排除故障，此时故障点 A 相电压波动恢复正弦波形。

图 5-50　单相故障点 C 相电流波形图

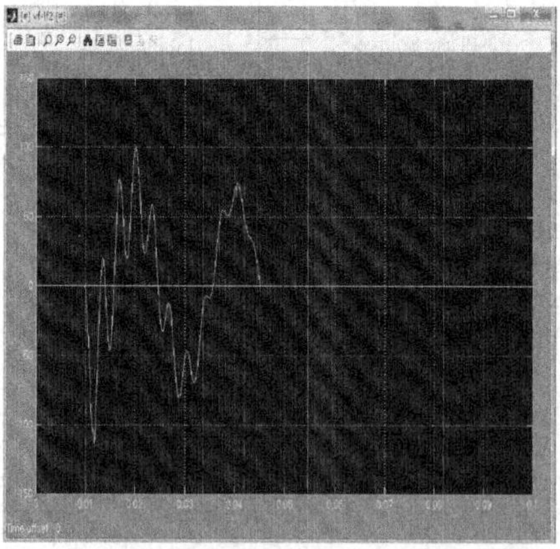

图 5-51　单相故障点 A、B、C 相电流波形图

在万用元件 M1 中选择故障点 B 和点 C 相电压，作为测量电气量。激活仿真按钮，则故障点 B 相和点 C 相电压波形如图 5-53 和 5-54 所示。由图形可以得出以下结论：在 A 相短路时，其 B、C 两相的电压波形应为一对称波形，且 B、C 两相的电压波形相位角偏差成一定的角度。

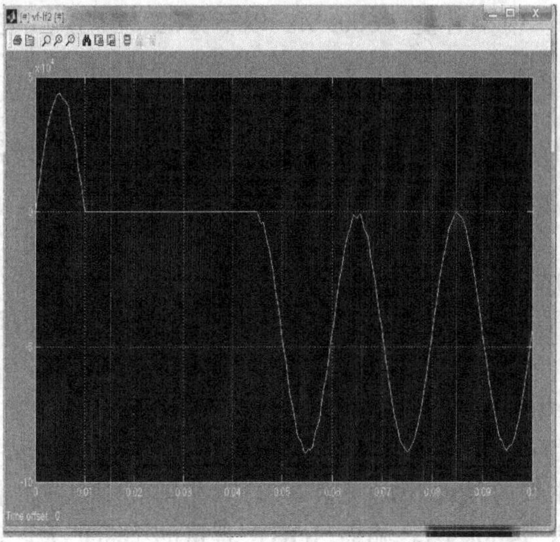

图 5-52　单相故障点 A 相电压波形图

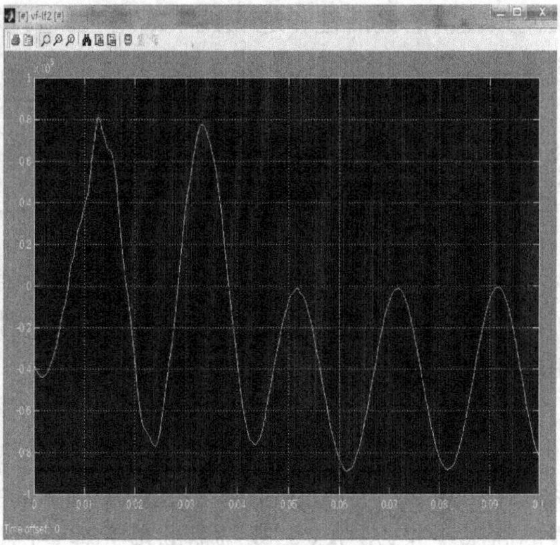

图 5-53　单相故障点 B 相电压波形图

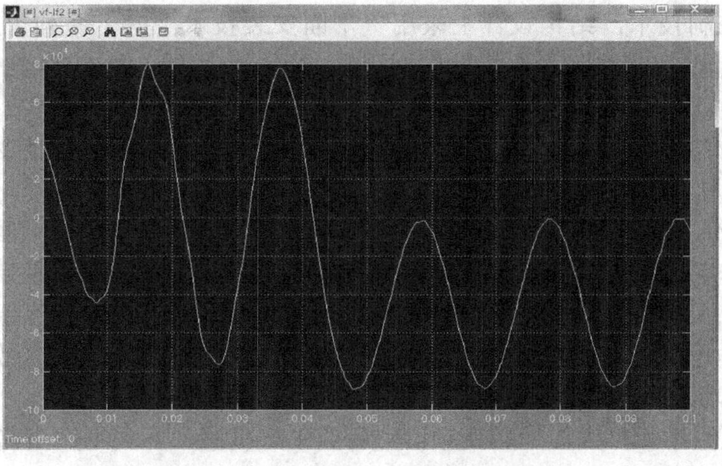

图 5-54　单相故障点 C 相电压波形图

## 5.7　知识拓展 1——数字式通用变频器及其应用

引导问题：

1. 通用变频器的规格指标。
2. FRN30G9S-4JE 通用变频器的结构与工作原理。
3. 通用变频器在恒压供水中的应用。

### 5.7.1 数字式通用变频器简介

随着电力电子器件的不断发展，各种自关断化、模块化器件的出现，变流电路开关模式的高频化和控制手段的全数字化等，促进了变频电源装置的小型化、多功能化、高性能化。尤其是控制手段的全数字化利用了微型计算机巨大的信息处理能力，其软件功能不断强化，使变频装置的灵活性和适应性不断增强。目前，中小容量（600kVA 以下）的一般用途的变频器已经实现了通用化。

采用大功率自关断开关器件（GTO、GTR、IGBT 等）作为开关器件的正弦脉冲调制式（SPWM）变频器，目前已经成为通用变频器的主流。国外在开发、生产、应用通用变频器方面以日本、德国最为突出。

**1．通用变频器的发展**

20 世纪 80 年代初，通用变频器实现了商品化，经过 20 多年的发展，通用变频器经历了由模拟控制到全数字控制和由采用 GTR 到采用 IGBT 两个大的进展过程。其发展情况可粗略地由以下几个方面来说明。

（1）容量不断扩大。20 世纪 80 年代初采用 GTR 的 PWM 变频器实现了通用化，到了 20 世纪 90 年代，GTR 通用变频器的容量就达到了 600kVA。400kVA 以下的已经基本实现了系列化。到 20 世纪的后几年，通用变频器的主开关器件开始采用 IGBT。目前利用 IGBT 构成的高压（3kV/6.3kV）变频器的最大容量已达 7460kVA。随着 IGBT 容量的不断扩大，通用变频器的容量也将随之扩大。

（2）结构的小型化。变频器主电路中功率电路的模块化，控制电路采用大规模集成电路和全数字控制技术，结构设计上采用“平面安装技术”等一系列措施，促进了变频电源装置的小型化。以富士公司的变频器为例，经一次改型（由 G5S 到 G7S）其装置体积就缩小了一半。

（3）多功能化和高性能化。电力电子器件和控制技术的不断发展，使变频器向多功能化和高性能方向发展。微机的应用，以其精练的硬件结构和丰富的软件功能，为变频器多功能化和高性能化提供了可靠的保证。特别是日益丰富的软件功能使通用变频器的适应性不断增强。如变频器的转矩提升功能使低速下的转矩过载能力提高到 150%，使启动和低速运行性能得到很大提高；又如转差补偿功能使异步电动机机械特性的硬度甚至大于工频电网供电时的硬度。此外，如多步转速设定功能，S 型加减速和自动加速控制功能，故障显示和记忆功能，灵活的通信功能等等，使变频器的应用更为广泛、灵活。

（4）应用领域不断扩大。通用变频器对各类生产机械、各类生产工艺的适应性不断增强。最初通用变频器仅用于风机、泵类负载的节能调速和化纤工艺中高速缠绕的多机协调运行等。现在，通用变频器的应用领域得到了相当的扩展，如搬送机械，从反抗性负载的搬运车辆、带式运输机到位能负载的起重机、提升机、立体仓库、立体停车场等都已采用了通用变频器；金属加工机械，从各类切削机床直到高速磨床乃至数控机床、加工中心超高速伺服机构的精确位置控制都已应用了通用变频器；此外，在农用机械、食品机械、木工机械、印刷机械等方面也获得了广泛的应用。可以说，变频器的应用范围相当广阔并且还将继续扩大。

**2．通用变频器的技术动向**

通用变频器的技术发展动向大致有以下方面：

（1）IGBT 和 IPM（智能功率模块）的应用。最近几年 IGBT 的应用正在迅速推进。它显著的特点是开关频率高，驱动电路简单，用于通用变频器时具有低噪声运行、电流波形更趋于正弦波、装置紧凑、可靠性高等明显效果。

（2）网侧变频器的 PWM 控制。目前，上市的绝大多数通用变频器的网侧变流器都采用不可控的二极管整流器。为进一步提高效率，减少损耗，现已开发出一种新型的采用 PWM 控制方式的自换相变流器（称为 PWM 整流器）。其电路结构形式与逆变器完全相同，每个桥臂均由一个自关断器件和一个二极管反并联组成。其特点是：直流输出电压连续可调，输入电流（网侧电流）波形基本上是正弦波，功率因数可保持为 1，并且能量可以双向流动。

**3．通用变频器的选择**

（1）变频器种类的选择　通用变频器根据性能及控制方式的不同可分为简易型、多功能型、高性能型等。用户可根据实际用途及需要进行选择。

1）简易通用型变频器。简易通用型变频器一般采用 U/f 控制方式，主要以风扇、风机、泵等为控制对象，其节能效果显著，成本较低。

2）多功能通用型变频器。随着工业企业自动化技术的不断应用，自动仓库、升降机、搬运系统等的高效化、低成本化，小型 CNC 机床、挤压成型机、纺织及胶片机械的高速化、高效率化、高精度化等已日趋重要，选用多功能变频器可满足这些具有一定特殊要求的驱动需要。

3）高性能通用型变频器。经过十余年的发展，目前矢量控制的变频器已通用化、实用化。矢量控制回路的数字化以及参数自调整功能的引入，使得变频器自适应等功能更加充实，特别是无速度传感器矢量控制技术的实用化，使得高性能的采用矢量控制方式的通用变频器的应用日益广泛，目前这类变频器主要应用于挤压成型机、电线、橡胶制造等设备的驱动需要。

（2）通用变频器的规格指标　在选择变频器时，会接触到生产厂家提供的各种类型变频器的产品样本。这些产品样本中一般会介绍变频器的系列型号、特点以及选定变频器所需要的多种性能和功能指标。下面简单介绍一下通用变频器的标准性能和功能指标的基本含义。

1）型号。一般为厂家自定的系列名称，其中还包括电压级别和可适配的电动机容量（或为变频器输出容量），可作为选购变频器的依据之一。

2）电压级别。根据各国的工业标准或用途不同，其电压级别也各不相同。在选择变频器时首先应该考虑其中电压级别是否与输入电源和所驱动的电动机的电压级别匹配。普通变频器的电压级别分为 200V 级和 400V 级两种。

3）最大适配电动机。这一栏中通常给出最大适配电动机的容量（kW）。应该注意，这个容量一般是以 4 极普通异步电动机为对象，而 6 极以上电动机和变极电动机等特殊电动机的额定电流大于 4 极普通异步电动机，因此在驱动 4 极以上电动机及特殊电动机时就不能单单依据此项指标选择变频器。同时还要考虑变频器的额定输出电流是否能够满足电动机的额定电流。

4）额定输出。变频器的额定输出包含额定输出容量和额定输出电流两方面的内容。其中额定输出容量为变频器在额定输出电压和额定输出电流下的三相视在输出功率（kVA）：$P=\sqrt{3}UI\times10^{-3}$。而额定输出电流则为变频器在额定输入条件下，以额定容量输出时，可连续输出的电流。

5）电源。变频器对电源的要求主要有电压/频率、允许电压变动率和允许频率变动率等几个方面。其中电压/频率指输入电源的相数（单相、三相）以及电源、电压的范围（200～230V，380～460V）和频率要求（50Hz，60Hz）。允许电压变动率和允许频率变动率为输入电压幅值和频率的允许波动范围，一般允许电压波动为额定电压的±10%，而一般允许频率波动为额定频率的±5%。

6）控制特性。变频器控制特性方面的指标较多，通常包括以下几个方面：

① 主回路工作方式。由整流电路与逆变电路的连接方式所决定，可分为电压型和电流型两类。电压型是指在直流中间回路中采用电容进行滤波，而电流型的直流中间回路则采用电感滤波。

② 变频工作方式。变频器的变频（或逆变）电路工作方式分为 PWM 和 PAM 方式，其中 PWM 方式有等幅 PWM 和正弦波 PWM 两种类型；PAM 方式有相控 PAM 和斩波 PAM 两种类型。

③ 逆变电路控制方式。其含义是，针对电动机的固有特性、负载特性以及运转速度的要求，控制变频器的输出电压（电流）和频率的方式。一般可分为 U/f、转差频率、矢量运算三种控制方式。

④ 输出频率范围。变频器可控制的输出频率范围。最低的启动频率一般为 0.3Hz，最高频率则因变频器性能指标而异。

⑤ 输出频率分辨率。输出频率分辨率为输出频率变化的最小量。在数字型变频器中软起动回路（频率指令变换回路）的运算分辨率决定了输出频率的分辨率。若运算分辨率能达到 1/30000 到 1/10000，则对于一般的应用没有问题；若运算分辨率在 1/1000 左右，则电动机进行加减速时可能发生速度不平稳的情况。

⑥ 输出频率精度。为输出频率根据环境条件变化而变化的程度。

⑦ 频率设定方式。一般采用变频器自身的参数设定方式设定频率，或者通过设定电位器及其他规格如 0～10V（或 0～5V）、4～20mA 的外部输入信号进行频率设定。高性能变频器还可选择数字（BCD 码、二进制码）输入以及上位机通过 RS-232C 或 RS-422 等接口发送的运转控制信号。

⑧ 过载能力。变频器所允许的过载电流，以额定电流的百分数和允许的时间来表示。一般变频器的过载能力为额定电流的 150%，持续 60s；或者 130%，持续 60s。如果瞬时负载超过了变频器的过载耐量，即使变频器与电动机的额定容量相符，也应选择大一档的变频器。

⑨ 制动方式。变频器的电气制动一般分为能耗制动、电源回馈制动、直流制动三种。前两类都是电动机把能量反馈到变频器，其中能耗制动是将能量消耗在制动电阻上，转换成热能；电源回馈制动则是将能量通过回馈电路反馈到供电电网上。直流制动是运用变频器输出的直流电压在电动机绕组中产生的直流电流将转子的能量以热能的形式消耗掉。

7）保护功能。变频器的保护功能很多，通常有以下内容：

① 欠压保护。欠压指的是变频器的电源电压在规定值以下的状态，也包括瞬时断电，此时会导致电动机的输出转矩不足和过热现象。欠压保护就是为了防止控制回路的误动作和主回路元件工作异常，在直流中间回路电压低于欠压低限值持续 15ms 以上时，变频器将停止输出。

② 过压保护。电源电压过高或电动机急速减速以及起重机、电梯等超负荷的场合，当直流回路的电压超出规定值时，为防止主回路元件因过压而损坏，变频器将停止输出。

③ 过流保护。由于电动机直接启动或变频器输出侧发生相间短路或接地等事故时，变频器的输出电流会瞬间急剧增大，当超过主电路元件的允许值时，为保护其不被烧毁，将关闭主回路元件停止输出。变频器的瞬间过流保护通常设定在额定输出电流的200%左右。

④ 变频器防失速功能。加速中失速的概念是指 U/f 控制的变频器，在无速度反馈电动机加速的时候，瞬间急剧提高转速使得变频器输出的频率与电动机实际的运转频率之差，即转差频率很大，而同时，变频器的输出电流又受到限制，使得电动机得不到足够的转矩进行加速而维持原状的现象。失速发生时由于转差过大一般都伴随着过流的发生而导致变频器跳闸。在加速过程中为避免陷入此种状态，通常根据过流状态采取暂时停止增加频率的方法，等待电流减小以达到防失速、无跳闸的效果。

（3）变频器容量的选定　变频器容量的选定由很多因数决定，如电动机容量、电动机额定电流、加速时间等，其中最基本的是电动机电流。下面分三种情况就如何选定通用型变频器容量作一些简单的介绍。

1）驱动单台电动机。对于连续运转的变频器必须同时满足表 5-9 中所列三项要求。

**表 5-9　变频器连续运转相关条件**

| 要　求 | 算　式 |
|---|---|
| 满足负载输出 | $\frac{kP_M}{\eta\cos\varphi}$ ≤变频器容量(kVA) |
| 满足电动机容量 | $k\times\sqrt{3}U_E I_E\times10^{-3}$ ≤变频器容量(kVA) |
| 满足电动机电流 | $kI_E$ ≤变频器额定电流(A) |

表中 $k$ 是电流波形补偿系数，由于变频器的输出波形并不是完全的正弦波，而是含有高次谐波的成分，因而其电流就有所增加。PWM 方式的变频器电流波形补偿系数约为 1.05～1.1。

2）驱动多台电动机。当变频器同时驱动多台电动机时，一定要保证变频器的额定输出电流大于所有电动机额定电流的总和，见表 5-10。

**表 5-10　变频器容量选择（驱动多台电动机）**

| 要　求 | 算式(过载能力 150%，1min) | |
|---|---|---|
| | 电动机加速时间 1min 以内 | 电动机加速时间 1min 以上 |
| 满足驱动时的容量 | $\frac{kP_M}{\eta\cos\varphi}[N_T+N_s(k_s-1)]$ ≤1.5×变频器容量（kVA） | $\frac{kP_M}{\eta\cos\varphi}[N_T+N_s(k_s-1)]$ ≤变频器容量（kVA） |
| 满足电动机电流 | $N_T I_M\left[1+\frac{N_s}{N_T}(k_s-1)\right]$ ≤1.5×变频器额定电流(A) | $N_T I_M\left[1+\frac{N_s}{N_T}(k_s-1)\right]$ ≤变频器额定电流（A） |

3）指定起动加速时间。变频器的容量一般以标准条件为准，在变频器过载能力之内进行加减速。在急剧加速或减速时，一般利用失速防止功能以免变频器跳闸，但这同时加长了加减速时间。在对加速时间有特殊要求时，必须事先核算变频器的容量是否能够满足所要求的加速时间，如不能则要加大一档变频器容量。在指定加速时间的情况下，变频器所需要的容量计算如下：$\frac{kn}{937\eta\cos\varphi}T_1+\frac{GD^2n}{375t_A}$≤变频器容量。式中：$GD^2$ 为电动机转矩(kg·m$^2$)；$t_A$ 为电动机加速度(m/s$^2$)；$T_1$ 为负载转矩(N·m)；$k$ 为电流波形补偿系数；$\eta$ 为

电动机效率（通常取 0.85）；$\cos\varphi$ 为电动机功率因数；$n$ 为电动机额定转速(r/min)。

（3）应用变频器的注意事项

1）按变频器额定输出容量来选择变频器时，要注意变频器的电压等级，当额定电压是 200V，400V 时，和 220V，440V 是不一样的，这容易造成混淆。而且输入电压还可能上下波动。因此，额定容量往往作为参考指标。

2）按最大适配电动机指标选变频器时，要注意 4 极以上的电动机应将容量适当选大一些。

3）需考虑过载能力。同样容量的变频器有不同的过载能力，须分清楚是 125%/min，还是 150%/min。

4）可以用小容量的变频器来驱动轻载运行的大电动机，但要适当放大容量。如一台 7.5kW 的电动机长期工作在轻载，负载容量只有 2.2kW。若按负载电流（17A）计算容量只需 3.7kW 的变频器就够了。但考虑到大电动机轻载运行时电流波动大，故应将容量放大一些，选用 5.5 kW 的变频器为好。

## 5.7.2 数字式通用变频器工作原理

通用变频器经过多年的更新换代，在产品性能和可靠性等方面都有了很大的提高，目前市场上流行的通用变频器主要的种类有富士电机公司的 FRN—G9S/P9S 系列、三菱电机公司的 FR-A540/FR-F540 系列、西门子公司的 MMV/MDV 系列、安川公司的 VS-616G5 系列、三垦公司的 SAMCO-i/iP 系列、台达公司 VFD-M 系列、成都希望森兰公司的 SB/ST 系列及山东新风光公司的 JD-BP 系列等。这些变频器在功能、操作、维护及应用注意事项等方面基本相同，在此只作一般介绍。

**1. 通用变频器的铭牌**

在使用变频器时，应该首先注意变频器的铭牌数据，它用最简洁的方式给出了变频器最重要的信息。图 5-55 是富士电机公司的 FRN30G9S-4JE 型变频器的铭牌。

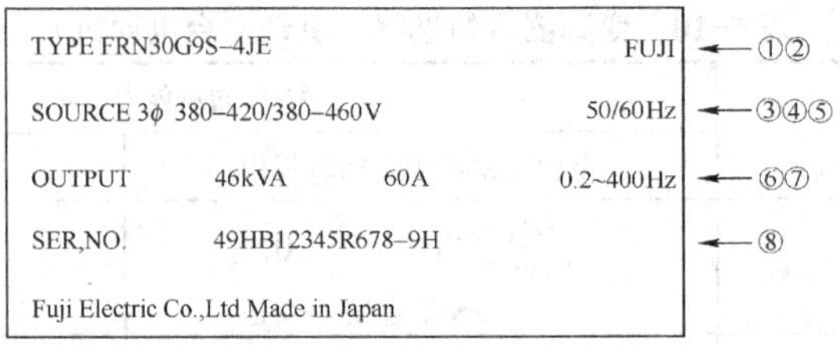


图 5-55 FRN30G9S-4JE 型变频器铭牌

在该铭牌上有许多重要信息：

（1）变频器型号：FRN30G9S 中给出了适配电动机为 30kW，过载能力为 150%（G9S 为 150%，P9S 为 120%）额定电流。

（2）电源系列：4JE 表示为 400V 电压等级（若为 2JE 则为 200V）。

（3）相数：3 相。

（4）输入电压范围：380～420V/380～460V。

（5）输入电压频率：50/60Hz。

（6）额定容量为 46kVA，额定电流为 60A。

（7）输出频率范围：0.2～400Hz。

（8）生产序列号。

**2．通用变频器内部结构及原理框图**

变频器的实际电路相当复杂，如图 5-56 所示为通用变频器的内部硬件结构原理图。从图中可以看出变频器的基本组成，图的上方是由电力电子器件构成的整流器、中间环节、逆变器主电路，R、S、T 是三相交流电源输入端，U、V、W 是变频器三相交流电源输出端；图的下方是以 16 位单片机为核心的控制电路，以及过电压、过电流、过热、过载等多种保护电路，周边引出多种输入/输出控制端子。

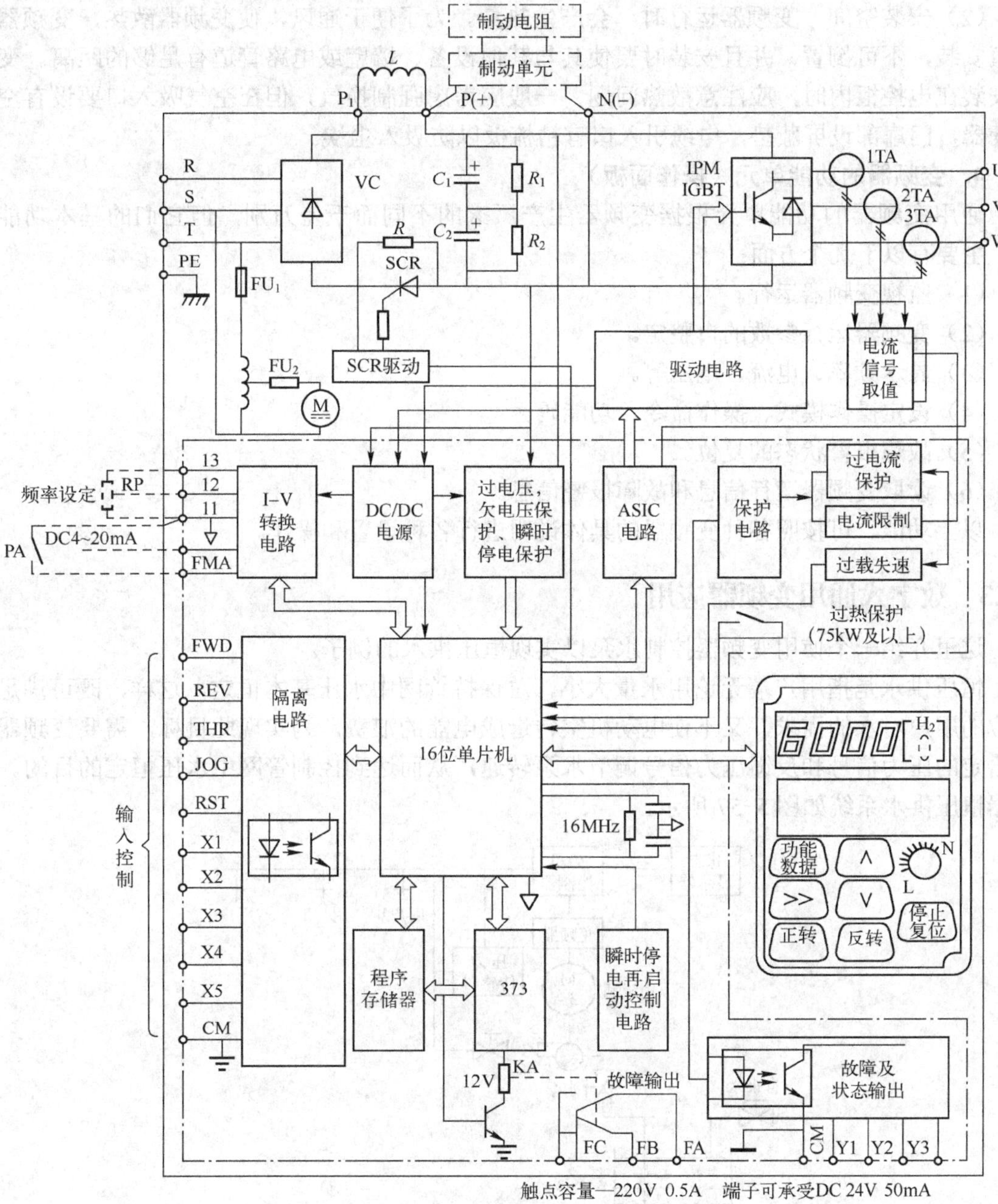

触点容量—220V 0.5A 端子可承受DC 24V 50mA

图 5-56 变频器内部原理框图

**3．通用变频器的安装环境和安装空间**

（1）安装环境　变频器是精密的电子设备，为确保其稳定运行，计划安装时，对其工作的场所和环境必须进行考虑，以使其发挥出应有的功能。设置场所一般应注意以下方面：

1）应避免受潮，无水浸的顾虑。

2）无易燃、易爆、腐蚀性气体和液体，粉尘少。

3）易于对变频器进行维修和检查，搬动方便。

4）应备有通风口和换气设备，以排出变频器产生的热量。

（2）安装空间　变频器运行时，会产生热量。为了便于通风，使变频器散热，变频器应垂直安装，不可倒置，并且安装时要使其与其他设备、墙壁或电路管道有足够的距离。变频器安装在电控柜内时，应注意散热问题，一般应考虑强制换气，但在空气吸入口要设有空气过滤器，门扉部设屏蔽垫，电缆引入口有精梳板以防吸入尘埃。

**4．变频器的功能单元（操作面板）**

通用变频器的功能单元根据变频器生产厂家的不同而千差万别，但它们的基本功能相同。主要有以下几个方面：

（1）监视变频器运行。

（2）变频器运行参数的自整定。

（3）显示频率、电流、电压等。

（4）设定操作模式、操作命令、功能码。

（5）故障报警状态的复位。

（6）读取变频器运行信息和故障报警信息。

以上功能，可按照各种变频器的具体说明进行各种设置和操作。

### 5.7.3　数字式通用变频器应用

这里介绍一个使用变频器控制水泵以实现恒压供水的例子。

恒压供水是指用户端无论用水量大小，总保持管网中水压基本恒定，这样，既可满足各部位的用户对水的需求，又不使电动机空转造成电能的浪费。为实现此目标，需要变频器根据给定的压力信号和反馈压力信号调节水泵转速，从而达到控制管网中水压恒定的目的。变频器恒压供水系统如图 5-57 所示。

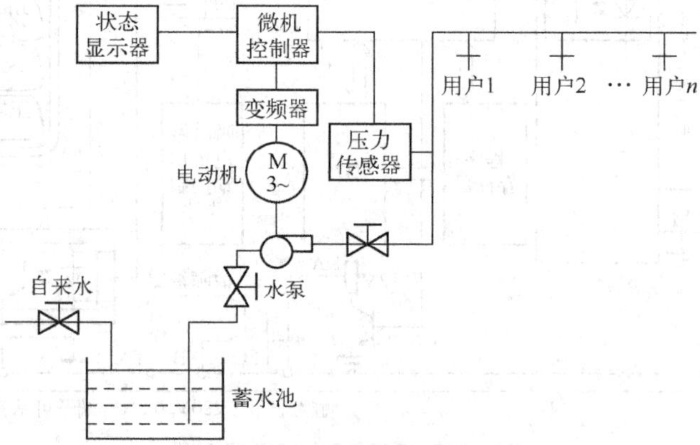


图 5-57　变频器恒压供水系统

下面以一用一备变频器恒压供水系统为例，简要说明变频器在泵类调速中的应用。

**1．系统主电路**

一用一备变频器恒压供水系统就是用一台水泵供水，另一台水泵备用，当供水泵出现故障或需要定期检修时，备用泵马上投入使用，不使供水中断。两台水泵均为变频器驱动，并且当变频器出现故障时，可自动实现变频/工频切换。其主电路图如图 5-58 所示。

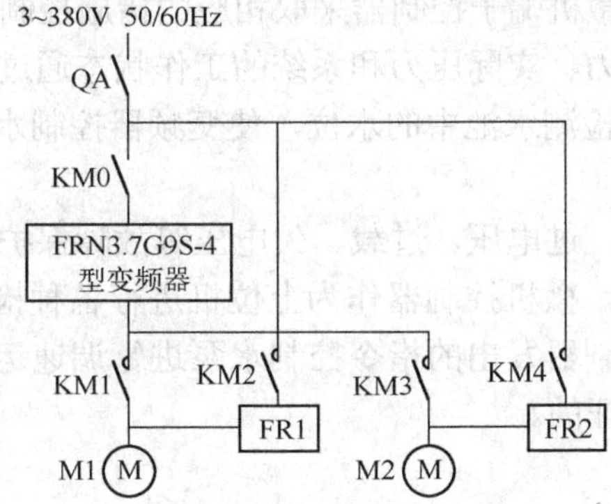


图 5-58　一用一备变频器恒压供水系统主电路

图中，M1 为主泵电动机；M2 为备用泵电动机。

QA 为自动开关；KM0，KMl，KM2，KM3，KM4 均为接触器。其中 KMl 与 KM3 用于切换备用泵；KM2 与 KM4 用于进行变频/工频切换。FR1，FR2 为热继电器。

**2．控制系统结构**

该系统由富士 FRN3.7G9S-4 型变频器和微机控制器组成。控制系统接线图如图 5-59 所示。

该系统可实现的功能如下：

（1）该系统为一用一备、变频/工频自动切换的恒压供水系统。通过拨码开关的设置以确定所运行的水泵，并通过继电器 RL1、RL2 来控制接触器，以实现主泵电动机和备用电动机间的切换。

（2）压力给定信号和压力反馈系数通过电位器 *R*1 和 *R*2 实现调整。

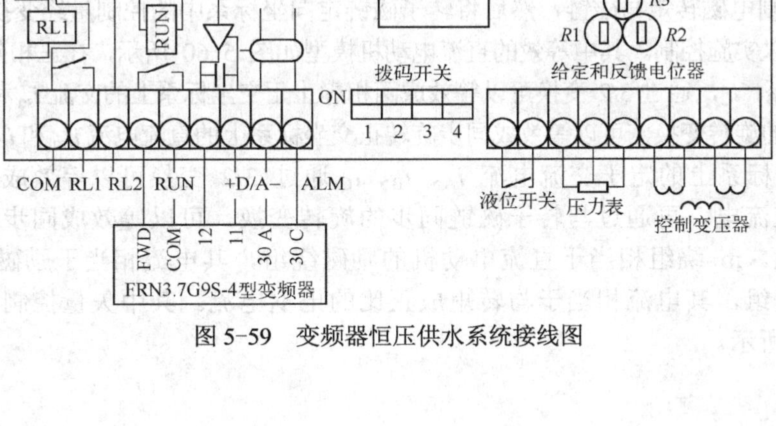


图 5-59　变频器恒压供水系统接线图

（3）微机控制器根据给定压力和反馈压力之间的偏差信号进行调节器的运算，输出0～5V 的电压信号给变频器控制端（11，12 端），作为变频器外部频率给定信号，使变频器依据输入电压信号的大小控制水泵按给定转速运行。

（4）微机控制器通过继电器 RUN 的吸合，使变频器的 FWD 和 COM 控制端子接通，变频器正转启动。变频器若在运行中发生故障，则会通过无源端子 30A、30C 的闭合给微机控制器发出故障警报信号，使微机端子控制器采取相应的措施控制水泵的变频/工频切换。

（5）控制系统的给定压力、实际压力和系统的工作状态通过显示面板进行显示。

（6）微机控制器能自动检测水池中的水位，使变频器控制水泵电动机在无水后能自动停机，有水后自动起动。

（7）具有电动机过电流、过电压、过载、欠电压等故障保护功能。

综上所述，在该系统中，微机控制器作为上位机进行各种检测和运算、控制，而变频器则作为执行装置按照微机控制器发出的指令控制水泵进行调速运行。各种控制信号的传输是通过正确连接控制端子来保证的。

**3．变频器的功能设定**

按图 5-59 接线完成后，变频器通电，可根据本系统的工艺情况进行变频器的功能设定。最大频率：50Hz；最小频率：0Hz；基本频率：50Hz；额定电压：380V；加速时间：15s；减速时间：15s；过载保护倍数：105%；转矩限制：150%；转矩矢量控制：不动作。

## 5.8 知识拓展 2——矢量控制变频调速系统的 MATLAB 仿真分析

引导问题：

1. 坐标变换的思路。
2. 异步电动机矢量控制变频调速系统主电路设计。
3. 矢量控制仿真模型搭建。

### 5.8.1 矢量控制的基本原理

矢量控制系统的基本思路是以产生相同的旋转磁动势为准则，将异步电动机在静止三相坐标系上的定子交流电流通过坐标变换等效成同步旋转坐标系上的直流电流，并分别加以控制，从而实现磁通和转矩的解耦控制，以达到直流电动机的控制效果。所谓矢量控制，就是通过矢量变换和按转子磁链定向，得到等效直流电动机模型，在按转子磁链定向坐标系中，用直流电动机的方法控制电磁转矩与磁链，然后将转子磁链定向坐标系中的控制量经变换得到三相坐标系的对应量，以实施控制。其中等效的直流电动机模型如图 5-60 所示，在三相坐标系上的定子交流电流 $i_A$、$i_B$、$i_C$，通过 3/2 变换可以等效成两相静止正交坐标系上的交流 $i_{s\alpha}$ 和 $i_{s\beta}$，再通过与转子磁链同步的旋转变换，可以等效成同步旋转正交坐标系上的直流电流 $i_{sm}$ 和 $i_{st}$。

在三相坐标系上的定子交流电流 $i_A$、$i_B$、$i_C$,通过 3/2 变换可以等效成两相静止正交坐标系上的交流电，再通过与转子磁链同步的旋转变换，可以等效成同步旋转正交坐标系上的直流电。m 绕组相当于直流电动机的励磁绕组，其电流相当于励磁电流，t 绕组相当于电枢绕组，其电流相当于与转矩成正比的电枢电流。其中矢量控制系统原理结构图如图 5-61 所示。

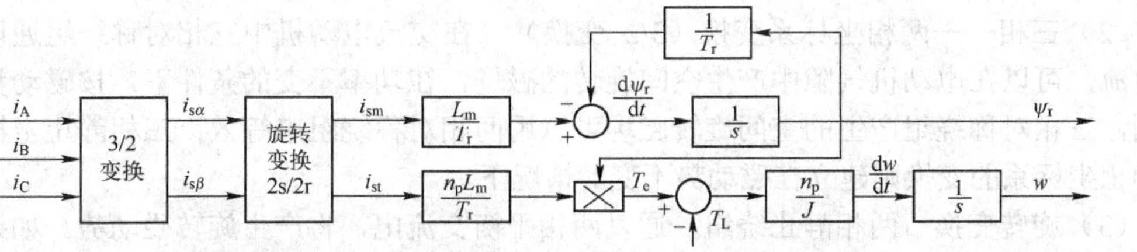


图 5-60　异步电动机矢量变换及等效直流电动机模型

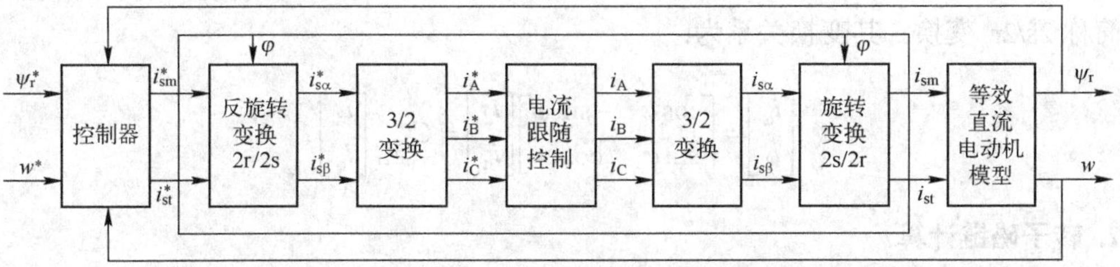


图 5-61　矢量控制系统原理结构图

通过转子磁链定向，将定子电流分量分解为励磁分量和转矩分量，转子磁链仅由定子电流分量产生，而电磁转矩正比于转子磁链和定子电流转矩分量的乘积，实现了定子电流的两个分量的解耦。简化后的等效直流调速系统如图 5-62 所示。

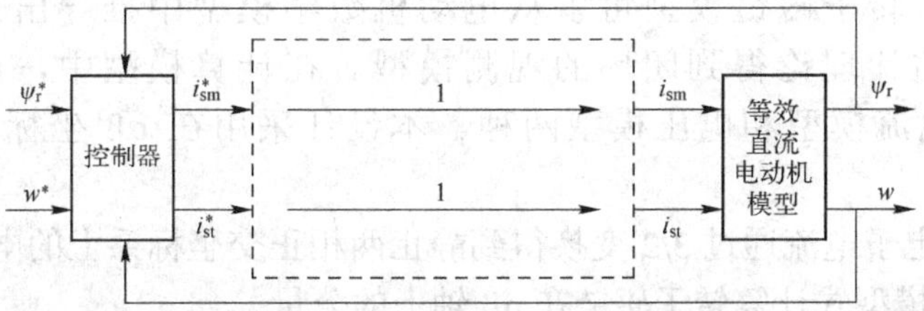


图 5-62　简化后的等效直流调速系统

**1. 坐标变换**

（1）坐标变换的基本思路　坐标变换的目的是将交流电动机的物理模型变换成类似直流电动机的模式，这样变换后，分析和控制交流电动机就可以大大简化。以产生同样的旋转磁动势为准则，在三相坐标系上的定子交流电流 $i_A$，$i_B$，$i_C$，通过三相-两相变换可以等效成两相静止坐标系上的交流电流，再通过同步旋转变换，可以等效成同步旋转坐标系上的直流电流。如果观察者站到铁心上与坐标系一起旋转，他所看到的就好像是一台直流电动机。

把上述等效关系用结构图的形式画出来，得到图 5-63。

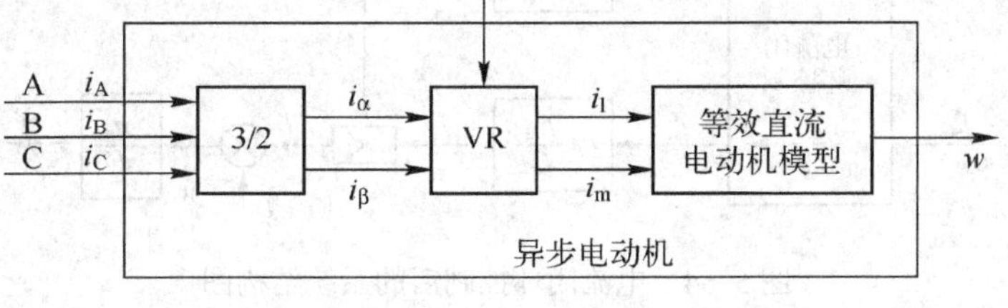


图 5-63　异步电动机的坐标变换结构图

（2）三相——两相坐标系变换（3/2 变换） 在交流电动机中三相对称绕组通以三相对称电流，可以在电动机气隙中产生空间旋转的磁场，在功率不变的条件下，按磁动势相等的原则，三相对称绕组产生的空间旋转磁场可以用两相对称绕组来等效，三相静止坐标系和两相静止坐标系的变换则建立在磁动势不变的情况下。

（3）旋转变换 两相静止绕组，通以两相平衡交流电，将产生旋转磁动势。如果令两相绕组转起来，且旋转角速度等于合成磁动势的旋转角速度，则两相绕组通以直流电流就产生空间旋转磁动势。从两相静止坐标系到两相旋转坐标系的变换，称为两相旋转－两相静止变换，简称 2s/2r 变换。其变换关系为：

$$\begin{bmatrix} i_\alpha \\ i_\beta \end{bmatrix} = \begin{bmatrix} \cos\varphi & -\sin\varphi \\ \sin\varphi & \cos\varphi \end{bmatrix} \begin{bmatrix} i_d \\ i_q \end{bmatrix} = C_{2s/2r} \begin{bmatrix} i_d \\ i_q \end{bmatrix}$$

**2. 转子磁链计算**

按转子磁链定向的矢量控制系统的关键是磁通量的准确定向，也就是说需要获得转子磁链矢量的空间位置。根据转子磁链的实际值进行控制的方法，称作直接定向。

转子磁链的直接检测比较困难，现在实用的系统中多采用按模型计算的方法，即利用容易测得的电压、电流或转速等信号，借助转子磁链模型，实时计算磁链的幅值与空间位置。转子磁链模型可以从电动机数学模型中推导出来，也可以利用状态观测器或状态估计理论得到闭环的观测模型。在计算模型中，由于主要实测信号的不同，又分为电流模型和电压模型两种。本设计采用在 αβ 坐标系上计算转子磁链的电流模型。

由实测的三相定子电流通过 3/2 变换得到静止两相正交坐标系上的电流 $i_{s\alpha}$ 和 $i_{s\beta}$，再利用 αβ 坐标系中的数学模型式计算转子磁链在 αβ 轴上的分量。

$$\begin{cases} \dfrac{d\psi_{r\alpha}}{dt} = -\dfrac{1}{Tr}\psi_{r\alpha} - \omega\psi_{r\beta} + \dfrac{Lm}{Tr} i_{s\alpha} \\ \dfrac{d\psi_{r\chi}}{dt} = -\dfrac{1}{Tr}\psi_{r\beta} + \omega\psi_{r\alpha} + \dfrac{Lm}{Tr} i_{s\beta} \end{cases}$$

**3. 矢量控制系统结构设计**

图 5-64 为电流闭环控制后的系统结构图，转子磁链环节为稳定的惯性环节，对转子磁链可以采用闭环控制，也可以采用开环控制方式；而转速通道存在积分环节，为不稳定结构，必须加转速外环使之稳定。

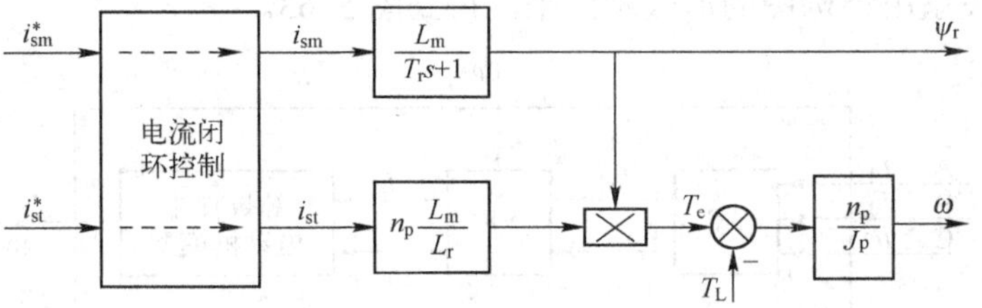


图 5-64 电流闭环控制后的系统结构图

常用的电流闭环控制有两种方法：一个是将定子电流两个分量的给定值施行 2/3 变换，

得到三相电流给定值。采用电流滞环控制型 PWM 变频器，在三相定子坐标系中完成电流闭环控制。另一个是将检测到的三相电流施行 3/2 变换和旋转变换，达到 mt 坐标系中的电流。采用 PI 调节器软件构成电流闭环控制，电流调节器的输出为定子电压给定值，经过反旋转变换得到静止两相坐标系的定子电压，再经过 SVPWM 控制逆变器输出三相电压，其系统结构图如图 5-65 所示。本次 MATLAB 仿真系统设计也采用的是这种控制方法。

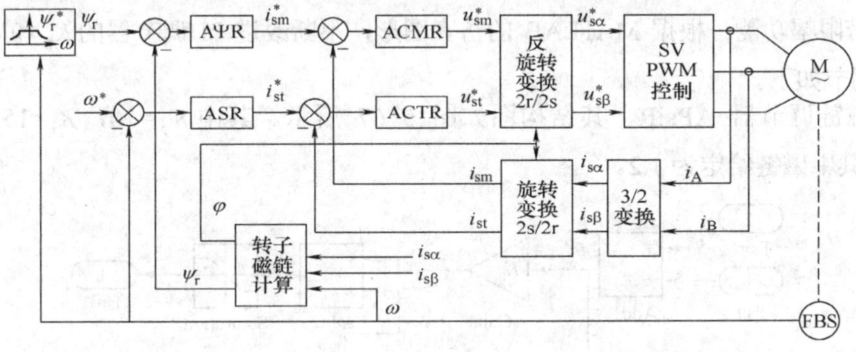


图 5-65　定子电流励磁分量和转矩分量闭环控制的矢量控制系统结构图

## 5.8.2　控制系统设计与仿真

### 1. 控制系统仿真模型

MATLAB 仿真中 SVPWM 用惯性环节等效代替，若采用实际的 SVPWM 方法仿真，将大大增加仿真计算时间，对计算机的运行速度和内存容量要求较高。转速、转子磁链和两个电流调节器均采用带有积分和输出限幅的 PI 调节器，两相磁链由电动机模型直接得到，其中转子磁链的幅值由两相磁链计算得到。矢量控制系统仿真模型图如图 5-66 所示。

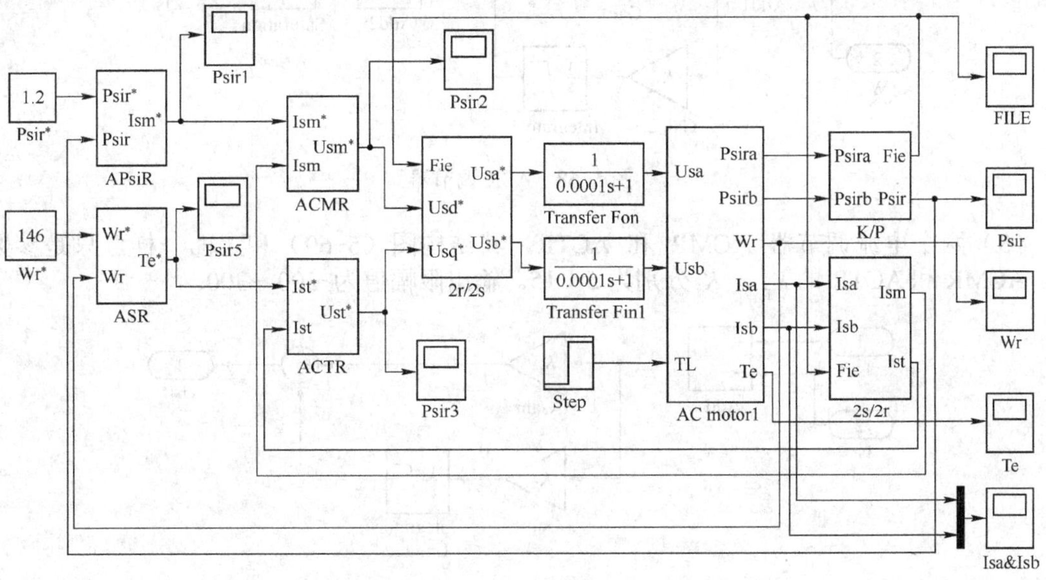


图 5-66　矢量控制系统仿真模型图

图中 ASR 为转速调节器，APsiR 为转子磁链调节器，ACMR 为定子电流励磁分量调节器，ACTR 为定子电流转矩分量调节器，对转子磁链和转速而言，均表现为双闭环控制的系统结构，内环为电流恒定，外环为转子磁链或转速环。其中 K/P 模块是计算转子磁链幅值和角度的。

**2．PI 调节器设计**

本次仿真设计中的调节器都是采用 PI 调节器，其传递函数为：$W_{ASR}(s)=K_p+\frac{K_i}{s}$，其 PI 调节器带限幅功能。根据 MATLAB 的仿真图形，不断改进 PI 调节器的 $K_p$ 和 $K_i$。最终得到的各种调节如下。

（1）磁链调节器 APsiR，其结构图如图 5-67 所示。其中 $K_p$=10，$K_i$=15，输出限幅值-5～5。其中磁链给定为 1.2。

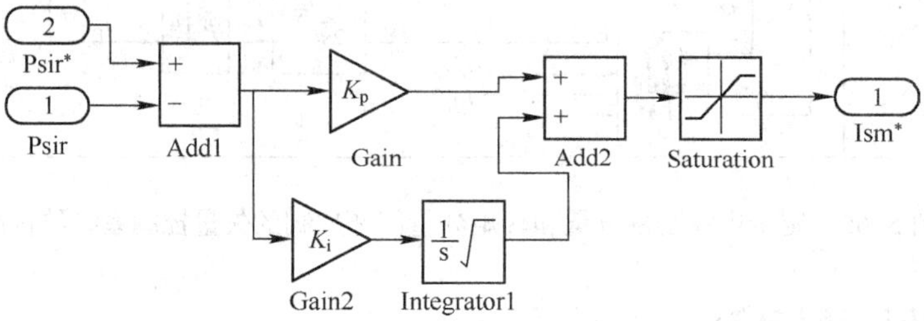


图 5-67　APsiR 调节器

（2）转速调节器 ASR，其结构图如图 5-68 所示。其中 $K_p$=15，$K_i$=10，输出限幅值-80～80。其中转速根据电动机的额定转速 1400 r/min 得到对应 w 给定为 146.6。

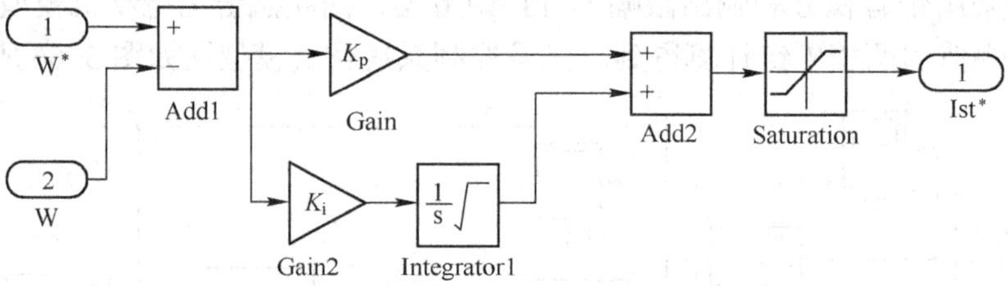


图 5-68　ASR 调节器

（3）两个电流调节器 ACMR 和 ACTR，其结构图（5-69）和上面一样，只是参数不同。ACMR 和 ACTR 的 $K_p$，$K_i$ 分别为 5，15。输出限幅值为-300～300。

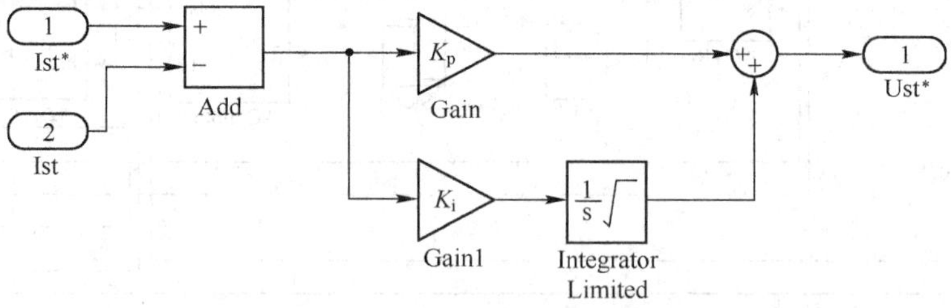


图 5-69　电流调节器 ACMR 和 ACTR 仿真结构图

### 5.8.3 仿真结果

**1. 电动机定子侧的电流仿真结果**

电动机定子侧的电流（Isa 与 Isb）仿真结果如图 5-70 和 5-71 所示。由仿真结果可知：空载起动时，定子电流基本稳定不变，成正弦变化。在 $t$=4.6s 突加负载后，电流仍成正弦变化，幅值变大，但基本保持稳定。

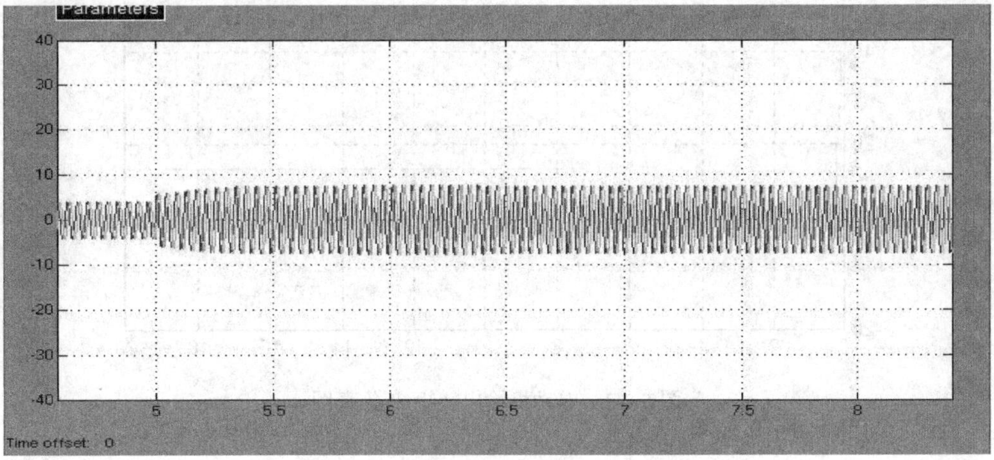


图 5-70　电动机定子侧的电流仿真

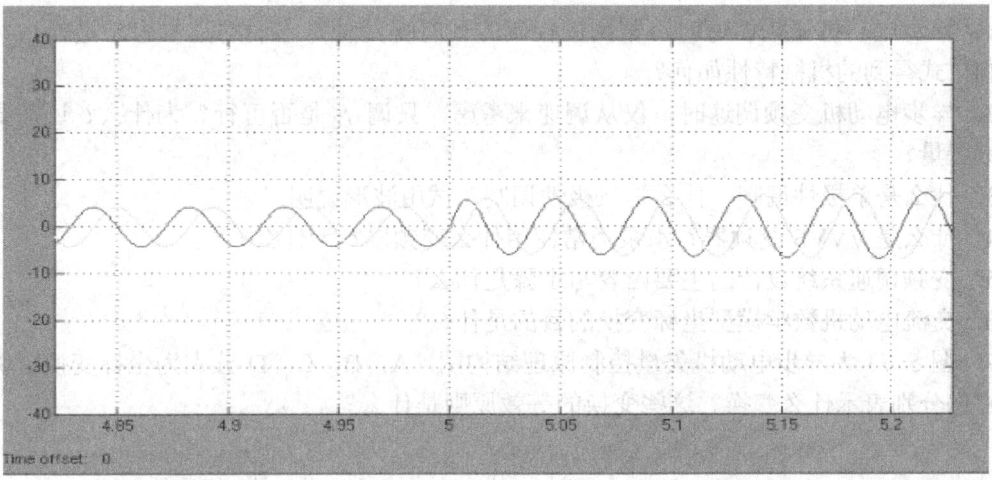


图 5-71　电动机定子侧的电流仿真放大波形图

**2. 电动机输出转矩仿真结果**

电动机输出转矩 $T_e$ 的仿真结果如图 5-72 所示。结果表明，电动机在空载起动时，输出转矩会有一个突变到较大值，随着电动机的起动输出转矩减小直至为 0 并稳定运行。在突加负载后，通过系统的闭环控制，使得电动机输出转矩突增并超过给定负载转矩一定值，以保证电动机正常运行，逐渐稳定后输出转矩回落到给定值，输出转矩等于负载转矩，电动机稳定运行。

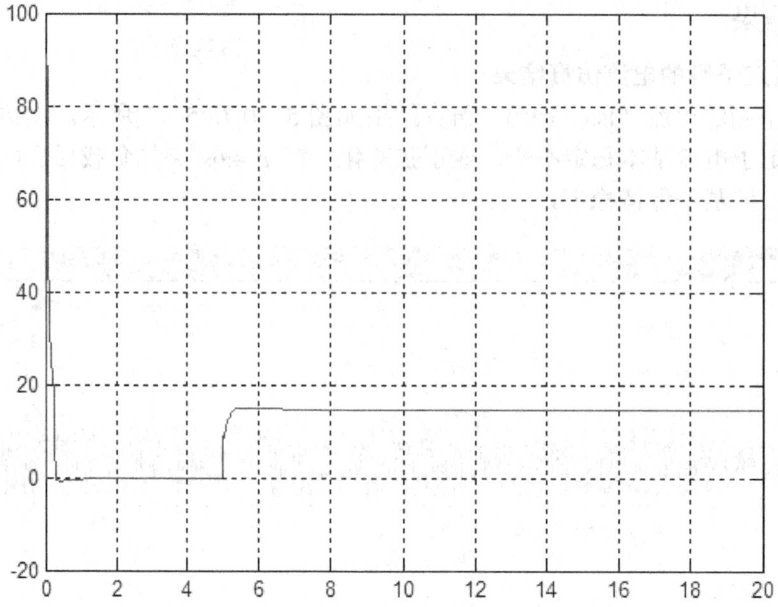


图 5-72　电动机输出转矩 $T_e$ 仿真图

## 5.9　习题

1．异步电动机变频调速时，常用的控制方式有哪几种？它们的基本思想是什么？这几种控制方式得到的机械特性如何？

2．异步电动机变频调速时，仅从调速来考虑，只调 $f_1$ 是否可行？为什么？还需要同时调节哪些量？

3．什么是单极性调制，什么是双极性调制？试用波形说明。

4．什么是 VVVF 变频器？水泵类常使用什么变频器？为什么？

5．变频调速系统设计的主要内容与步骤是什么？

6．交流电动机数学模型坐标变换的目的是什么？

7．图 5-73 为异步电动机矢量控制原理结构图，A，B，C，D 分别为坐标变换模块。请指出它们分别表示什么变换？这些变换的等效原则是什么？

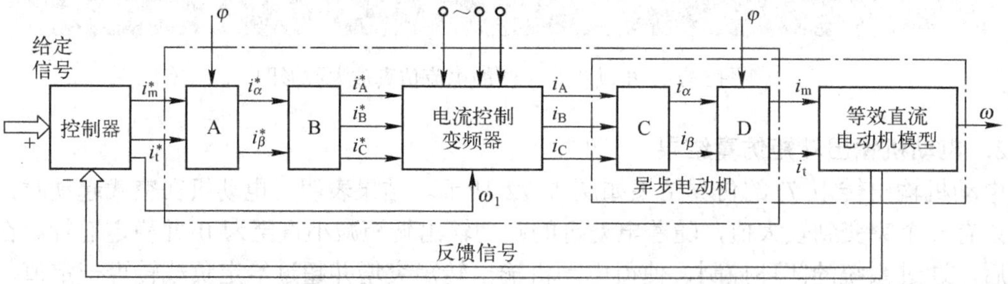


图 5-73　异步电动机矢量控制原理结构图

8．图 5-74 为异步电动机矢量变换与电流解耦数学模型，A，B 分别为坐标变换模块。请指出它们分别表示什么变换？这些变换的等效原则是什么？

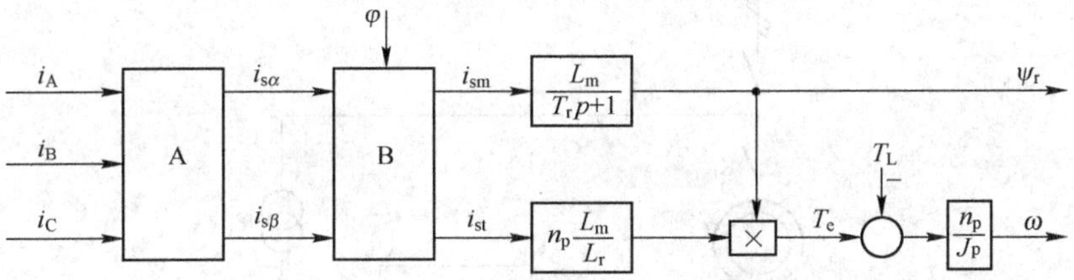


图 5-74　异步电动机矢量变换与电流解耦数学模型

9．图 5-75 为交-直-交电压型 IGBT 通用变频器的主回路结构图，回答问题。

（1）反并于 IGBT 两端的二极管起什么作用?

（2）通用变频器在运行之前，一般需要整定哪些参数？整定的原则是什么 （要求回答 5 个以上参数）？

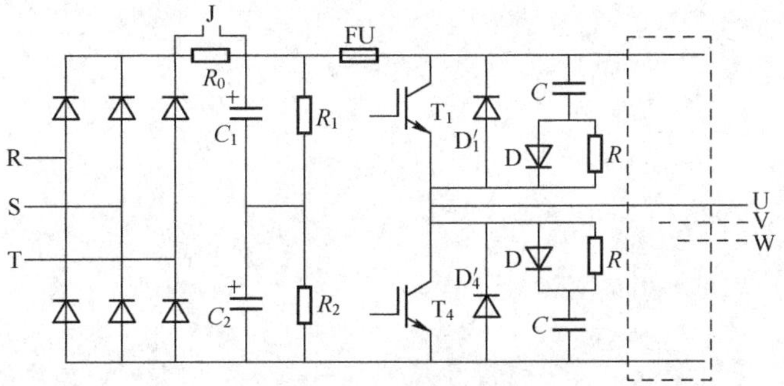


图 5-75　主回路结构图

10．图 5-76 为交流调速闭环系统静态结构图，系统在稳态运行时，若 $U_N^*$=10V，计算转速 *n*。

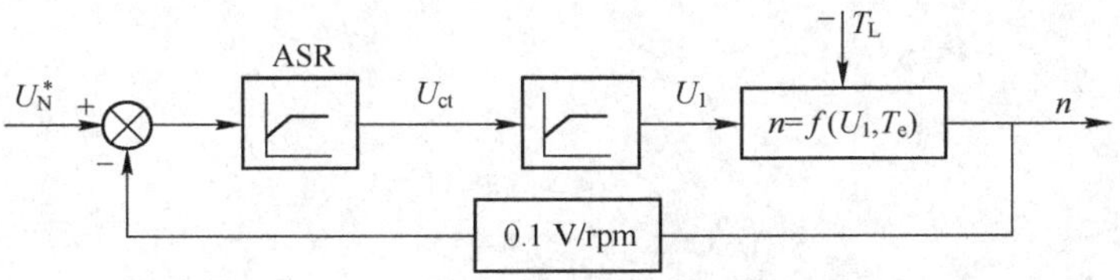


图 5-76　交流调速闭环系统静态结构图

11．图 5-77 为调速范围 $D\leqslant 3$ 的串级调速系统主回路单线原理框图，试说明起动时各电器开关正确的合闸顺序和停机时的分闸顺序，并说明理由。

12．设计：变频恒温控制系统原理框图，并简要说明工作原理。

13．变频器控制工业洗衣机段速运行，已知各段速频率分别为：20Hz、40Hz、10Hz，各段速时间分别为 30min、5min、15min。请设置功能参数，并画出运行控制图。

14．一变频调速系统，其负载的阻转矩为88N·m，调速范围为0～335r/min，由4极电动机驱动，负载最大功耗3.5kW，请选择驱动方案。

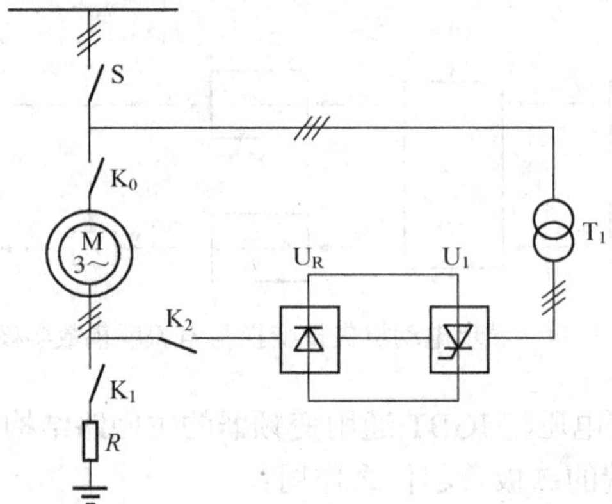


图5-77　串级调速系统主回路

# 附　　录

## 附录 A　拉普拉斯变换

表 A-1　基本性质

| | | | |
|---|---|---|---|
| 1 | 线性定理 | 齐次性 | $L[af(t)]=aF(s)$ |
| | | 叠加性 | $L[f_1(t)\pm f_2(t)]=F_1(s)\pm F_2(s)$ |
| 2 | 微分定理 | 一般形式 | $L\left[\frac{\mathrm{d}f(t)}{\mathrm{d}t}\right]=sF(s)-f(0)$<br>$L\left[\frac{\mathrm{d}^2f(t)}{\mathrm{d}t^2}\right]=s^2F(s)-sf(0)-f'(0)$<br>$\vdots$<br>$L\left[\frac{\mathrm{d}^nf(t)}{\mathrm{d}t^n}\right]=s^nF(s)-\sum_{k=1}^{n}s^{n-k}f^{(k-1)}(0)$<br>$f^{(k-1)}(t)=\frac{\mathrm{d}^{k-1}f(t)}{\mathrm{d}t^{k-1}}$ |
| | | 初始条件为 0 时 | $L\left[\frac{\mathrm{d}^nf(t)}{\mathrm{d}t^n}\right]=s^nF(s)$ |
| 3 | 积分定理 | 一般形式 | $L\left[\int f(t)\mathrm{d}t\right]=\frac{F(s)}{s}+\frac{\left[\int f(t)\mathrm{d}t\right]_{t=0}}{s}$<br>$L\left[\iint f(t)(\mathrm{d}t)^2\right]=\frac{F(s)}{s^2}+\frac{\left[\int f(t)\mathrm{d}t\right]_{t=0}}{s^2}+\frac{\left[\iint f(t)(\mathrm{d}t)^2\right]_{t=0}}{s}$<br>$\vdots$<br>$L\left[\overbrace{\int\cdots\int}^{共n个}f(t)(\mathrm{d}t)^n\right]=\frac{F(s)}{s^n}+\sum_{k=1}^{n}\frac{1}{s^{n-k+1}}\left[\overbrace{\int\cdots\int}^{共n个}f(t)(\mathrm{d}t)^n\right]_{t=0}$ |
| | | 初始条件为 0 时 | $L\left[\overbrace{\int\cdots\int}^{共n个}f(t)(\mathrm{d}t)^n\right]=\frac{F(s)}{s^n}$ |
| 4 | 延迟定理（或称 $t$ 域平移定理） | | $L[f(t-T)1(t-T)]=\mathrm{e}^{-Ts}F(s)$ |
| 5 | 衰减定理（或称 $s$ 域平移定理） | | $L[f(t)\mathrm{e}^{-at}]=F(s+a)$ |
| 6 | 终值定理 | | $\lim_{t\to\infty}f(t)=\lim_{s\to 0}sF(s)$ |
| 7 | 初值定理 | | $\lim_{t\to 0}f(t)=\lim_{s\to\infty}sF(s)$ |
| 8 | 卷积定理 | | $L\left[\int_0^t f_1(t-\tau)f_2(\tau)\mathrm{d}\tau\right]=L\left[\int_0^t f_1(t)f_2(t-\tau)\mathrm{d}\tau\right]=F_1(s)*F_2(s)$ |

**表 A-2　常用函数的拉普拉斯变换和 z 变换表**

| 序号 | 拉普拉斯变换 $E(s)$ | 时间函数 $f(t)$ | Z 变换 $E(z)$ |
|---|---|---|---|
| 1 | 1 | $\delta(t)$ | 1 |
| 2 | $\frac{1}{1-e^{-Ts}}$ | $\delta_T(t)=\sum_{n=0}^{\infty}\delta(t-nT)$ | $\frac{z}{z-1}$ |
| 3 | $\frac{1}{s}$ | $1(t)$ | $\frac{z}{z-1}$ |
| 4 | $\frac{1}{s^2}$ | $t$ | $\frac{Tz}{(z-1)^2}$ |
| 5 | $\frac{1}{s^3}$ | $\frac{t^2}{2}$ | $\frac{T^2z(z+1)}{2(z-1)^3}$ |
| 6 | $\frac{1}{s^{n+1}}$ | $\frac{t^n}{n!}$ | $\lim_{a\to 0}\frac{(-1)^n}{n!}\frac{\partial^n}{\partial a^n}(\frac{z}{z-\mathrm{e}^{-aT}})$ |
| 7 | $\frac{1}{s+a}$ | $\mathrm{e}^{-at}$ | $\frac{z}{z-\mathrm{e}^{-aT}}$ |
| 8 | $\frac{1}{(s+a)^2}$ | $t\mathrm{e}^{-at}$ | $\frac{Tz\mathrm{e}^{-aT}}{(z-\mathrm{e}^{-aT})^2}$ |
| 9 | $\frac{a}{s(s+a)}$ | $1-\mathrm{e}^{-at}$ | $\frac{(1-\mathrm{e}^{-aT})z}{(z-1)(z-\mathrm{e}^{-aT})}$ |
| 10 | $\frac{b-a}{(s+a)(s+b)}$ | $\mathrm{e}^{-at}-\mathrm{e}^{-bt}$ | $\frac{z}{z-\mathrm{e}^{-aT}}-\frac{z}{z-\mathrm{e}^{-bT}}$ |
| 11 | $\frac{\omega}{s^2+\omega^2}$ | $\sin\omega t$ | $\frac{z\sin\omega T}{z^2-2z\cos\omega T+1}$ |
| 12 | $\frac{s}{s^2+\omega^2}$ | $\cos\omega t$ | $\frac{z(z-\cos\omega T)}{z^2-2z\cos\omega T+1}$ |
| 13 | $\frac{\omega}{(s+a)^2+\omega^2}$ | $\mathrm{e}^{-at}\sin\omega t$ | $\frac{z\mathrm{e}^{-aT}\sin\omega T}{z^2-2z\mathrm{e}^{-aT}\cos\omega T+\mathrm{e}^{-2aT}}$ |
| 14 | $\frac{s+a}{(s+a)^2+\omega^2}$ | $\mathrm{e}^{-at}\cos\omega t$ | $\frac{z^2-z\mathrm{e}^{-aT}\cos\omega T}{z^2-2z\mathrm{e}^{-aT}\cos\omega T+\mathrm{e}^{-2aT}}$ |
| 15 | $\frac{1}{s-(1/T)\ln a}$ | $a^{t/T}$ | $\frac{z}{z-a}$ |

# 附录 B　MATLAB 常用数学函数

**1. 三角函数和双曲函数**

sin　正弦
cos　余弦
tan　正切
cot　余切
asin　反正弦
acos　反余弦
atan　反正切
acot　反余切
sec　正割
csc　余割
asec　反正割
acsc　反余割
sinh　双曲正弦
cosh　双曲余弦
tanh　双曲正切
coth　双曲余切
asinh　反双曲正弦
acosh　反双曲余弦
atanh　反双曲正切
acoth　反双曲余切
sech　双曲正割
csch　双曲余割
asech　反双曲正割
acsch　反双曲余割
atan2　四象限反正切

**2. 指数函数**

exp　以 e 为底的指数
log10　以 10 为底的对数
pow2　以 2 的幂
log　自然对数
log2　以 2 为底的对数
sqrt　平方根

**3. 复数函数**

abs　绝对值
conj　复数共轭
real　复数实部
angle　相角
imag　复数虚部

**4. 圆整函数和求余函数**

ceil　天花板函数
rem　求余数
fix　向 0 圆整
round　向靠近整数圆整
floor　地板函数
sign　符号函数
mod　模除求余

**5. 矩阵变换函数**

fliplr　矩阵左右翻转
diag　产生或提取对角阵
flipud　矩阵上下翻转
tril　产生下三角
flipdim　矩阵特定维翻转
triu　产生上三角阵
rot90　矩阵逆时针 90° 翻转

**6. 其他函数**

min　最小值
max　最大值
mean　平均值
median　中位数
std　标准差
diff　相邻元素的差
sort　排序
length　个数
euclidean　长度
sum　总和
prod　总乘积
dot　内积
cumsum　累计元素总和
cumprod　累计元素总乘积
cross　外积

**7. 管理命令**

addpath　增加一条搜索路径
rmpath　删除一条搜索路径
demo　运行 Matlab 演示程序
type　列出.M 文件
doc　装入超文本文档
version　显示 Matlab 版本号
help　启动联机帮助
what　列出当前目录有关文件
lasterr　显示最后一条信息
whatsnew　显示 Matlab 新特性
lookfor　搜索关键词的帮助
which　给出函数所在的目录
path　设置或查询 Matlab 路径

**8. 工作空间命令**

clear　删除内存的变量与函数
pack　整理工作空间内存
disp　显示矩阵与文本
save　将工作空间中的变量存盘
length　查询向量的维数
size　查询矩阵的维数
load　从文件中装入数据
who,whos　列出工作空间变量名

**9. 系统处理命令**

cd　改变当前工作目录
edit　编辑.M 文件
delete　删除文件
matlabroot　获得安装根目录
diary　将 matlab 运行命令存盘
tempdir　获得系统的缓存目录

dir　列出当前目录的内容

tempname　获得一个缓存文件

!　执行操作系统命令

**10. 窗口控制命令**

echo　显示文件中的Matlab命令

more　控制命令窗口的输出页面

format　设置输出格式

matlabrc　启动主程序

quit　退出Matlab环境

startup Matlab　自启动程序

**11. 运算符号与特殊字符**

\+　加

\-　减

*　矩阵乘

.*　向量乘

^　矩阵乘方

.^　向量乘方

\　矩阵左除

/　矩阵右除

.\　向量左除

./　向量右除

:　向量生成或子阵提取

()　下标运算或参数定义

[]　矩阵生成

...　续行标志

,　分行符（该行结果不显示）

;　分行符（该行结果显示）

%　注释标志

!　操作系统命令提示符

**12. 逻辑函数**

all　测试向量中元素是否为真

is*　检测向量状态

any　测试向量中是否有真元素

*isa　检测对象是否为某类对象

exist　检验变量是否定义

logical　将数字量转化为逻辑量

find　查找非零元素的下标

**13. 语言函数**

builtin　执行内建函数

global　定义全局变量

eval　执行语句构成的字符串

nargchk　函数输入出参数个数

feval　执行字符串指定的文件

script　语句及文件信息

function　函数定义关键词

break　中断循环执行的语句

if　条件转移语句

case　实现多路转移

otherwise　缺省执行部分

else　与if一起使用的转移语句

return　返回调用函数

elseif　转移语句

switch　多路转移

end　结束控制语句块

warning　显示警告信息

error　显示错误信息

while　循环语句

for　循环语句

dbclear　清除调试断点

dbstatus　列出所有断点情况

dbcont　调试继续执行

dbstep　单步执行

dbdown　改变局部空间内存

dbstop　设置调试断点

dbmex　启动Mex文件的调试

sbtype　列出带命令的.M文件

dbquit　退出调试模式

dbup　改变局部工作空间内容

dbstack　列出函数调用关系

eye　产生单位阵

rand　产生随机分布矩阵

linspace　构造线性分布的向量

randn　产生正态分布矩阵

logspace　构造等对数分布向量

zeros　产生零矩阵

ones　产生元素全部为1的矩阵

:　产生向量

ans　缺省的计算结果变量

non　非数值常量

computer　运行计算机类型

nargin　函数中参数输入个数

eps　精度允许误差(无穷小)

nargout　函数中输出变量个数

flops　浮点运算计数

pi　圆周率

i　复数单元

realmax　最大浮点数值

inf　无穷大

realmin　最小浮点数值

inputname　输入参数名

varargin　函数中输入可选参数

j　复数单元

varargout　函数中输出可选参数

calendar　日历

eomday　给出一个月最后一天的日期

clock　获取系统当前时间

etime　所用时间函数

cputime　所用的CPU时间

now　当前日期与时间

date　日期

tic　启动秒表计时器

weekday　星期函数

toc　读取秒表计时器

cat　向量连接

reshape　改变矩阵行列个数

# 附录 C　自动控制专业英语词汇中英文对照表

**A**

absolute abs　绝对的
absolute atmosphere ata　绝对大气压
ac lub oil pump　交流润滑油泵
absorptance　吸收比，吸收率
acceleration　加速
accelerator　加速器
accumulator　蓄电池
acknowledge　确认，响应
action　动作
active power　有功功率
actuator　执行机构
adjust　调整，校正
air compressor　空压机
air duct pressure　风管压力
air ejector　抽气器
air exhaust fan　排气扇
alternating current　交流电
ammeter　电流表，安培计
amplifier　放大器
angle of lead　超前角
anticipate　预期，期望
approach　近似值，接近
arc　电弧，弧光
armature　电枢，转子衔铁
arrester　避雷器
auto reclose　自动重合闸
automatic auto　自动
avometer　万用表、安伏欧表计

**B**

ball valve　球阀
base mode　基本方式
battery　电池
binary　二进制，双
breaker　断路器，隔离开关
breaker coil　跳闸线路
brush　电刷，刷子
busbar　母线
button　按钮
bypass/by pass byp　旁路

**C**

cable　电缆
capacitance capac　电容
capacitive reactance　容抗
cascade cas　串级
case pipe　套管
casine　壳、箱
centrifugal fan　离心风机
channel　通道、频道
characteristics　特性曲线
circuit　电路
circulating　循环
class of insulation　绝缘等级
close　关闭
closed-loop　闭环
coaxial cable　同轴电缆
collector　收集器
combin　合并、联合
commutator　换向器
compensation　补偿
condensive reactance　容抗
conduct　传导
conductivity　导电率
congealer　冷却器、冷冻器
configure　组态
contactor　接触器、触头
contact to earth　接地
content　目录
control loop　控制环

controller　控制器
control stage　调节级、控制级
control valve　调节阀
cymometer　频率表

**D**

damper　阻尼器
device　设备、仪器
diagnosis　诊断
diagram　图形、图表
diagram directory　图目录
diagram number　图形号
drawing　图样、牵引
drive　驱动
dynamic　动态的
dynamometer　功率表

**E**

earth fault　接地故障
earth connector　接地线、接地
earth lead　接地线、接地
electrical　电的、电气的
energy　能、能量
equipment　设备
excitation　励磁
exciter　励磁机

**F**

factor　因素、因数
fahrenheit　华氏温标
fan duty　风机负荷
feedback　反馈
feed forward　前馈
feed water　给水
force circulation　强制循环
force draft fan　送风机
frequency　频率
function　功能
function group　功能组
fuse　熔丝、熔断器

**G**

gate　闸门
gate damper　闸门式挡板
gateway　入口、途径
gauge　仪表、标准
generator　发电机、发生器
graphics　调节阀

**H**

hertz hz　赫兹
horse power　马力
hydraulic　液压

**I**

idiostaic　同电位的
idle　空载的、无效的
indicator　指示器
inductance　电感
induction motor　异步电动机
instantaneous power　瞬时功率
insulator　绝缘子
integral　积分
inverter　逆变器

**J**

jacking pump　顶轴泵
jumper　跳线、跨接
junction box　接线盒

**K**

keyboard　键盘
key library　键库
key switch　键开关
kilovolt-ampere kVA　千伏安
knife-switch　闸刀开关

L

label　标号、标签
laboratory　实验室
ladder　梯子、阶梯
ladder diagram　梯形图
lamp　灯、光源

level　液位、水平
lift　提、升
light run　空转
lightning arrestor　避雷器
limit lmt　极限、限制
limiter　限制器、限位开关
line　线、直线
line impedance　线路阻抗

**M**

magnet　磁
main screen　主屏
main transformer　主变压器
manometer　压力表
medium　装置、介质、工质
megawatt　兆瓦
memory　存储
metal　金属
meter switch　仪表开关
method　方法、规律、程序
modulating valve　调节阀
multimeter　万用表
multivibrator　多谐振荡器

**N**

neutral line　中性线
no-loading　空载
nominal power　额定功率

0

occur　发生
open-loop　开环
oscillator　振荡器
oscilloscope　示波器
over current　过流
over load　过负荷
overload protection　过载保护
over voltage　过压

**P**

parameter　参数
performance curve　性能曲线
phase angle　相角
phase-failure protection　断相保护
pid drawing　流程图
phase voltage　相电压
power factor　功率因子

**R**

rated power　额定功率
ratio　比率
reactive power　无功功率
real power　有效功率
recirculate　再循环
rectification　整流
regulate　调节、控制
relay　继电器
resonate　谐振、调谐
response　响应
run　运行

**S**

saturate　饱和
sensitiveness　灵敏性
separator　分离器
service　服务、伺服
service power　厂用电
servomotor　伺服电机
sinusoid　正弦曲线
squirrel-cage armature　笼型电枢
stator coil　定子线圈
stator core　定子铁芯
status　状态
status display　状态显示
steadiness　稳定性
system　系统

**T**

transfer　转换
transfer pump　传输泵
transformer xformer　变压器
transmitter xmiteer　变送器
transwitch　可控硅开关

V

valve vlv　阀门
variable　可变的、可调的

Y

yellow　黄色
y-joint　叉形接头
y-tube　裤衩管、y 型管
yield　屈服
yoke　轭、回、偏转线圈
y-y connection　双星形接法

# 参考文献


[1] 高国燊，余文烋．自动控制原理[M]．广州：华南理工大学出版社，1999．

[2] 王划一，杨西侠，林家恒，等．自动控制原理[M]．北京：国防工业出版社，2001．

[3] 张晋格，王广雄．自动控制原理[M]．哈尔滨：哈尔滨工业大学出版社，2002．

[4] 孙虎章．自动控制原理[M]．北京：中央广播电视大学出版社，1984．

[5] Richard C，Dorf，Robert H．Bishop 现代控制系统[M]．谢红卫，等译．8 版．北京：高等教育出版社，2001．

[6] Katsuhiko．Ogata 现代控制工程[M]．卢伯英，于海勋，等译．北京：电子工业出版社，2000．

[7] 戴忠达．自动控制理论基础[M]．北京：清华大学出版社，1991．

[8] 王积伟，吴振顺．控制工程基础[M]．北京：国防工业出版社，2001．

[9] 刘明俊，于明祁，杨泉林．自动控制原理[M]．长沙：国防科技大学出版社，2000．

[10] 胡寿松．自动控制原理[M]．5 版．北京：科学出版社，2007．

[11] 曹柱中，徐薇莉．自动控制理论与设计[M]．上海：上海交通大学出版社，1991．

[12] 张汉全，肖建，汪晓宁．自动控制理论[M]．成都：西南交通大学出版社，2000．

[13] 王万良．自动控制原理[M]．北京：科学出版社，2001．

[14] 郑大钟．线性系统理论[M]．北京：清华大学出版社，1990．

[15] 姜建国，曹建中，高玉明．信号与系统分析基础[M]．北京：清华大学出版社，1994．

[16] 于长宫．现代控制理论[M]．哈尔滨：哈尔滨工业大学出版社，1997．

[17] 周雪琴，张洪才．控制工程导论[M]．西安：西北工业大学出版社，1995．

[18] 杨庚辰．自动控制原理[M]．西安：西安电子科技大学出版社，1994．

[19] 李素玲，胡健．自动控制原理[M]，西安：西安电子科技大学出版社，2007．

[20] 潘丰，张开如，等．自动控制原理[M]．北京：中国林业出版社，北京大学出版社，2006．

[21] 晁勤，傅成华，王军，等．自动控制原理[M]. 重庆：重庆大学出版社，2001．

[22] 冯巧玲，吴娟，等．自动控制原理[M]．北京：北京航空航天大学出版社，2007．

[23] 程鹏．自动控制原理[M]，北京：高等教育出版社，2003．

[24] 谢克明，王柏林．自动控制原理[M]．北京：电子工业出版社，2007．

[25] 梅晓榕．自动控制原理[M]．北京：科学出版社，2003．

[26] 邹伯敏．自动控制理论[M]．北京：机械工业出版社，2007．

[27] 袁冬莉，贾秋玲．自动控制原理题典[M]．西安：西北工业大学出版社，2003．

[28] 陈小琳．自动控制原理习题集[M]．北京：国防工业出版社，1982．

# 机械类基础精品教材推荐

## 机械设计基础

书号：ISBN 978-7-111-30909-3

作者：闵小琪　　定价：28.00 元

推荐简言：

本书是编者结合多年从事教学、生产的经验编写而成，突出了高等职业教育的特点。本书配有多媒体教学光盘，内容包括教学用 PPT 及动画演示，把教学内容与动画演示完全融合为一体。

本书配有《机械设计基础课程设计》（ISBN 978-7-111-32065-4）。

## 机械制造基础（第 2 版）

书号：ISBN 978-7-111-08293-1

作者：苏建修　　定价：34.00 元

获奖情况：

普通高等教育“十一五”国家级规划教材

推荐简言：本书内容全面，在第 2 版中介绍了很多新工艺、新技术，编写质量高，非常受读者欢迎。电子教案配有习题答案、测试题等，方便教师选用。

## 机械制图

书号：ISBN 978-7-111-50523-5

作者：甘树坤　　定价：45.00 元

推荐简言：

本书包含公差与配合部分内容，将制图与公差相结合，用模块化方式编排，严格采用新国标，培养学生的读图和绘图能力。

本书配有《机械制图习题集》（ISBN 978-7-111-50522-8）。

## 工程识图与制图（非机械类）

书号：ISBN 978-7-111-51055-0

作者：刘雅荣　　定价：33.00 元

推荐简言：

本书包含 AutoCAD 绘图内容，采用最新国家标准，深入浅出，满足非机械类专业学生的工作需求和工程素质培养的需求。

本书配有《工程识图与制图习题集（非机械类）》（ISBN 978-7-111-51056-7）。

## AutoCAD 2012 项目化教程

书号：ISBN 978-7-111-50793-2

作者：高玉侠　　定价：29.00 元

推荐简言：

本书以项目驱动，任务引领的方式展开教学，典型例题给出解题思路，并配以大量练习。

## AutoCAD 2013 项目式教程

书号：ISBN 978-7-111-46256-9

作者：陈在良　　定价：25.00 元

推荐简言：

本书采用项目式编写体例，每个项目包括“项目描述”、“知识准备”、“项目实施”、“项目拓展”、“练习题” 5 个栏目。全书有丰富的案例和习题供学生学习参考，并提供其源文件。